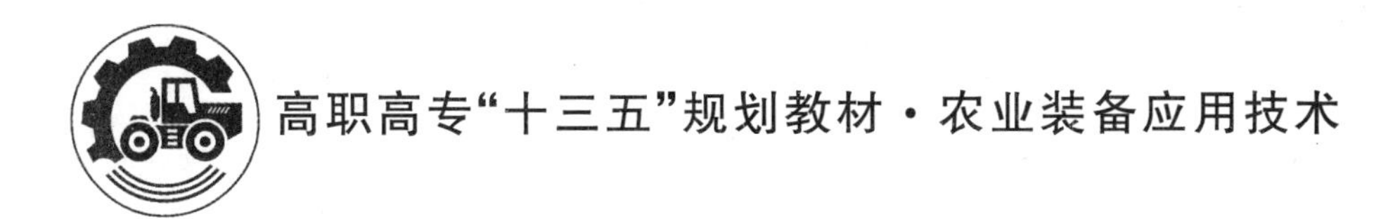

农机电气系统使用与维护

主　编　吴阿敏　尹　华

副主编　徐　云

北京航空航天大学出版社

内容简介

本教材从高等职业教育的实际出发，结合教学和行业实际的需要，以国家高等院校职业技能大赛农机具维修项目中的参赛车型清拖750P电气系统为主要对象，并适当结合国内外广泛使用的久保田收割机、久保田插秧机、佳联迪尔拖拉机的电气系统，分8章介绍农机电气系统的结构、原理、使用、故障诊断与排除等方面的知识。

本书可作为高等职业院校农业装备应用技术及相关专业的教材，也可作为中等职业学校农机类专业课程的教材，还可作为维修企业的培训用书及农机维修技术人员的参考用书。

本书配有教学课件，如有需要，请发邮件至goodtextbook@126.com或致电010-82317037申请索取。

图书在版编目(CIP)数据

农机电气系统使用与维护 / 吴阿敏，尹华主编. --
北京：北京航空航天大学出版社，2016.5
ISBN 978-7-5124-2115-8

Ⅰ.①农… Ⅱ.①吴… ②尹… Ⅲ.①农业机械—电气设备—使用方法—高等职业教育—教材②农业机械—电气设备—维修—高等职业教育—教材 Ⅳ.①S232.8

中国版本图书馆CIP数据核字(2016)第095252号

农机电气系统使用与维护
主　编　吴阿敏　尹　华
副主编　徐　云
责任编辑　冯　颖
*
北京航空航天大学出版社出版发行
北京市海淀区学院路37号(邮编100191)　http://www.buaapress.com.cn
发行部电话：(010)82317024　传真：(010)82328026
读者信箱：goodtextbook@126.com　邮购电话：(010)82316936
北京时代华都印刷有限公司印装　各地书店经销
*
开本：787×1092　1/16　印张：12.75　字数：326千字
2016年6月第1版　2016年6月第1次印刷　印数：3000册
ISBN 978-7-5124-2115-8　定价：29.00元

前　言

农业的根本出路在于机械化。随着现代农业的快速发展,农业装备在现代农业中的地位越来越突出。农业机械是提高农业生产效率、实现资源有效利用、推动农业可持续发展不可或缺的工具,对保障国家粮食安全、促进农业增产增效、改变农民增收方式和推动农村发展起着非常重要的作用。农业机械装备作为“中国制造 2025”重点发展的 10 个领域之一,在接下来的 10 年里将会实现快速发展,同时市场对农业装备人才的需求也越来越大。农机电气是农业机械的重要组成部分。随着计算机技术和电子控制技术在农业机械电气系统中应用的普及,农业机械电气系统正向着智能化和自动化方向发展,这就对从事农业机械电气系统维修的技术人员提出了更高的要求。为使高等职业院校的学生能够系统地掌握农机电气系统的结构、工作原理、故障诊断和维修等方面的知识,满足农机电气维修行业的需求,特编写本教材。

作者从高等职业教育的实际出发,结合教学和相关行业的实际需要,确定了编写指导思想和教材特色。在内容上,以国家高等院校职业技能大赛农机具维修项目中的参赛车型清拖 750P 电气系统为主要对象,并适当结合国内外广泛使用的久保田收割机、久保田插秧机、佳联迪尔拖拉机的电气系统,介绍了农机电气系统的结构、原理、使用、故障诊断与排除。本书内容详实、结构合理、浅显易懂。

本教材共分 8 章,其中:第 3、6、7、8 章由江苏农林职业技术学院吴阿敏编写;第 1、4、5 章由江苏农林职业技术学院尹华编写;第 2 章由黑龙江农业工程职业学院徐云、江苏农林职业技术学院吴阿敏共同编写。全书由吴阿敏统稿。

由于编者水平有限,书中错误在所难免,恳请读者批评指正。

编　者

2016 年 5 月

目　　录

第1章　农机电气系统基础

学习目标

- 掌握农机电路元件的作用与特点；
- 掌握农机电气系统的组成与工作原理；
- 熟知农机电气系统检修常用方法和一般程序；
- 了解常用检测仪器和设备的功能及适用范围。

1.1　农机电气系统的组成与特点

1.1.1　农机电气系统的组成

目前市场上的农业机械种类较多，构造各有不同，但其电气系统的主要构成相似，一般由以下各部分组成。

(1) 电源系统

电源系统的作用是向用电设备供电，并在发动机正常工作时将多余的电能储存起来。主要由蓄电池、发电机、调节器、开关、充电指示电路等组成。

(2) 起动系统

起动系统的作用是控制直流电动机并给发动机预热以完成发动机起动的任务。主要由蓄电池、起动电机、起动继电器、开关、预热起动开关、预热器等组成。

(3) 点火系统

点火系统的作用是产生高压电火花，给汽油机点火，从而保证发动机的正常工作。主要由蓄电池(或磁电机)、点火线圈、点火控制器、火花塞、点火开关等组成。

(4) 照明系统、信号系统、仪表系统、报警系统

照明系统、信号系统、仪表系统、报警系统的作用是实现农机的各种照明、信号指示、整车工作状况显示以及危险报警等任务。主要由前照灯电路、转向灯电路、制动灯电路、倒车灯电路、音响信号电路、仪表电路、发动机报警电路、作业部分报警电路等组成。

(5) 农机作业部分电气系统

农机作业部分电气系统的作用是实现农机作业部分的控制任务。主要由作业部分(如插秧、收割等)控制电路和报警控制电路组成。

(6) 辅助电气系统

辅助电气系统包括空调、电动刮水器、风挡玻璃洗涤器等。

1.1.2　农机电气系统的特点

(1) 两个电源

两个电源是指蓄电池和发电机两个供电电源。蓄电池主要提供农机起动时的用电，发电

机主要是在农机正常运行时向用电设备供电,同时向蓄电池充电。

(2) 低　压

农机电气设备采用低压供电,额定电压一般有 6 V、12 V 和 24 V 三种。一般农机采用 12 V直流电压供电,大型农机采用 24 V 直流电压供电。

(3) 直　流

农机电气系统使用直流电,蓄电池和发电机都是直流电源,使发动机完成起动任务的是串励直流电动机,所有的用电设备都是直流电器。

(4) 单线制并联

单线制是指从电源到用电设备只用一根导线连接,农机底盘、发动机等金属机体作为另一公共搭铁线。采用单线制使各用电设备都以并联的方式与电源连接。所以在使用中,当某一支路用电设备损坏时,并不影响其他支路用电设备的正常工作。单线制由于导线用量少,线路清晰,安装方便,因此被广泛应用。

(5) 负极搭铁

蓄电池的负极连接到金属机体上,称为负极搭铁;反之,蓄电池的正极连接到金属机体上,称为正极搭铁。农机电气设备通常采用负极搭铁方式,有利于火花塞点火,对车架金属的化学腐蚀较轻,对无线电干扰小。

(6) 设有保护装置

农机电气系统设备电路中为防止因短路或搭铁而烧坏线束和用电设备,设有多重保护装置,包括熔丝、稳压器、继电器等。

1.2　农机电路识读基础

1.2.1　农机电路图形符号

农机电路图是用图形符号和文字符号来表示农机电路的构成、连接关系和工作原理,而不考虑其实际安装位置的一种简图。为了使电路图具有通用性,便于进行技术交流,构成电路图的图形符号和文字符号一般都有统一的国家标准和国际标准。

图形符号是用于电气图或其他文件中的表示项目或概念的一种图形、标记或字符,是电气技术领域中最基本的工程语言。因此,要想看懂电路图,就必须了解图形符号和文字符号的含义、标注原则和使用方法,并能熟练地运用它们。

图形符号分为基本符号、一般符号和明细符号三种。

(1) 基本符号

基本符号不能单独使用,它不表示独立的电气元件,只说明电路的某些特征,如直流、交流等,其具体符号如表 1-1 所列。

表 1-1　基本符号(GB 4728—85)

序　号	名　称	图形符号	序　号	名　称	图形符号
1	直流	—	3	交直流	$\overline{\sim}$
2	交流	∼	4	正极	+

续表 1-1

序　号	名　称	图形符号	序　号	名　称	图形符号
5	负极	－	8	搭铁	⊥
6	中性点	N	9	交流发电机输出接柱	B
7	磁场	F	10	磁场二极管输出端	D+

（2）导线端子和导线连接符号

导线端子和导线连接符号主要用于说明导线特点以及连接方式，如屏蔽导线、插头和插座等，其具体符号如表1-2所列。

表 1-2　导线端子和导线连接符号(GB 4728—85)

序　号	名　称	图形符号	序　号	名　称	图形符号
1	接点	●	6	插头的一个极	
2	端子	○	7	插头和插座	
3	导线的连接		8	接通的连接片	
4	导线的交叉连接		9	断开的连接片	
5	插座的一个极		10	屏蔽导线	

（3）触点开关符号

触点开关符号主要用来表示农机电气系统电路中的各种开关及其特点，如常开触点、联动开关等，其具体符号如表1-3所列。

表 1-3　触点开关符号(GB 4728—85)

序　号	名　称	图形符号	序　号	名　称	图形符号
1	常开触点		8	双动断单动合触点	
2	常闭触点		9	一般情况下手动控制	
3	先断后合触点		10	拉拨操作	
4	中间断开的双向触点		11	旋转操作	
5	双动合触点		12	推动操作	
6	双动断触点		13	联动开关	
7	单动断双动合触点		14	手动开关的一般符号	

续表 1-3

序　号	名　称	图形符号	序　号	名　称	图形符号
15	按钮开关	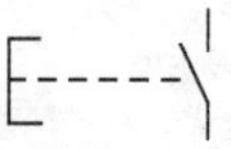	20	热敏开关动合触点	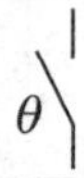 θ
16	能定位的按钮开关	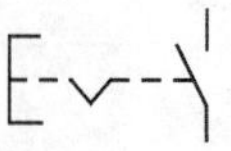	21	热敏开关动断触点	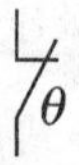 θ
17	拉拨开关	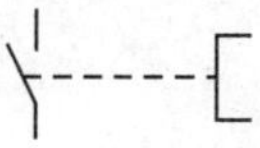	22	热继电器触点	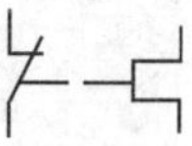
18	旋转、旋钮开关	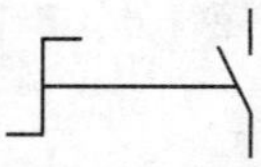	23	旋转多挡开关位置	 1 2 3
19	液位控制开关	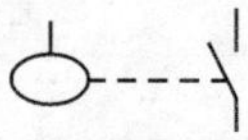	24	推拉多挡开关位置	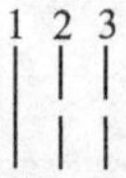 1 2 3

(4) 电气元件符号

电气元件符号主要用来表示农机电气电路中的某一种具体电气元件。它是由基本符号、一般符号、物理量符号、文字符号等组合派生出来的，如电阻器、电容、二极管等，其具体符号如表 1-4 所列。

表 1-4　电气元件符号(GB 4728—85)

序　号	名　称	图形符号	序　号	名　称	图形符号
1	电阻器	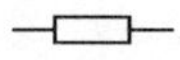	9	电热元件	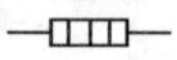
2	可变电阻器		10	电容	
3	压敏电阻器	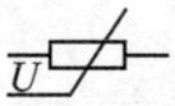 U	11	半导体二极管	
4	热敏电阻器	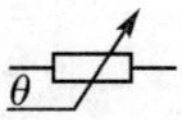 θ	12	单向击穿二极管	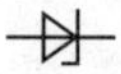
5	带滑动触点的电阻器	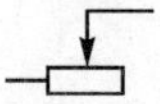	13	发光二极管	
6	带滑动触点的电位器	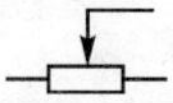	14	三极晶体闸流管	
7	仪表照明调光电阻器		15	光电二极管	
8	光敏电阻		16	PNP 半导体管	

续表 1-4

序号	名称	图形符号	序号	名称	图形符号
17	集电极接管壳的 NPN 半导体管		22	易熔线	
18	具有两个电极的压电晶体	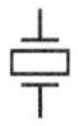	23	电路断电器	
19	电感器、直线圈、绕组、扼流圈		24	永久磁铁	
20	带磁芯的电感器	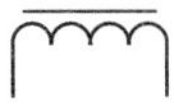	25	触点常开的继电器	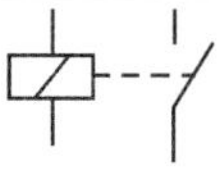
21	熔断器	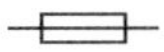	26	触点常闭的继电器	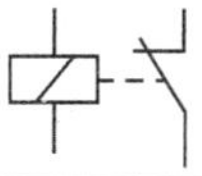

(5) 仪表符号

仪表符号主要用来将农机系统中的各种动态参数在仪表盘上显示出来，便于操作人员掌控其动态性能，如电流表、电压表、转速表等，其具体符号如表 1-5 所列。

表 1-5 仪表符号(GB 4728—85)

序号	名称	图形符号	序号	名称	图形符号
1	指示仪表	 *	4	转速表	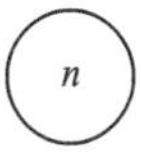 n
2	电压表	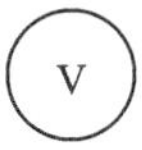 V	5	温度表	 θ
3	电流表	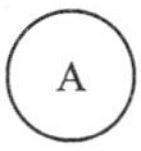 A	6	燃油表	 Q

(6) 电气设备符号

电气设备符号主要用来表示农机电气电路中的某一种具体电气设备，如电喇叭、直流电动机、蜂鸣器等，其具体符号如表 1-6 所列。

表 1-6 电气设备符号(GB 4728—85)

序号	名称	图形符号	序号	名称	图形符号
1	照明灯、信号灯、仪表灯、指示灯		3	组合灯	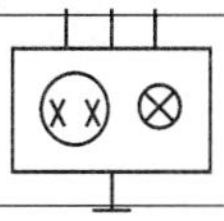
2	双丝灯		4	预热指示器	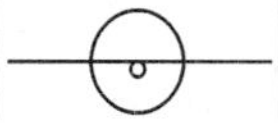

续表 1-6

序　号	名　称	图形符号	序　号	名　称	图形符号
5	电喇叭		18	火花间隙	
6	扬声器		19	电压调节器	U
7	蜂鸣器		20	温度调节器	θ
8	信号发生器	G	21	串激绕组	
9	脉冲发生器	G	22	并激或他激绕组	
10	闪光器	G	23	集电环或换向器上的电刷	
11	霍尔信号发生器	×	24	直流电动机	M
12	磁感应信号发生器		25	串激直流电动机	M
13	电磁阀		26	并激直流电动机	M
14	常开电磁阀		27	永磁直流电动机	M
15	常闭电磁阀		28	起动机(带电磁开头)	M
16	点火线圈		29	燃油泵电动机、洗涤电动机	M
17	分电器		30	加热定时器	H T

续表 1-6

序　号	名　称	图形符号	序　号	名　称	图形符号
31	点火电子组件	I C	35	定子绕组为星形连接的交流发电机	G 3~
32	直流发电机	G	36	外接电压调节器与交流发电机	G 3~ U
33	星形连接三相绕组		37	整体式交流发电机	G 3~
34	三角形连接三相绕组		38	蓄电池	

1.2.2　农机电路基础元件

现代农机电气电路除电源和用电设备外，还包括各种导线、连接器、保护装置、控制装置（开关或继电器）等电路元件。这些电路元件是农机电路的基本组成部分，其正确选用和装配保证了用电设备的正常工作。

1. 导　线

农机电气用连接导线，按承受电压的高低分为低压导线和高压导线，其中低压导线按用途又可分为普通低压导线和低压电缆线两种。除起动机与蓄电池的连接线、蓄电池搭铁线采用低压电缆线（如图 1-1 所示）之外，其他均采用普通低压导线。

（1）低压导线

低压导线由导线与绝缘层组成（如图 1-2 所示）。低压导线主要根据用电设备的工作电流来选择，一般选择原则为：长时间工作的用电设备可选用载流量为实际载流量 60%的导线，短时间工作的用电设备可选用载流量为实际载流量 60%～100%的导线。同时，还要考虑电路中的电压降和导线发热等情况，以免影响用电设备的电气性能和超过导线的允许温度。对于一些工作电流较小的电器，为保证其具有足够的机械强度，规定最小导线截面积不能小于 0.5 mm^2。

低压导线的结构与规格参见表 1-7，允许载流量参见表 1-8。

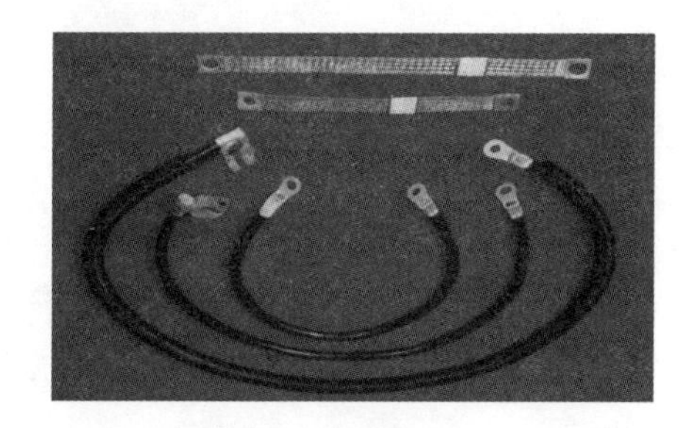

图 1-1　电缆线实物图

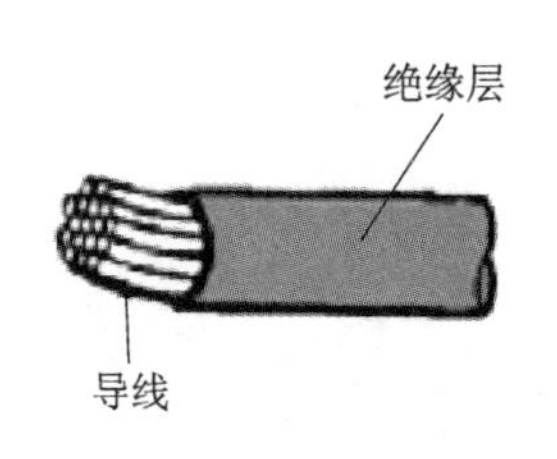

图 1-2　低压导线示意图

表 1-7 低压导线的结构与规格

型 号	名 称	标称截面积/mm²	线芯结构		绝缘层厚度/mm	导线最大外径/mm
			根数	直径/mm		
QVR	聚氯乙烯绝缘低压线	0.5	—	—	0.6	2.2
		0.6	—	—	0.6	2.3
		0.8	7	0.39	0.6	2.5
		1.0	7	0.43	0.6	2.6
		1.5	17	0.52	0.6	2.9
		2.5	19	0.41	0.8	3.8
QFR	聚氯乙烯-丁腈复合物绝缘低压线	4	19	0.52	0.8	4.4
		6	19	0.64	0.9	5.2
		8	19	0.74	0.9	5.7
		10	49	0.52	1.0	6.9
		16	49	0.64	1.0	8.0
		25	98	0.58	1.2	10.3
		35	133	0.58	1.2	11.3
		50	133	0.68	1.4	13.3

表 1-8 低压导线允许载流量

标称截面积/mm²	0.5	0.8	1.0	1.5	2.5	3.0	4.0	6.0	10	13
允许载流量/A	—	—	11	14	20	22	25	35	50	60

标称截面积是经过换算而统一的线芯截面积，不是实际线芯的几何面积，也不是每股线芯的几何面积之和。

导线颜色：为了便于识别和检修农机电气设备，通常以字母来表示电线外皮的颜色及其条纹的颜色，如图 1-3 所示。随着农机电气设备的增多，导线数量也不断增加。为便于维修，低压导线常以不同的颜色加以区分。导线标称截面积在 4 mm² 以上的导线采用单色，在 4 mm² 以下的导线均采用双色，搭铁线均用黑色导线。在双色标导线上，第一组字母指的是绝缘材料的主色，第二组字母指的是彩色标号线的辅助色。如：1.5R/Y 的导线表示导线的截面积 1.5 mm²，主色为红色并带有黄色的彩色标号线。

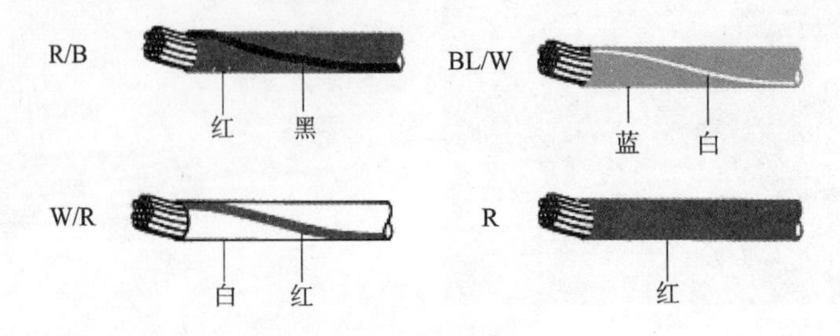

图 1-3 双色标导线示意图

低压导线在选配线时，一般习惯采取以下两种选用原则：

➢ 以单色线为基础选用时，其单色线的颜色和双色线主、辅色的搭配及其代号分别如表 1－9和表 1－10 所列，其中黑色(B)为专用接地(搭铁)线。

➢ 以双色线为基础选用时，各用电系统的电源线为单色，其余均为双色；当其标称截面积大于 1.5 mm^2 时，导线只用单色线，但电源系统可增加使用主色为红色、辅色为白色或黑色的两种双色线。

表 1－9　低压导线的颜色与代号

颜　色	黑	白	红	绿	黄	棕	蓝	灰	紫	橙
代　号	B	W	R	G	Y	Br	BL	Gr	V	O

表 1－10　双色低压导线颜色的搭配与代号

代　号	1	2	3	4	5	6
颜　色	B	B/W	B/Y	B/R		
	W	W/R	W/B	W/BL	W/Y	W/G
	R	R/W	R/B	R/Y	R/G	R/BL
	G	G/W	G/R	G/Y	G/B	G/BL
	Y	Y/R	Y/B	Y/G	Y/BL	Y/W
	Br	Br/W	Br/R	Br/Y	Br/B	
	BL	BL/W	BL/R	BL/Y	BL/B	BL/O
	Gr	Gr/R	Gr/Y	Gr/BL	Gr/G	Gr/B

为了使农机电气设备整体线路规整，安装方便，同时能保护导线的绝缘层，农机上的全车线路除高压导线、蓄电池电缆以及起动机电缆外，一般将同区域不同规格的导线用棉纱或薄聚氯乙烯带缠绕包扎成束，称为线束。在线束布线的过程中不宜拉得太紧，线束在穿过洞口或锐角处时，为防止折损，都用保护件(如图 1－4 所示)来保护。

(2) 高压导线

高压导线是一种用于汽油机点火系统线路的电缆线，如图 1－5 所示。由于工作电路电压很高(一般在 15 kV 以上)，电流较小，因此导电芯表面带有一厚层橡胶绝缘层，耐压性能好，但线芯截面积很小。常用的高压导线有铜芯线和阻尼线两种。为了衰减火花塞产生的电磁波干扰，目前已广泛使用了高压阻尼线。

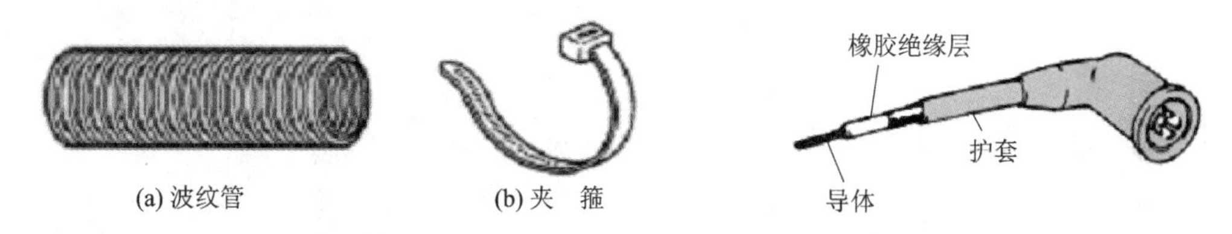

图 1－4　线束保护件示意图　　图 1－5　高压导线示意图

2. 连接器

连接器是农机电路中简单但不可缺少的元件。根据连接件的不同，它大致可以分为四类：第一类是线束和电气元件的连接(如图 1－6 所示)；第二类是线束与线束的连接(如图 1－7 所示)；第三类是是线束与车身的连接(如图1-8所示)；第四类称为过渡连接器，将接线连接器中需要连接的导线用短接端子连接起来(如图1-9所示)。

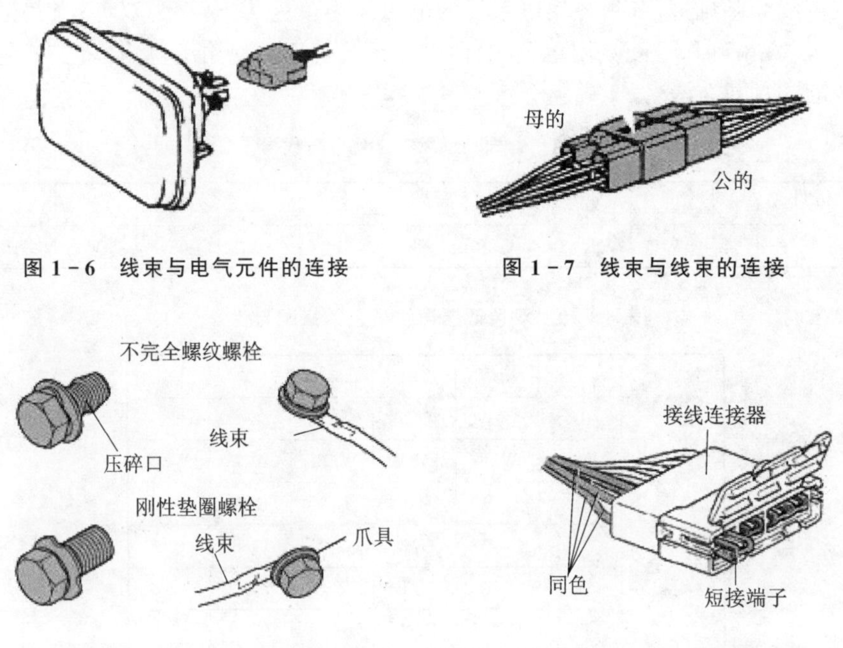

图1-6　线束与电气元件的连接

图1-7　线束与线束的连接

图1-8　线束与车身的连接

图1-9　过渡连接器

目前大量使用的是插接式连接器，简称插接器。插接器在接合时，应将插接器的导向槽重叠在一起，使插头与插孔对准且稍用力插入，这样可以使器件十分牢固地连接在一起。为了防止农机在使用及行驶过程中插接器脱开，所有的插接器均在结构上设计了闭锁装置。其拆卸方法如图1-10所示。

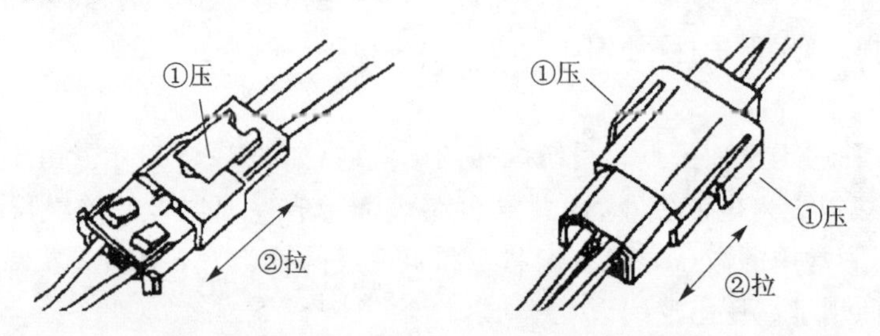

图1-10　插接器的拆卸方法示意图

3. 熔断器

熔断器俗称保险丝，在电路中起保护作用，其材料是铅锡合金，一般装在玻璃管中或直接装在熔断器盒内。当电路中的电流超过规定值时，熔断器就会自动熔断从而切断电路。熔断器按结构形式的不同可分为管式、片式等多种形式，其中片式熔断器(如图1-11所示)的应用最为广泛。

4. 开　关

开关是用来控制电路通断的组件。在分析电路的时候，一般是从开关着手检测，可以说开关是控制电路通断的关键。开关在电路图中的表示方法有多种，常见的有结构示意图表示法、

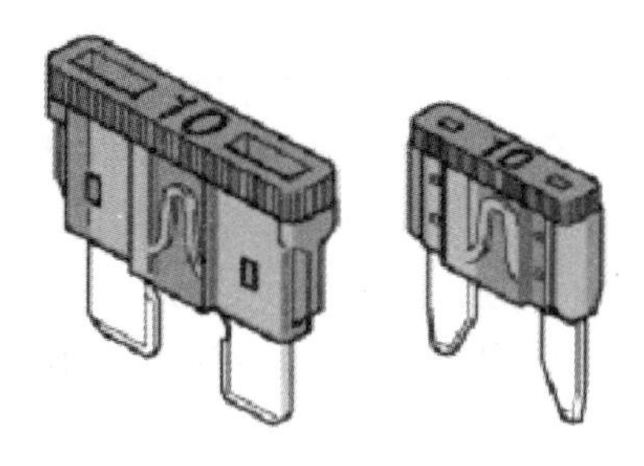

图 1-11　片式熔断器

表格表示法和图形符号表示法等。

农机电气中的主开关用于控制点火电路和起动电路，停车时用钥匙锁住。主开关各挡位的功能如下：

LOCK 挡：关闭挡，锁住转向盘转轴，此时农机电气所有用电设备都没有电流通过。

ON 挡：点火挡，接通点火电路，仪表指示灯通电。

START 挡：起动挡，接通起动电路，点火电路也通电，但其他电路断电。

Acc 挡：专用挡，也称附件挡，主要用于收音机。

HEAT 挡：预热挡，主要用于柴油机的起动预热。

主开关各挡位的表示方法如图 1-12 所示。

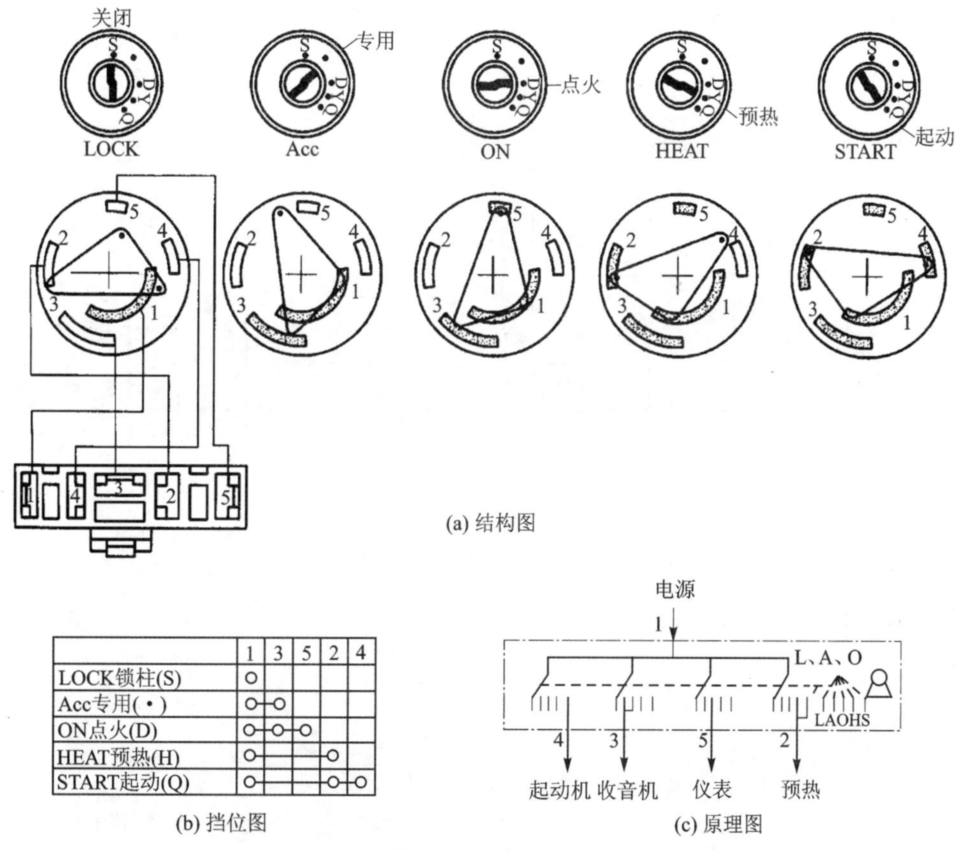

(a) 结构图

	1	3	5	2	4
LOCK锁柱(S)	○				
Acc专用(·)	○	○			
ON点火(D)	○	○	○		
HEAT预热(H)	○			○	
START起动(Q)	○			○	○

(b) 挡位图

(c) 原理图

图 1-12　主开关

5. 继电器

操纵开关的触点容量较小，不能直接控制。工作电流较大的用电设备常采用继电器来控制它的接通与断开。继电器是由电磁线圈和带复位弹簧的触点构成的，通过电磁线圈产生电磁力来改变触点的原始状态，实现对回路的控制。如图 1－13 所示，当①和③之间的电磁线圈通电时，触点将在电磁力的作用下闭合，接通②和④之间的电路。

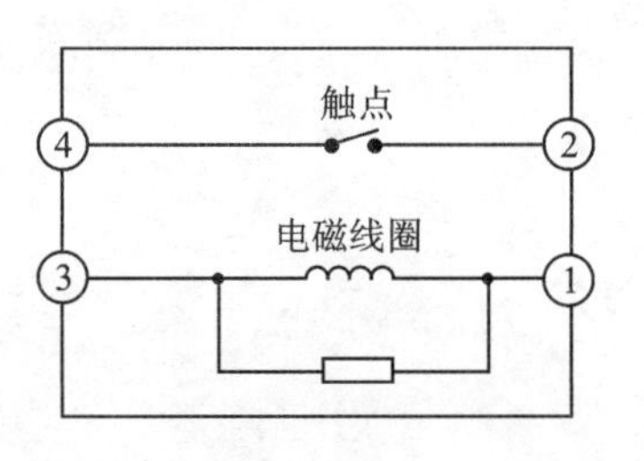

图 1－13　典型继电器内部电路

继电器的常见种类有常开继电器、常闭继电器和常开常闭混合型继电器，其外形与内部原理如图 1－14 所示。其中常开继电器未工作时触点是断开的，继电器通电动作后触点才接通；常闭继电器未工作时触点是闭合的，继电器动作后触点断开；混合型继电器未工作时常闭触点接通，常开触点断开，如果继电器线圈通电，则变成相反状态。

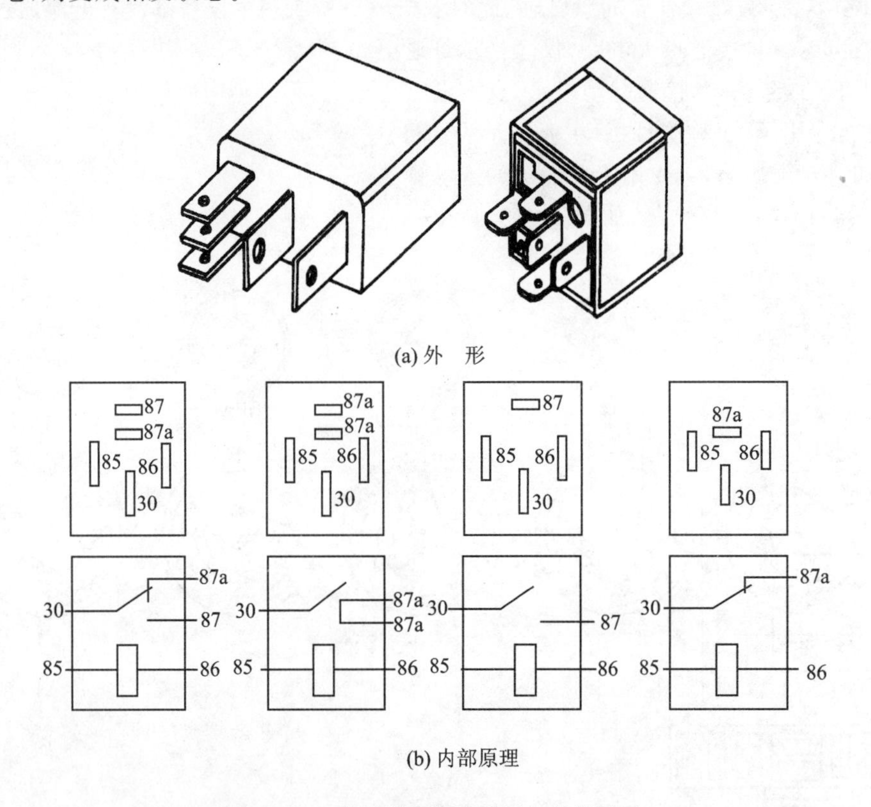

图 1－14　常见继电器的外形与内部原理

1.2.3　农机电气系统故障诊断基础

1. 农机电气系统故障类型

农机电气故障种类较多，主要有以下三种分类方法：

① 按故障发生的具体部位可分为电气设备故障和线路故障。

电气设备故障是指电气设备自身丧失其原有的工作机能，包括电气设备机械损坏以及电子元件击穿、老化等。电气设备故障一般是可修复的，但一些不可拆卸的电子元件出现故障，只能进行更换。

线路故障包括断路、短路、接触不良或绝缘不良等。接触不良容易出现一些假象，给故障诊断带来一定的困难。农机电气设备采用的是车身搭铁，多数电气设备共用搭铁线。当搭铁线与车身出现接触不良时就会造成电气设备开关失控，从而使电气设备工作出现异常。

② 按发生时间的长短可分为渐发性故障和突发性故障。

渐发性故障发生的周期较长，故障程度由轻到重、由弱到强，大多情况下是由于零件运行中的摩擦和磨损引起的。

突发性故障多由电路的短路或断路引起，如前照灯突然不亮等。

③ 按对电气设备功能影响程度的不同可分为破坏性故障和功能性故障。

破坏性故障是电气总成或部件因故障而完全丧失工作能力、不更换或大修不能继续工作的故障。如灯泡灯丝烧断、集成电路调节器击穿等。

功能性故障是指电气总成功能降低但未完全丧失工作能力，属于非破坏性故障，经过调整或局部检修可恢复其功能的故障。如：发电机过载引起整流二极管短路；过电压引起调压器开关管击穿断路，触点烧蚀而不导电；等等。

2. 农机电气故障检修常用方法

（1）直接观察法

当农机电气系统的某个部位发生故障时，一般会出现冒烟、火花、异响、焦臭、发热等异常现象。通过人体感官的听、摸、闻、看等对农机电气进行直观检查，从而判断出故障所在的部位，大大提高检修速度。

（2）检查保险法

当农机电气系统出现故障时，首先应查看电路保护装置是否完好。农机在行驶中，若某个电气系统突然停止工作，应先查看该支路上的保险装置是否动作；如果有动作则需要查明故障原因，排除故障后恢复保险装置。如果某个电气系统的保险丝反复烧断，则表明该系统一定有短路故障存在，应进行彻底排查。

（3）短路法

农机电路中若出现断路故障，也可用短路法判断，用跨接导线将被怀疑有断路故障的电路短接，观察仪表指针变化或电气设备的工作状况，从而判断该电路是否存在断路故障。如制动灯不亮时，可在踏下制动踏板后，用跨接导线将制动灯开关的两接线柱连接，看制动灯是否正常工作，若正常工作则说明是制动灯开关故障。

（4）断路法

农机电气设备发生短路故障时，同样可用断路法进行判断，将怀疑有短路故障的电路段断开，观察电气设备的工作状况，从而判断电路短路的部位和原因。

（5）换件法

在故障诊断过程中，会有一些难诊断且涉及面大的故障，这时可以用换件法来确定或缩小故障范围。具体做法如下：用一个确定完好的零部件来替换被怀疑有故障的零部件，若替换后故障消除则说明怀疑部位正确；若替换后故障仍存在，则装回原件，继续进行诊断，直至找到真正的故障部位。如转向灯不亮，当怀疑是闪光器故障时可换用一个性能良好的闪光器，若换件后正常则说明是所怀疑部位损坏，否则应继续查找。

(6) 低压搭铁试火法

低压搭铁试火法是拆下用电设备的电源端线头，与农机搭铁进行碰试，观察有无火花产生或根据火花的强弱来判断线路有无故障的方法。这种方法简单、易操作，是广大农机维修工经常使用的方法。

(7) 试灯法

试灯法是利用一个农机电气系统中常见的工作灯泡作为临时试灯，用来检查导线是否断路或短路、电路有无故障等。这种方法特别适合于检查不允许直接短路的带有电子元器件的电气装置。

(8) 仪表检测法

观察农机仪表板上的水温表、燃油表等的指示情况，判断电路中有无故障。如发动机运转时水温表指针不动，则说明水温传感器或该仪表线路有故障。

3. 农机电气检修常用器材

(1) 跨接线

如图 1－15 所示，跨接线是一段专用导线，两端分别接有鳄鱼夹或其他不同形式的插头。跨接线主要用来对替代被怀疑断路的导线起到鉴别作用，也可以在不需要某部件的功用时用跨接线短路而将其隔离出去，以检查部件的工作情况。

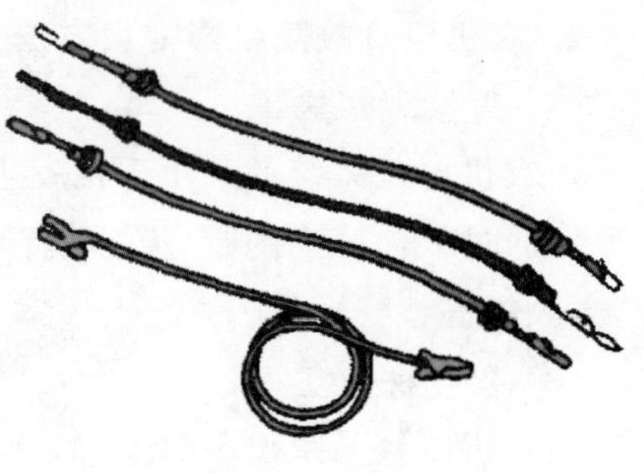

图 1－15 跨接线

(2) 测试灯

测试灯用于进行有负荷动态测试，对于判别是不是“虚电”特别有效。“虚电”指电路某处因插头氧化或连接松动等原因引起接触不良。在这种情况下小电流是可以通过的，用万用表进行测量时，电压显示正常，但大电流是不能通过的，会造成起动困难，引起接触点发热的现象。

1) 无源测试灯

无源测试灯(如图 1－16 所示)由 12 V(2～20 W)灯泡、导线和各种型号的插头组成，主要用来检查电源电路各线端是否有电源。使用时，将测试灯一端搭铁，另一端接电气部件电源接头。如灯亮则说明电气部件的电源电路无故障。如灯不亮则沿着电源方向找出第二接点测接，如灯亮则在第二次电路接点与电源接头间有断路故障。如灯仍然不亮，再沿电源方向测接第三接点……，一直到灯亮为止。故障在最后一个被测接头与上一个被测接点之间的电路上，一般为断路故障。

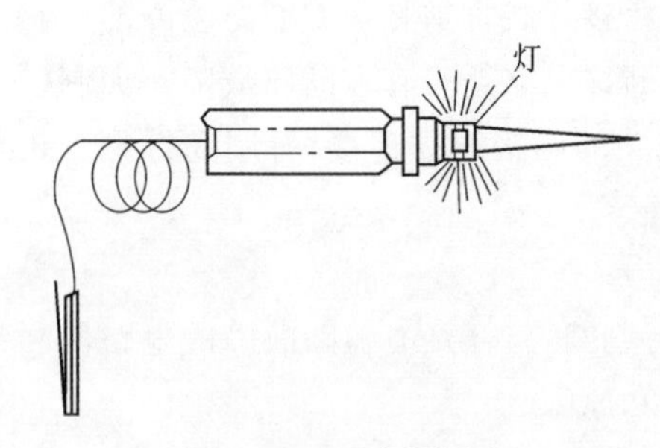

图 1－16 无源测试灯

2) 有源测试灯

有源测试灯与无源测试灯的使用方法基本相同，不同的是有源测试灯在手柄内加装两节 1.5 V 干电池(如图 1－17 所示)，它可用来检查电气电路断路和短路故障。

在检查线路断路故障时，先断开电源，将测试灯的一端搭铁，另一端接电路的各个接点，所接电路接点应从电路离蓄电池最近端开始。如果灯不亮，则断路出现在被测点与电源之间；如灯亮，则断路出现在此被测点与搭铁之间。

在检查线路短路故障时，先断开电源线，测试灯一端搭铁，另一端与余下电气部件电路相连接。如灯亮，表示有短路故障存在。然后逐步将电路中的连接器拨开，拆除各部件，直到灯灭为止，则短路出现在最后拆除的一个开路部件与上一个开路部件之间。

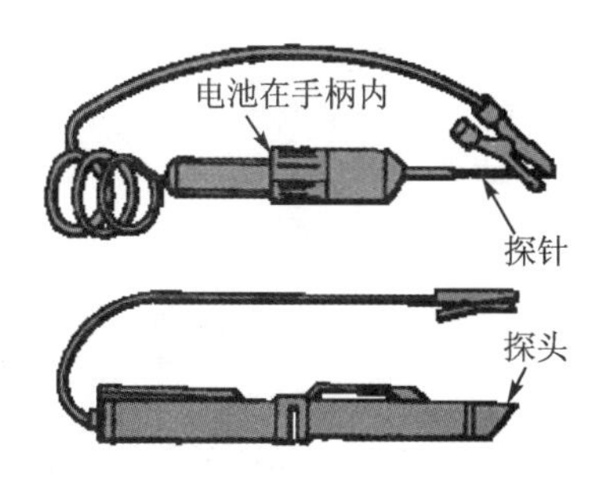

图 1－17　有源测试灯

(3) 万用表

万用表是检测电路故障最常用的仪表之一。它具有携带与使用方便、可测参数多等特点，主要用来测量电路及元器件的电阻、电压、电流等多种参数，也可测量各种电路及电气设备的通断情况。目前广泛应用的有两种万用表，即指针式万用表和数字式万用表。

1) 指针式万用表

指针式万用表(如图 1－18 所示)价格低廉、使用方便、量程选择多、功能全，在农机电器修理行业中应用广泛。

指针式万用表在使用前须将红、黑表笔对应插接好，然后调零，再根据被测项正确选择万用表上的测量项目及量程。

如已知被测量的数量级，则选择与其相对应的数量级量程；如不知被测量值的数量级，则应从选择最大量程开始测量，当指针偏转角太小而无法精确读数时，再把量程减小。

图 1－18　指针式万用表

指针式万用表的主要测量项目如下：

① 电阻的测量：测电阻时，量程选择开关应指向“Ω”挡范围。电阻量程分为“×1”、“×10”、“×100”和“×1K”四挡，部分万用表还有“×10K”挡。测量电阻前，需进行欧姆挡调零，使万用表指针指向电阻刻度线右端的零位。如果指针无法调到零点，则说明万用表内电池电量不足，应予以更换。

为了提高测量的准确性，在测量时最好使万用表指针指在刻度线中心位置附近。若指针偏转角度较小，则应换用低一点的量程；若指针偏转角度较大，则应换用高一点的量程；注意：每次换挡后，必须再次调零，然后再测量。测量时，正确读出电阻数值，再乘以倍率(“×10”挡应乘以 10，“×1K”挡应乘以 1 000……)就是被测电阻的阻值。

② 电压的测量：测电压时，将量程选择开关的尖头对准标有“V”挡的范围。电压有直流电压和交流电压之分。在测量直流电压时，应注意被测点电压的极性，将红表笔接电压高的一端，黑表笔接电压低的一端。如果不确定被测点的电压极性，则可把万用表量程放在最大挡位，在被测电路上快速试一下，看万用表指针的偏转方向，若指针向右偏转则可继续进行测量，如指针向左偏转则说明表笔接反了，应先把红、黑表笔调换下连接位置，再继续进行测量。测量交流电压时不必考虑极性问题，可随意接上红、黑表笔。

③ 电流的测量：测电流时，量程选择应指向“A” 挡范围。在测量时，将万用表串接在被测电路中，红表笔接电流流入的一端，黑表笔接电流流出的一端。如果对被测电流的方向不确

定，可以在电路的一端先接好一支表笔，用另一支表笔轻轻地碰一下电路的另一端，如果指针向右摆动则说明接线正确，如果指针向左摆动则说明接线不正确，应调换两支表笔的位置。

2）数字式万用表

以3514数字式万用表（如图1－19所示）为例，它具有检测精度高、测量范围广、抗干扰能力强、输入阻抗高等特点。

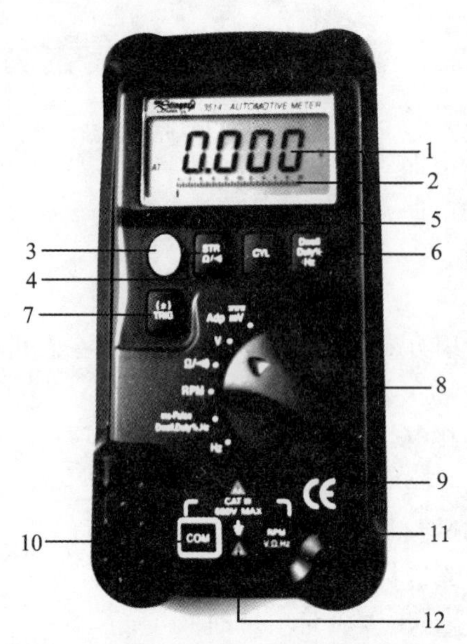

1—数字显示；2—条形显示图；3—开关键；4—交直流选择键；5—手动/自动模式选择键；6—自动捕捉稳定读数；7—调整触发水平；8—功能滚轮；9—CE认证；10—黑表笔插口；11—红表笔插口；12—测量最大交直流电压为600 V

图1－19　3514数字式万用表

① 电流的测量：3514数字式万用表的电流钳可以测量1～1 000 A的电流。使用时，把电流钳与万用表的“V”和“COM”插口进行连接，万用表选择“mV”挡。所测电流值是用电压单位显示的，屏幕显示1 mV就代表电流是1 A，显示100 mV，那就代表线路中的电流是100 A。

② 电压的测量：测量前，旋动滚轮选择电压挡，用AC/DC键选择交流或直流，黑色表笔插入“COM”插口，红色表笔插入“RPM，V，Ω”插口。测量时，黑色表笔与电路负极连接，红色表笔与电路正极连接。

③ 电阻的测量：测量电阻前，旋动滚轮选择电阻（Ω）挡，用RANGE键选择正确的量程，黑色表笔插入“COM”插口，红色表笔插入“RPM，V，Ω”插口。测量时，用万用表的两个表笔与电阻或被测导线的两端连接，即可进行读数。

④ 频率的测量：测量频率前，将红表笔插入面板上的电压/频率插座中，黑表笔插入面板上的“COM”插座中，旋动滚轮选择HZ量程，把两个表笔跨接在电源或负载的两端，即可进行读数。

⑤ 温度的测量：测量温度前，将旋动滚轮调到温度挡的位置上，把万用表配备的测量温度的特殊插头插到面板上的温度测试插座内，表针与被测温度的部位接触，待温度稳定后读取测量值。

4. 农机电气系统检修注意事项

（1）农机电气系统故障诊断流程

① 通过用户反映的情况，观察通电后的各种现象，确保在动手之前，尽量缩小故障产生范围，须了解以下事项：

- 故障发生时，是作业中自行停车，还是发现异常后用户主动停车；
- 发生故障时是否发生异常声音；
- 发生故障时是否有味道；
- 发生故障时是否按错按键等。

② 分析电路图，根据电路的工作原理，对故障进行诊断。

③ 重点检查故障集中线路或部件，验证诊断结论。

④ 复诊，确定故障部位，并分析故障产生原因。

⑤ 排除故障并恢复设备使其正常工作。

⑥ 认真填写维修记录，向机械操作者说明故障情况及注意事项。

(2) 农机电气系统故障检修注意事项

① 拆卸蓄电池时，应先拆下负极电缆线。拆下或装上蓄电池电缆时，应确保点火开关或其他开关都已断开，否则会导致电子元件的损坏。装蓄电池时，应先连接负极电缆线。

② 不允许使用欧姆表及万用表的“×100”以下欧姆挡检测小功率晶体三极管，以免电流过载损坏元件。更换三极管元件时，应首先接入基极；拆卸时，应最后拆卸基极。对于金属氧化物半导体管(MOS 管)，则应当心静电击穿。

③ 拆卸和安装元件时，应先切断电源。如无特殊说明，元件引脚距焊点位置在 10 mm 以上，以免电烙铁烫坏元件，且宜使用恒温或功率小于 75 W 的电烙铁。

④ 更换烧坏的熔断器时，应使用相同规格的熔断器进行更换。使用比规定容量大的熔断器会导致电气系统损坏，甚至会发生火灾。

⑤ 靠近振动部件(如发动机)的线束，应当用卡子固定，将松弛部分拉紧，以免由于振动造成线束接触到其他部件。

⑥ 不要随意乱扔元件，无论好坏都应轻拿轻放。

⑦ 安装固定零件时，应确保电线不被夹住或破坏。安装时，应确保插接器插接牢固。

⑧ 线束与尖锐边缘磨碰的部分应当用胶带缠起来，以免被损坏。

⑨ 进行维修时，若温度超过 80 ℃(如进行焊接时)，则应先拆下对温度敏感的零件(如继电器等)再进行检修。

此外，现代农业机械的许多电子电路由于性能要求和技术保护等多种原因往往采用不可拆卸的封装方式(如厚膜封装调节器等)，当电路故障可能涉及其内部时往往难以判断。在这种情况下，一般先从其外围逐一检查排除，最后确定该被测部件是否损坏。若有损坏，则更换新件。

第2章 电源系统

学习目标

- 能描述蓄电池、硅整流交流发电机和电压调节器的功用、结构特点及工作原理；
- 能正确使用蓄电池、硅整流交流发电机及电压调节器；
- 能完成蓄电池的技术状态检查、电解液配置及蓄电池的充电；
- 能选择适当的工具拆卸硅整流交流发电机并进行解体检查；
- 能在试验台上进行硅整流交流发电机及电压调节器的试验；
- 会连接常见车型的充电电路；
- 会诊断并排除电源系统的常见故障。

2.1 概　述

2.1.1 农机电源系统的组成

农机电源系统由蓄电池、发电机、电压调节器以及配电部分组成，其接线及原理图分别如图2-1、图2-2所示。

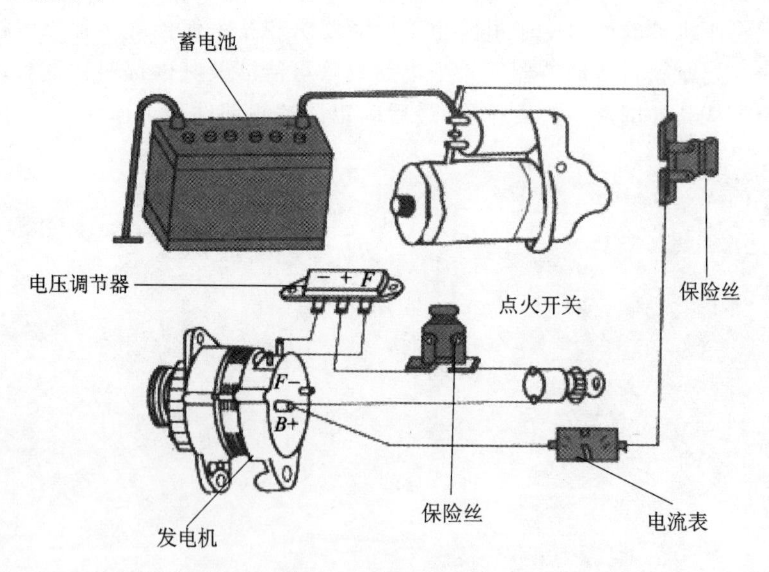

图2-1 电源系统接线图

蓄电池与发电机并联工作，发电机是主电源，蓄电池是辅助电源。与发电机配用的电压调节器的作用是当发电机转速上升到一定程度时自动调节发电机的输出电压，使其保持稳定，以满足用电设备的用电需求，同时防止因发电机电压过高而烧坏用电设备或使蓄电池过充电。

2.1.2　对电源系统的要求

对电源系统的要求如下：

① 蓄电池必须满足发动机起动的需要。因此，要求蓄电池内阻小，大电流输出时的电压稳定，以保证发动机良好的起动性能；此外，要求发电机充电性能良好，维护方便或少维护，以满足农机的使用性能要求，使用寿命长。

② 发电机应能满足用电设备的需求。因此，要求发电机在发动机转速变化范围内，能正常发电且电压稳定；此外，要求发电机体积小、质量轻、发电效率高、故障率低、使用寿命长等，以满足农机的使用性能要求。

在现代农机上，所有的用电设备所需的电能都是由蓄电池和发电机两个电源供给的。蓄电池是一种可逆的直流电源，既能向用电设备供电，也能在充电时将电源的电能转变成化学能储存起来。发电机、蓄电池和全车所有用电设备均为并联连接，其电路原理如图 2－2 所示。

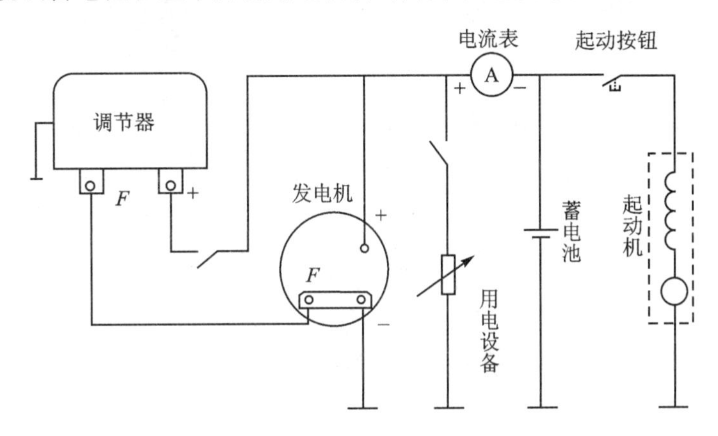

图 2－2　电源系统电路原理图

2.2　蓄电池

2.2.1　蓄电池的功用

车用蓄电池的极板材料主要由铅和铅的氧化物组成，电解液是硫酸的水溶液，故也称为铅酸蓄电池或铅蓄电池。

蓄电池作为可逆的直流电源，在拖拉机和联合收割机等农业机械上与发电机并联，向用电设备供电。在发电机工作时，用电设备所需电能由发电机供给，而蓄电池的作用是：

- 发动机起动时，向起动机和点火系统（汽油发动机）供电；
- 发电机电压低于蓄电池电动势时，给用电设备供电并向交流发电机磁场绕组供电；
- 当同时接入的用电设备较多、发电机超载时，协助发电机供电；
- 当蓄电池存电不足，而发电机负载又较小时，可将发电机的电能转换为化学能储存起来，也就是充电。

铅蓄电池还相当于一个较大的电容，能吸收电路中随时出现的瞬时过电压，稳定电网电压，保护电子元件不被损坏。另外，对电子控制系统来说，蓄电池也是电子控制装置内存的电源。

2.2.2 蓄电池的构造与型号

1. 蓄电池的构造

蓄电池一般由6个（或3个）单体电池串联而成。每个单体电池的电压为2 V左右，6个单体电池串联后对外输出标称电压为12 V左右。

蓄电池主要由极板、隔板、电解液、壳体、联条等部分组成，其构造如图2-3所示。

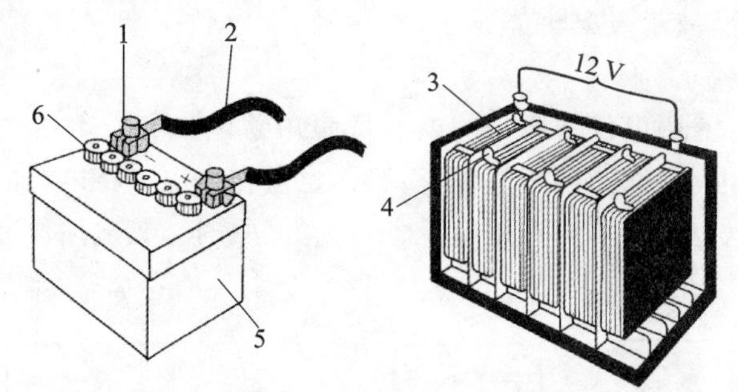

1—电极桩；2—起动电缆；3—单体电池；4—联条；5—外壳；6—加液孔

图2-3 蓄电池的构造

(1) 极板与极板组

极板分为正极板和负极板，是蓄电池的核心部件，由栅架与活性物质组成，如图2-4所示。

栅架由铅锑合金或铅钙锡合金浇铸而成，形状如图2-5所示。在栅架中加锑的目的是改善浇铸性能，并提高机械强度。

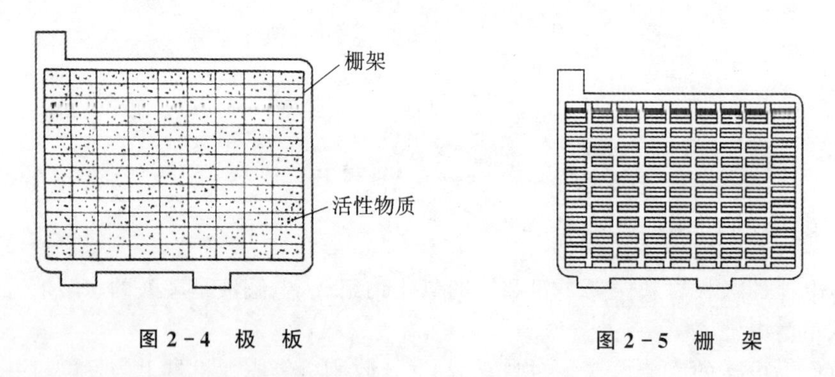

图2-4 极 板　　　　**图2-5 栅 架**

活性物质是指依附在极板栅架上参与化学反应的工作物质。正极板上的活性物质是深棕色的二氧化铅（PbO_2），负极板上的活性物质是青灰色海绵状的铅（Pb）。

为了增大蓄电池容量，将多片正、负极板分别并联，用横板焊接在一起组成正、负极板组，如图2-6所示。横板上连接电极桩，各片间留有间隙。安装时正、负极板相互嵌合，中间用隔板隔开，再将正、负极板组交叉组装在一起。

每个单体电池中的负极板比正极板多一片，使得每片正极板均处于两片负极板之间，可使正极板两侧放电均匀，防止极板拱曲使得活性物质脱落。

(2) 隔 板

为了减小蓄电池的内阻和尺寸，正、负极板应尽可能地靠近，同时为了避免彼此接触而短路，正、负极板间要用隔板隔开。隔板应具有多孔，以便电解液渗透，还应具有良好的耐酸性和抗氧化性。目前广泛应用的有微孔塑料隔板和微孔橡胶隔板。

微孔塑料隔板和微孔橡胶隔板在组装时，隔板的带槽面必须对准正极板以保证电化学反应中极板对硫酸的需求。为了使正极板上脱落的活性物质顺利地掉入壳底槽中，隔板的槽还必须与壳体底部垂直，防止正、负极板间短路。

免维护蓄电池普遍采用聚氯乙烯信封式隔板，其结构如图 2-7 所示。

图 2-6 单体蓄电池极板组

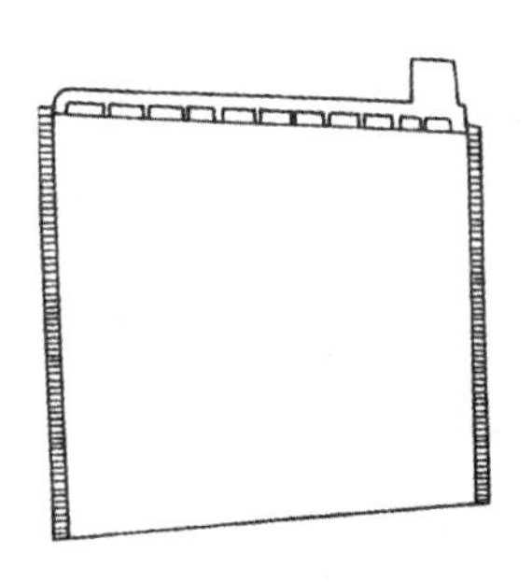

图 2-7 信封式隔板

(3) 电解液

电解液是蓄电池内部发生化学反应的主要物质，由蓄电池专用硫酸和蒸馏水按一定比例配制，其相对密度一般为 1.24～1.30 g/cm^3。

电解液相对密度大，可降低结冰的风险，并增大蓄电池的容量。但若相对密度过大，则黏度增加，流动性差，不仅会减小蓄电池容量，并由于腐蚀作用的增强而缩短极板和隔板的使用寿命。因此，电解液密度对蓄电池的性能和寿命是有影响的。一般要按地区、气候条件和制造厂的要求来选用电解液的相对密度，如表 2-1 所列。

表 2-1 不同温度下电解液的密度

使用地区最低温度/℃	冬季/(g·cm^{-3})	夏季/(g·cm^{-3})
−40	1.31	1.27
−40～−30	1.29	1.26
−30～−20	1.28	1.25
−20～0	1.27	1.24

(4) 壳 体

壳体用来盛装电解液和极板组。它应耐酸、耐热、耐振动冲击。目前多用塑料制成，不仅外观美观、质量轻，更主要的是易于热封合，生产效率高，便于表面清洁，减少自行放电。

壳体为整体式，壳内由间壁分成 3 个或 6 个互不相通的单格，底部有突起的肋条以搁置极板组。肋条的空隙用来积存脱落下来的活性物质，防止极板间短路。在每个单格顶部都设有加液孔，以便加电解液、补充蒸馏水和检测电解液相对密度。加液孔上的旋塞上留制有通气孔，使用中该孔应保持畅通，以便随时排出水被电解和化学反应产生的氢气和氧气，防止容器胀裂或发生爆炸事故。

2. 新型蓄电池

随着新材料的开发和新技术的创新，出现了许多新型铅蓄电池，蓄电池的性能得到了提高，也减少了琐碎的维护工作。

(1) 干荷电蓄电池

极板处于干燥的已充电状态和无电解液储存的蓄电池称为干式荷电蓄电池，简称干荷电蓄电池。

干荷电蓄电池与普通蓄电池的主要区别是负极板具有较强的荷电能力。正极板上的活性物质为二氧化铅，其化学活性比较稳定，荷电性能可以长期保持。而负极板上的活性物质为海绵状的铅，由于表面积大，化学活性高，容易氧化，所以要在负极板的铅膏中加入抗氧化剂；并且在化成过程中，有一次深放电循环或反复地进行充电、放电，使活性物质达到深化。化成后的负极板，先用清水冲洗后，再放入防氧化剂淀粉溶液中进行浸渍处理，让负极板表面生成一层保护膜，并采用特殊干燥工艺，从而制成干荷电极板。目前该电池均采用穿壁式联条整体塑料结构，且已基本上取代了普通蓄电池。

干荷电蓄电池加足电解液，静置 20～30 min 后测量温度上升不超过 6 ℃、电解液密度下降不超过 0.01 g/cm^3 即可使用，是理想的应急电源。该蓄电池正常保存期一般为 2 年，从出厂之日算起。超过 2 年后由于极板部分氧化，在使用前应补充充电 5～10 h 后再用。干荷电蓄电池装到车上正常使用后，日常的使用和维护与普通蓄电池相同。

(2) 湿荷电蓄电池

湿荷电蓄电池采用极板群组化成，化成后将极板浸入相对密度为 1.350 g/cm^3、内含 0.5%(质量比)硫酸钠的稀硫酸溶液里浸渍 10 min(硫酸钠在负极板活性物质表面起抗氧化作用)，离心沥酸后，不经干燥即进行组装密封成为湿荷电蓄电池。其极板和隔板仍带有部分电解液，蓄电池内部是湿润的，故而得名为湿荷蓄电池。

自出厂之日算起，湿荷电蓄电池的保存期为 6 个月。在保存期内使用，只须加入规定密度的电解液，20 min 后测量温度及密度符合规定即可使用。其首次使用容量可达额定容量的 80%。对出厂超过 6 个月的湿荷电蓄电池须经短时间的补充充电方可正常使用。

(3) 免维护蓄电池

免维护蓄电池简称 MF 蓄电池。与普通蓄电池相比，免维护蓄电池具有如下结构特点：

- 栅架材料采用铅钙合金，既提高了栅架的机械强度，又减小了蓄电池的耗水量和自放电程度，在整个使用过程中无须加水。
- 采用了袋式微孔聚氯乙烯隔板，将正极板装在隔板袋内，既可避免正极板上的活性物质脱落，又能防止极板短路。因此壳体底部不需要凸起的肋条，降低了极板组的高度，增大了极板上方的容积，使电解液储存量增大。
- 蓄电池内部安装有电解液密度计，可自动显示蓄电池的电量状态和电解液液面的高度。若密度计的观察窗呈绿色，则表明蓄电池电量充足，可正常使用；若呈深绿色或黑色，则表明蓄电池电量不足，需补充充电；若呈浅黄色，则表明蓄电池已接近报废。内装式密度计工作示意图如图 2－8 所示。

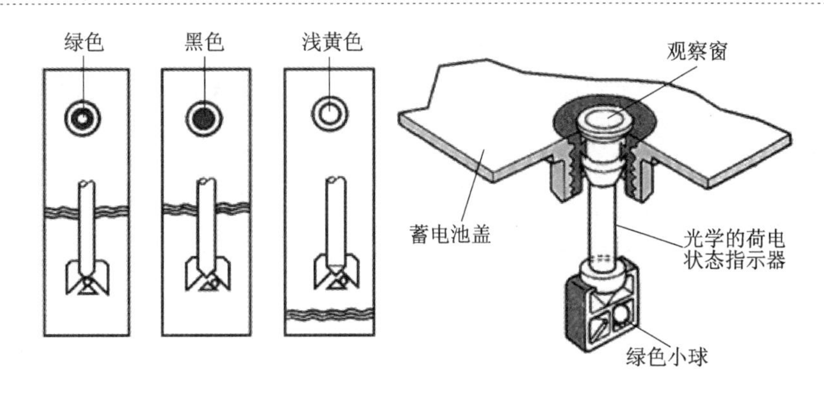

图 2-8　内装式密度计工作示意图

3. 蓄电池的型号

蓄电池的型号一般都标注在外壳上，其型号的编制按照机械工业部标准 JB 2599—85《铅蓄电池产品的型号编制方法》规定，由以下 5 部分组成：

1	-	2　3	-	4　5

1——串联的单体电池数。用阿拉伯数字表示。

2——蓄电池的用途。用汉语拼音的首字母表示。Q 为起动用蓄电池，M 为摩托车用铅蓄电池，JC 为船用铅蓄电池，HK 为飞机用铅蓄电池。

3——蓄电池特征。A 为干荷电铅蓄电池，B 为薄型极板铅蓄电池，W 为免维护蓄电池。

4——20 h 放电率放电额定容量。用阿拉伯数字表示，不带容量单位。

5——特殊性能。用汉语拼音的首字母表示（无字为一般性能蓄电池）。G 为高起动率蓄电池。

例如：型号 3-Q-105 表示由 3 个单体电池组成，额定电压为 6 V，额定容量为 105 A·h 的起动用铅蓄电池；型号 6-QA-75 表示由 6 个单体电池组成，额定电压为 12 V，额定容量为 75 A·h 的起动用干荷电铅蓄电池；型号 6-QA-105G 表示该蓄电池由 6 个单体电池组成，额定电压为 12 V，额定容量为 105 A·h 的起动用干荷电高起动率铅蓄电池。

2.2.3　蓄电池的工作原理与工作特性

1. 蓄电池的工作原理

蓄电池向起动机及其他用电设备供电，称为蓄电池的放电过程；在发动机高速运转时储存发电机的部分电能，称为蓄电池的充电过程。

蓄电池充、放电过程是由蓄电池内部正、负极板的活性物质与电解液之间的电化学反应来完成的。根据双极硫化理论，蓄电池充、放电过程是一个可逆的电化学反应过程，其方程式为

$$\underset{\text{正极板}}{PbO_2} + \underset{\text{电解液}}{2H_2SO_4} + \underset{\text{负极板}}{Pb} \rightleftharpoons \underset{\text{正极板}}{PbSO_4} + \underset{\text{电解液}}{2H_2O} + \underset{\text{负极板}}{PbSO_4}$$

蓄电池在放电过程中，正极板上的活性物质由深棕色的 PbO_2 转变为 $PbSO_4$；负极板上的活性物质由青灰色的海绵状纯铅 Pb 转变为 $PbSO_4$；电解液中的 H_2SO_4 转变为 H_2O。充电过程中物质的变化与放电过程相反。实际上，极板上的活性物质仅有 20%～30%参加反应，大部分活性物质由于充、放电条件的限制未能进行电化学反应。因此，为提高活性物质的利用率，可采用薄极板蓄电池。

蓄电池充、放电过程中，由于电解液中的部分水(H_2O)变为硫酸(H_2SO_4)或硫酸变为水，所以电解液的相对密度将上升或下降。因此，可以通过测量电解液相对密度的方法来判断蓄电池的充、放电程度。铅蓄电池的充、放电反应原理如图 2-9 所示。

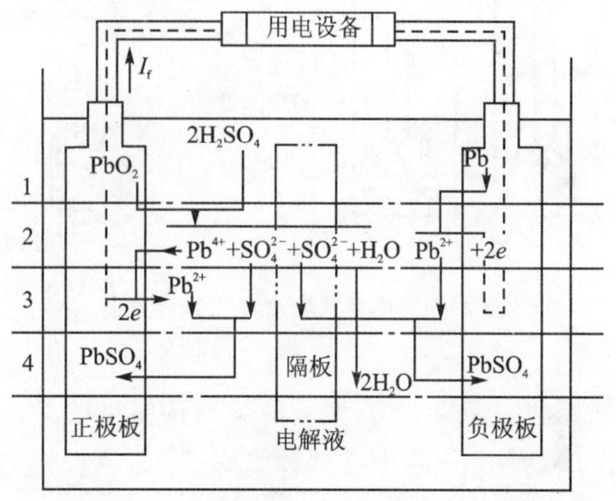

1—充电状态；2—溶解电离；3—接入负载；4—放电状态

(a) 放电过程

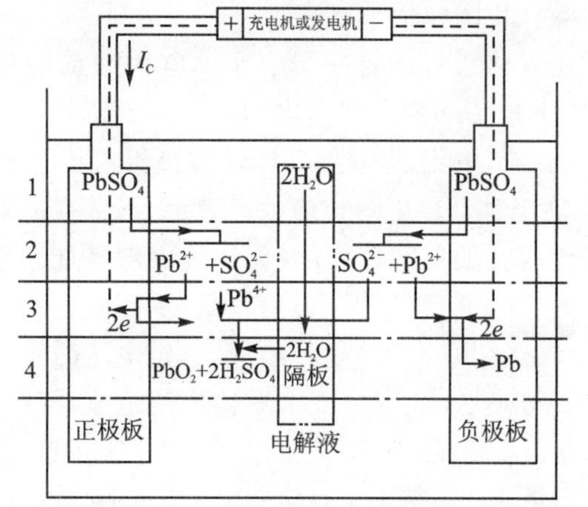

1—放电状态；2—溶解电离；3—通入电流；4—充电状态

(b) 充电过程

图 2-9　铅蓄电池反应原理

2. 蓄电池的工作特性

蓄电池的工作特性主要包括内阻、放电和充电特性、蓄电池容量。

(1) 内　阻

电流流过铅蓄电池时受到的阻力称为铅蓄电池的内阻。铅蓄电池的内阻为极板电阻、电解液电阻、隔板电阻、铅连接条和极柱电阻的总和，其大小反映了蓄电池带负载的能力。在相同的条件下，内阻越小，输出电流越大，带负载能力越强。一般来说，起动型铅蓄电池的内阻很小，单体电池的内阻约为 0.11 Ω。如内阻过大，则会引起蓄电池端电压大幅度下降进而影响起动性能。

(2) 蓄电池的放电和充电特性

1) 放电特性

蓄电池的放电特性指在恒流放电过程中，蓄电池的端电压 U_f、电动势 E 和电解液密度随放电时间的变化规律。图2-10所示为充足电的蓄电池以20 h放电率恒流放电的特性曲线。

放电过程中，端电压的变化规律可分为以下三个阶段。

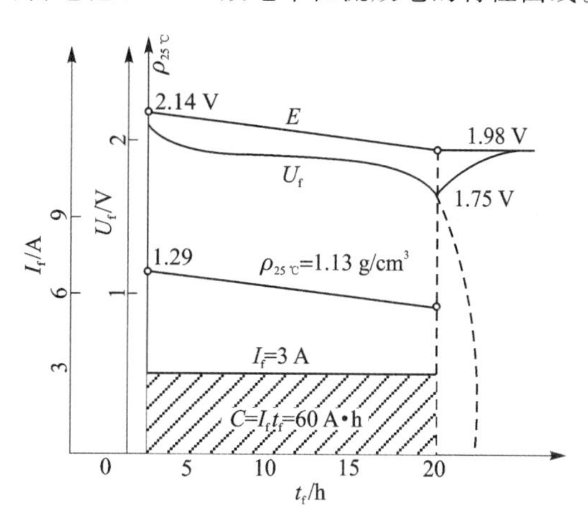

图2-10 放电特性曲线

第一阶段：放电开始时，端电压由2.14 V迅速下降到2.1 V左右。这是因为放电前渗入极板活性物质孔隙内部的硫酸迅速反应变为水，而极板外部的硫酸还来不及向极板孔隙内渗透，极板内部电解液的相对密度迅速下降，端电压随即迅速下降。

第二阶段：端电压由2.1 V缓慢下降。该阶段单位时间内极板孔隙内部消耗的硫酸量与孔隙外部向极板孔隙内部渗透补充的硫酸量相等，处于一种动态平衡状态。

第三阶段：放电接近终了时，端电压迅速下降到1.75 V。其原因是极板表面已形成大量硫酸铅，堵塞了孔隙，渗透能力下降。同时单位时间内的渗透量小于极板内硫酸的消耗量，极板内电解液的相对密度迅速下降，此时应停止放电，如果继续放电则端电压将在短时间内急剧下降到0，致使蓄电池过度放电，导致蓄电池产生硫化故障，缩短其使用寿命。

蓄电池放电到终止电压时应停止放电，极板孔隙中的电解液与整个容器中的电解液相互渗透，趋于平衡，端电压会有所回升。

蓄电池放电终了的特征是：

- 单格电池电压下降到放电终止电压（以20 h放电率放电时终止电压为1.75 V）；
- 电解液相对密度下降到最小值（1.10～1.12 g/cm³）。

放电终止电压与放电电流大小有关，放电电流越大，连续放电时间越短，允许的放电终止电压也就越低。表2-2所列为蓄电池放电终止电压与放电电流的关系。

表2-2 蓄电池的放电终止电压与放电电流的关系

放电电流 I_f/A	$0.05C_{20}^*$	$0.1C_{20}$	$3C_{20}$
连续放电时间	20 h	10 h	1 min
单体电池终止电压/V	1.75	1.70	1.40

注：* C_{20}为蓄电池的20 h额定容量，表中仅取其值以表示与I_f之间的数值倍数关系。

2）充电特性

蓄电池的充电特性指在恒流充电过程中蓄电池的端电压U_c和电解液密度随充电时间而变化的规律。

蓄电池充电过程中，电解液的相对密度基本按直线规律逐渐上升。这是因为采用恒流充电，充电机每单位时间向蓄电池输入的电量相等，每单位时间内电解液中生成硫酸的量也基本相等。

充电过程中，蓄电池端电压U_c的变化规律如图2-11所示，可分为以下四个阶段。

第一阶段：充电开始时，端电压上升较快。这是由于充电时极板上的活性物质和电解液的化学反应首先在极板孔隙内进行，极板孔隙孔中的水迅速消耗，生成的硫酸来不及向极板外扩

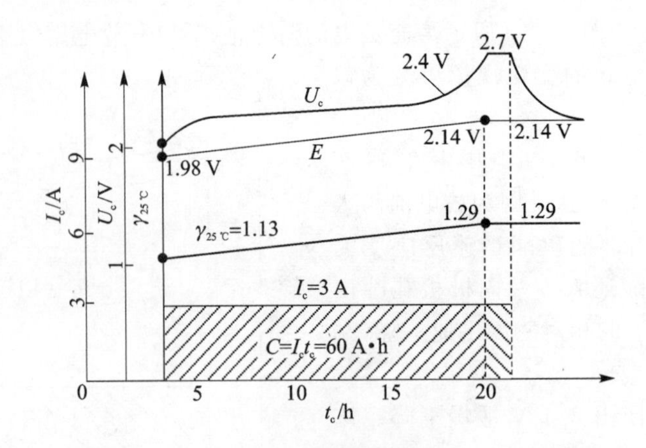

图 2－11 充电特性曲线

散，使孔隙中的电解液相对密度迅速增大，其端电压迅速上升。

第二阶段：端电压从 2.10 V 稳定上升至 2.40 V 左右。随着充电的进行，新生成的硫酸不断向周围扩散。当充电至极板孔隙中生成硫酸的速度和向外扩散的速度基本处于动态平衡时，蓄电池端电压的上升速度较稳定，随着蓄电池容器内电解液相对密度的上升而相应升高。

第三阶段：端电压由 2.40 V 左右迅速上升至 2.70 V。这时的充电电流除一部分使尚未转变的硫酸铅继续转变外，其余的电流用于电解水产生氢气和氧气，以气泡形式放出，呈现“沸腾”状态。在此过程中，带正电的氢离子和负极板上电子的结合比较缓慢，来不及立即变成氢气放出，于是在负极板周围积存了大量带正电的氢离子，使电解液与负极板之间产生约 0.33 V的附加电位差，从而使蓄电池的端电压由 2.40 V 增至 2.7 V 左右。

第四阶段：过充电阶段，一般要进行 2～3 h，以保证蓄电池充足，此阶段电压不再上升。

切断充电电源后，极板外部的电解液逐渐向极板内部渗透，极板内外电解液相对密度达到稳定平衡，同时附加电压消失，端电压又下降至 2.1 V 左右稳定下来。

蓄电池充电终了的特征如下：

➢ 端电压和电解液相对密度上升到最大值且在 2～3 h 内不再上升；

➢ 电解液内产生大量气泡，呈现“沸腾”状态。

(3) 蓄电池的容量及其影响因素

1) 蓄电池的容量

蓄电池的容量是指在规定的放电条件下，完全充足电的蓄电池所能提供的电量。蓄电池的容量标志着其对外放的电能力，是衡量蓄电池的质量优劣以及选择蓄电池最重要的参考指标。

蓄电池的容量与放电电流大小、放电持续时间及电解液的温度有关。它可分为额定容量、起动容量和储备容量。当蓄电池以恒流值进行放电时，其容量 C 等于放电电流 I_f 和放电时间 t_f 的乘积(单位为 A·h)，即

$$C = I_f \cdot t_f$$

2) 额定容量

根据国家标准 GB 5008.1—1991《起动用铅酸蓄电池技术要求和试验方法》规定，以 20 h 放电率额定容量为起动型蓄电池的额定容量。

20 h 放电率额定容量是指完全充电的新蓄电池，在电解液温度为(25±5) ℃时，以 20 h

放电率的电流(I_f取 0.05C_{20}的数值)连续放电到蓄电池端电压降到(10.50±0.05) V 时,对外输出的电量用 C_{20}表示,单位为 A·h。

例如:6-Q-105 型蓄电池在电解液平均温度为(25±5) ℃时,以 5.25 A 的电流连续放电 20 h 后,端电压降至 10.25 V,其 20 h 额定容量为 C_{20}=5.25 A×20 h=105 A·h。

3) 起动容量

农机上配备的蓄电池的主要用途是在发动机采用起动机起动时,向起动机大电流供电。因此,蓄电池的起动容量反映了蓄电池大电流供电的能力。

起动容量有常温起动容量和低温起动容量之分。

① 常温启动容量即电解液温度为 25 ℃时,以 5 min 放电率放电的电流(I_f取 3C_{20}的数值)连续放电至规定的终止电压(12 V 蓄电池的终止电压为 9 V)时所输出的电量。其放电持续时间应在 5 min 以上。

② 低温启动容量即电解液温度为-18 ℃时,以 3 倍 20 h 额定容量的电流(I_f取 3C_{20}的数值)连续放电至规定(12 V 蓄电池的终止电压为 6 V)时所放出的电量。其放电持续时间应在 2.5 min 以上。

4) 蓄电池容量的影响因素

影响蓄电池容量的因素包括原材料、制造工艺和使用维护等方面。使用维护条件对蓄电池容量的影响分析如下。

① 放电电流——放电电流越大,容量越低。放电过程中,正、负极板上的活性物质将逐渐转变为硫酸铅。硫酸铅比二氧化铅、海绵状铅的体积大,使活性物质的孔隙减少,电解液渗透阻力增大,电解液来不及渗入极板内部就已被表面生成的硫酸铅堵塞,致使极板内部大量的活性物质不能参加反应。同时,放电电流越大,单位时间消耗的硫酸越多,因而蓄电池容量减小。

图 2-12 所示为 6-Q-135 型蓄电池在不同放电电流情况下的放电特性。

图 2-13 所示为 6-Q-100 型蓄电池在电解液温度为 25 ℃时蓄电池容量与放电电流的关系。

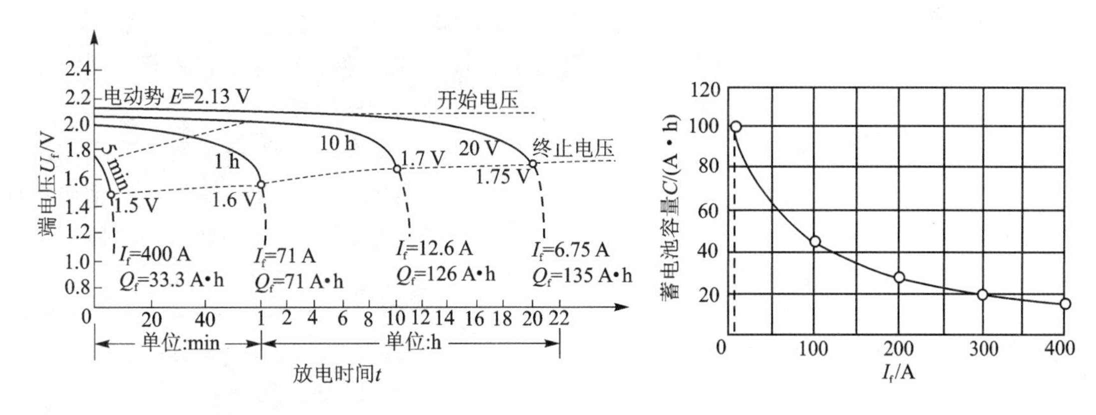

图 2-12　不同放电电流的放电特性　　**图 2-13　蓄电池容量与放电电流的关系**

由图 2-12 和图 2-13 可知,放电电流越大,电压下降越快,越容易出现放电终了现象,如继续放电则将导致过放电而影响蓄电池的使用寿命。所以,应当合理地使用起动机,每次起动时间不应大于5 s,再次起动时应间隔 10~15 s,以便使电解液充分渗透,使更多的活性物质参加反应，否则会导致蓄电池容量减小，使用寿命缩短。

② 电解液的温度——在一定的温度范围内，温度低时，电解液黏度增加，离子运动速度慢，电解液向极板孔隙深层渗入困难，极板孔隙内的活性物质不能充分利用，使蓄电池的放电容量下降。电解液温度与蓄电池的容量关系见图 2－14。温度每下降 1 ℃，容量下降约 1%，迅速放电时容量将减小 2%。冬季用起动机起动车辆时，放电电流大，温度又低，使得蓄电池容量大大减小，这是冬季起动时总感觉蓄电池电量不足的主要原因之一。由于温度对蓄电池的容量产生严重的影响，所以冬季使用时，尤其在我国北方地区，应采取必要措施改善使用条件，防止蓄电池容量迅速下降，以延长其使用寿命。

③ 电解液相对密度——在一定范围内，适当提高电解液的相对密度，可以提高蓄电池的电动势及电解液中活性物质向极板内的渗透能力并减小电解液的电阻，使蓄电池的电解液中有足够的离子参加反应，从而使其容量提高。但相对密度过高时，将导致电解液的黏度过大，渗透能力下降，内阻增大；电解液中参加反应的离子数量不足，也将使蓄电池的端电压和容量减小。另外，电解液相对密度过高，蓄电池自放电速度加快，并对极板栅架和隔板的腐蚀作用加剧，缩短了蓄电池的使用寿命。电解液相对密度与蓄电池容量的关系见图 2－15。

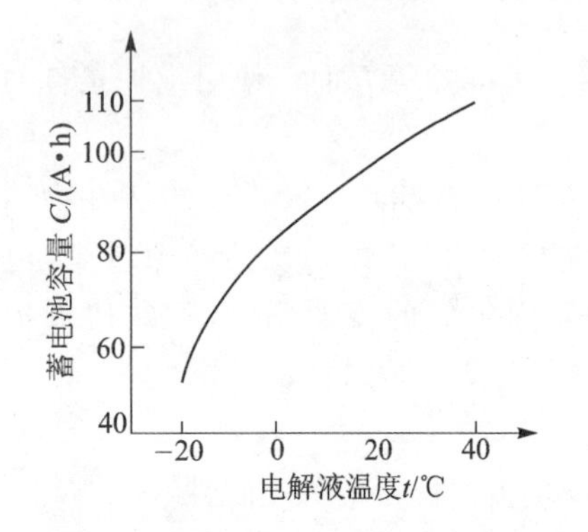

图 2－14 电解液温度与蓄电池容量的关系

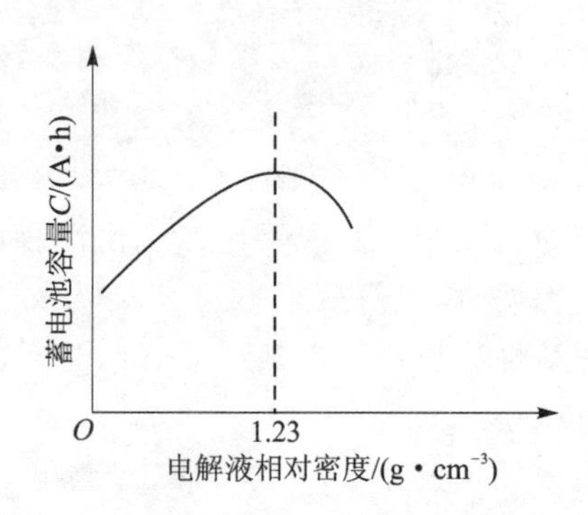

图2－15 电解液相对密度和蓄电池容量的关系

一般情况下，电解液的相对密度稍低有利于增加放电电流和放电容量，同时也有利于延长蓄电池的使用寿命。铅蓄电池电解液的密度应根据用户所在地区的气候条件进行选择。冬季使用的电解液在不至于结冰的条件下尽可能使用密度稍低的电解液。

④ 电解液纯度——电解液的纯度对蓄电池的容量有很大的影响，因此电解液应用化学纯硫酸和蒸馏水配制。电解液中的一些有害杂质会腐蚀栅架，沉淀后附着于极板上的杂质能形成局部电池而产生自放电。如电解液中含有 1%的铁，则蓄电池在一昼夜内就会放掉全部的电。所以纯度不高的电解液将明显减小蓄电池的容量，缩短蓄电池的使用寿命。

2.2.4 蓄电池的常见故障

1. 自放电

完全充足电的蓄电池放置一个月，若平均每昼夜自放电能损失大于 0.7%的额定容量，则该现象称为自放电。

故障原因如下：

a. 电解液含有过量的金属杂质，以微电池的形式造成自放电。

b. 极板活性物质脱落，沉积物造成极板短路。

c. 蓄电池长期放置，硫酸下沉使电解液上、下层密度不同，同一块极板形成电位差造成自放电。

d. 蓄电池表面有电解液渗漏，连接正、负极导电。

为了减少自放电，应保持蓄电池表面清洁干燥，保证电解液的纯度。

蓄电池有自放电故障，可将蓄电池完全放电或过充电，使极板上的杂质进入电解液中，然后倒掉原电解液。再将蒸馏水倒入各单体电池内并反复清洗，最后加入新的电解液进行充电。

2. 极板活性物质脱落

极板活性物质脱落主要是指正极板上的 PbO_2 脱落，电解液变为褐色，从而造成充电时电压上升过快，“沸腾”过早，电解液相对密度达不到规定值，而放电时电压下降过快，容量下降。

故障原因如下：

a. 充电电流过大或长期过充电，大量水被电解而产生大量气体，极板活性物质孔隙中气压过高，电解液温度过高，极板变形，造成活性物质脱落。

b. 长时间大电流放电，尤其是在低温时，硫酸铅急剧形成，体积严重膨胀，使活性物质脱落。

c. 蓄电池极板组松动或蓄电池在车上安装不牢，易由于振动而使得活性物质过早脱落。

对活性物质脱落不严重的蓄电池，可清洗更换电解液后继续使用，严重时应更换极板。

3. 极板硫化

极板硫化就是由于种种原因使极板上产生白色、坚硬、大颗粒、不易溶解的硫酸铅。蓄电池充电时，电解液温度过高，电压上升过快，沸腾过早，电解液密度达不到规定值。蓄电池放电时，其容量下降。

故障原因如下：

a. 蓄电池长期处在充电不足的状态下工作，当温度变化时，极板上已存在的硫酸铅便产生再结晶。当蓄电池长期处于放电状态时，极板上的硫酸铅将部分溶解到电解液中，温度越高，溶解度越大。当温度降低时，溶解度减小，出现饱和现象，这时有部分硫酸铅就会从电解液中析出，再次结晶生成大晶粒硫酸铅附着在极板表面上，产生极板硫化。

b. 蓄电池过度放电或小电流深度放电，会在极板孔隙的细小孔隙内层生成硫酸铅；平时充电时不易恢复，久而久之也将导致硫化。

c. 电解液不纯，蓄电池存在自放电故障，也是造成极板硫化的主要原因。电解液中的有害杂质吸附在硫酸铅表面，将使硫酸铅的溶解速度变慢，限制了在充电时铅离子的阴极还原，使充电不能正常进行，从而产生硫化。

d. 电解液液面长期过低，使极板上部与空气接触而强烈氧化，尤其是负极板。在机车行驶的过程中，电解液上下波动与极板的氧化部分接触，生成大晶粒的硫酸铅硬层，从而使极板上部硫化。

极板硫化程度较轻的蓄电池，可用 2～3 A 的小电流长时间充电（即过充电），或用全放、全充的充放电循环的方法使活性物质还原。对于硫化程度严重的蓄电池，可用去硫充电的方法消除硫化。若硫化程度严重不易恢复，则只能报废。

4. 蓄电池电解液损耗过快

故障原因如下：

a. 电池壳体破裂。

b. 蓄电池过充电或充电电流过大，将加速电解液中水质的消耗。

c. 蓄电池极板硫化或短路。

d. 蓄电池存电量不足。

5. 蓄电池存电量不足

故障现象：起动机运转无力，喇叭音量低，灯光暗。

故障原因如下：

a. 新电池充电未进行充放电锻炼，长期存放。

b. 长时间使用起动机，造成大电流放电而使电池极板损坏。

c. 电解液密度低于规定值。

d. 电解液密度过高，液面过低，或以电解液代替蒸馏水加入。

e. 电压调节器的调整电压偏低。

f. 充电电流过大而导致电池极板上的活性物质脱落。

2.2.5 蓄电池的使用与维护

1. 蓄电池的使用注意事项

蓄电池在使用过程中应注意以下事项：

① 新蓄电池(普通干封蓄电池除外)启用时，应按气温条件选用相对密度适中的电解液加入蓄电池内，液面高度为 10～15 mm，浸泡 2～3 h 后方可装车使用。

② 蓄电池使用期间，应根据气温的变化及时调整电解液的相对密度。

③ 定期检查液面高度。液面高度低于规定值时应及时添加蒸馏水，不允许加电解液和纯硫酸，这是因为液面下降仅是由于蒸发或电解而损失了电解液中的水，如加电解液或纯硫酸将会提高电解液的相对密度。

④ 定期检查蓄电池的存电程度，及时进行补充充电。蓄电池在使用过程中，处于时而充电时而放电的状态，充电不完全、不及时将使极板上的部分活性物质得不到充电，经过一定时间这部分活性物质发生再结晶，导致极板硫化，蓄电池容量降低，使用寿命缩短。当蓄电池达到允许放电量的极限值(夏季不大于 50%C_{20}，冬季不大于 25%C_{20})时，应及时对蓄电池进行补充充电。应每月进行补充充电，为避免用户只顾使用而不考虑放电程度，从而克服因蓄电池充电不足而出现的亏电现象，防止极板产生硫化。

⑤ 防止蓄电池过充电。蓄电池过充电，不但会导致电解液的过量消耗，而且容易造成活性物质的脱落。为此应严格调整发电机配用的电压调节器。

⑥ 防止蓄电池长时间大电流放电。起动时，应正确合理地使用起动机，同时应避免盲目连续、长时间使用起动机。

⑦ 换用蓄电池时，其容量必须符合原厂规定，不允许使用容量过大或过小的蓄电池。容量过大将会导致蓄电池长期处于充电不足的状态，从而使蓄电池发生硫化，容量下降；容量过小又将使蓄电池产生过度放电，影响用电设备正常工作，同时缩短其使用寿命。

⑧ 蓄电池应合理存放。对停用 1～2 个月的蓄电池，应将蓄电池按补充充电工艺进行充

电，充足电并将电解液的密度和液面高度调至规定值方可存放。需存放 3 个月以上的蓄电池，在充足电后应将液面高度调到规定值，电解液相对密度调至 1.10 g/cm^3，待再次使用时再调至规定值。存放 6 个月以上者，应当采用干式储存。对上述短期存放的蓄电池，应封严加液孔螺塞的通气孔，并放置于室内通风良好的暗处。

⑨ 保存期超过两年的干荷电铅蓄电池，因极板上有部分活性物质发生氧化，使用前应以补充充电电流充电 5～10 h 后再装车使用。

2. 蓄电池的充电方法

蓄电池的充电必须根据不同的情况选择恰当的方法，并且正确使用充电设备，以提高工作效率，延长充电设备和蓄电池的使用寿命。常用的充电方法有定流充电和定压充电。

(1) 定流充电

在充电过程中，保持充电电流恒定的充电方法称为定流充电法，充电连接方式及充电特性曲线如图 2-16 所示。

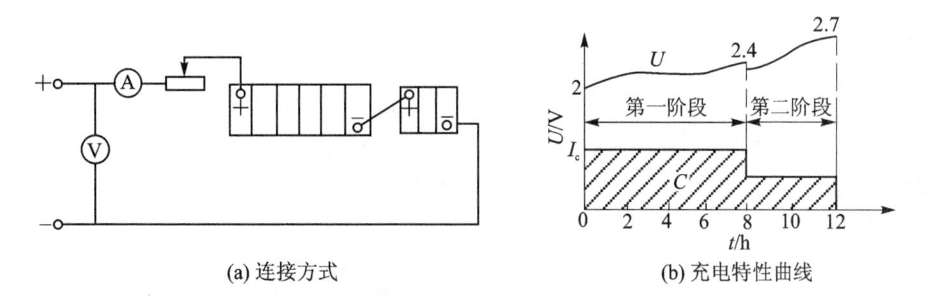

(a) 连接方式　(b) 充电特性曲线

图 2-16　定流充电

充电时使其充电电流保持恒定不变，随着蓄电池电动势的升高，充电电压逐渐升高；当充到蓄电池单体电池电压上升至 2.4 V 左右时，再将充电电流减少一半保持恒定，直至充足电为止。这种充电方法的优点是充电电流可任意选择，有利于延长蓄电池使用寿命；其缺点为充电时间长，且需要经常调整充电电压。主要适用于初充电、去硫充电和补充充电。

(2) 定压充电

充电过程中，加在蓄电池两端的充电电压保持恒定不变，称为定压充电法。其充电连接方式和充电特性曲线如图 2-17 所示。其特点是充电速度快。开始充电 4～5 h 内可获充 90%～95% 的电量；操作方便，充电电流会随着电动势的上升而逐渐减小到 0，使充电自动停

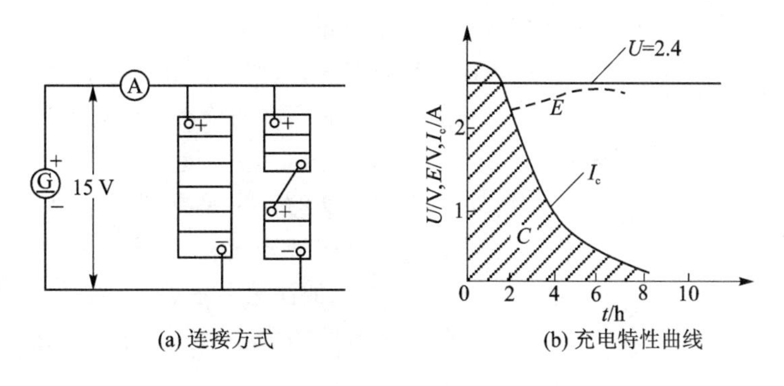

(a) 连接方式　(b) 充电特性曲线

图 2-17　定压充电

止，不必人工调整和照管；充电电流无法调整，不能保证蓄电池彻底充足电，不适于初充电和去硫充电；初期充电电流大，温升速度快，极板易弯曲，活性物质易脱落，影响蓄电池使用寿命。

(3) 充电注意事项

如遇下列情况应立即对蓄电池充电：

- 电解液相对密度降至 1.2 以下；
- 车灯明显变暗淡；
- 起动机无力；
- 冬季放电超过额定容量的 25%，夏季放电超过额定容量的 50%。

充电过程中应经常测量电解液的温度，保证在 45 ℃以下，否则采取降温或停止充电。

充电结束后，若电解液相对密度不符合规定，应用蒸馏水或相对密度为 1.4 g/cm^3 的电解液调整，然后再充电 24 h。若此时还不符合要求，则应再调整直至符合规定。

蓄电池充电时，充电室内严禁烟火。

3. 蓄电池技术状态检查

(1) 外部检查

检查蓄电池封胶处有无开裂和损坏，极桩有无破损，壳体有无泄露，否则应修理或者更换；疏通加液孔盖的通气孔；清洁蓄电池外壳，并用钢丝刷或极柱接头清洗器清洁极柱和电缆卡子上的氧化物，清洁后涂抹一层凡士林或润滑脂，如图 2-18 所示。

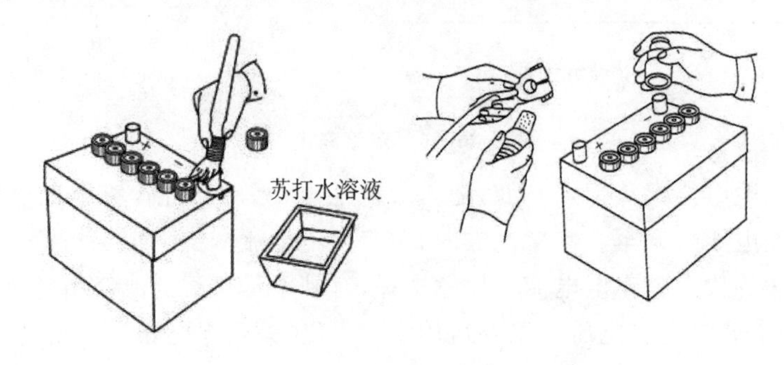

图 2-18 蓄电池的清洁

(2) 蓄电池液面高度检查

蓄电池中的电解液，一般应高出极板 10～15 mm。电解液不足时应加注蒸馏水、一般不允许加注硫酸溶液(已知电解液溅出除外)。

有经验的维修人员凭肉眼可从加液孔看出液面的高度，对于塑料外壳的蓄电池、从外面可以看出液面高度，只要液面高度达到规定的刻线即可。

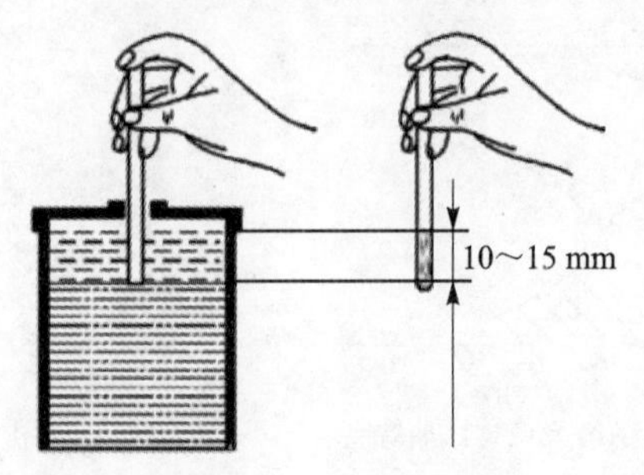

图 2-19 蓄电池液面高度检查

蓄电池液面高度的检查方法如图 2-19 所示。

(3) 蓄电池电解液密度检查

电解液密度的大小是判断蓄电池容量的重要标志。测量蓄电池电解液密度时，蓄电池应处于稳定状态。蓄电池充、放电或加注蒸馏水后，应静置半小时后再测量。

电解液密度的大小可用吸式密度计进行检测，方法如图 2-20 所示。

根据实践经验，密度每减少 0.01 g/cm^3，相当蓄电池放电 6%，因此测得电解液相对密度可粗略估算出蓄电池的放电程度。蓄电池冬季放电超过额定容量的 25%，夏季放电超过额定容量的 50%，应及时进行充电，严禁继续使用。

(4) 用高率放电计检查起动性能

高率放电计是模拟起动机工作状态、检测蓄电池容量的仪表。它由一只电压表和一个负载电阻组成。由于在检测时，蓄电池对负载电阻的放电电流可达 100 A 以上，所以能比较准确判定蓄电池的容量和基本性能。

测量时将高率放电计的正、负放电针分别压在蓄电池的正、负极柱上，保持 3～5 s，如图 2-21 所示。

- 若电压保持在 10.6～11.6 V，则存电量充足，蓄电池无故障；
- 若电压保持在 9.6～10.6 V，则存电量不足，蓄电池无故障；
- 若电压降到 9.6 V 以下，则存电量严重不足或蓄电池有故障。

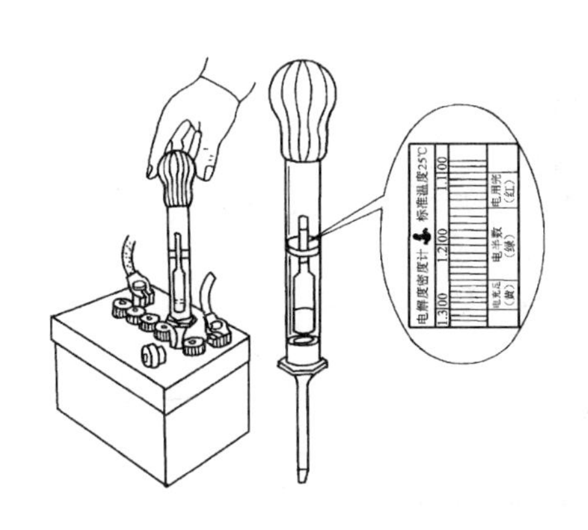

图 2-20　蓄电池电解液密度检查

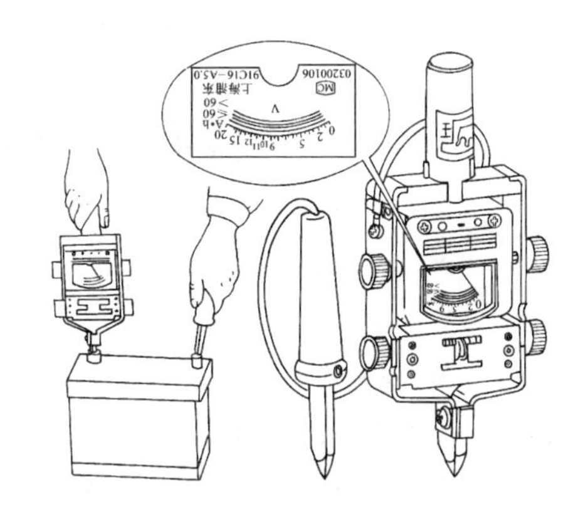

图 2-21　用高率放电计测试蓄电池的起动性能

2.3　交流发电机

发电机作为车辆上的主电源，其作用是当发电机电压高于蓄电池电动势时，除向起动机以外的所有用电设备供电外，还向蓄电池充电。

交流发电机的优点如下：结构简单，维修方便，使用寿命长；体积小，质量轻，比功率大；低速充电性能好；只须配用电压调节器；等等。下面以硅整流交流发电机为例进行介绍。

2.3.1　交流发电机的构造与型号

1. 交流发电机的构造

普通硅整流交流发电机主要由三相同步交流发电机和 6 只二极管组成的三相桥式全波整流器两大部分组成，具体由转子、定子、整流器、前/后端盖、风扇、皮带轮等部件组成，如图 2-22 所示。

(1) 转　子

转子是交流发电机的磁场部分，它主要由磁轭、磁场绕组、爪极、集电环和轴组成，如图 2-23 所示。

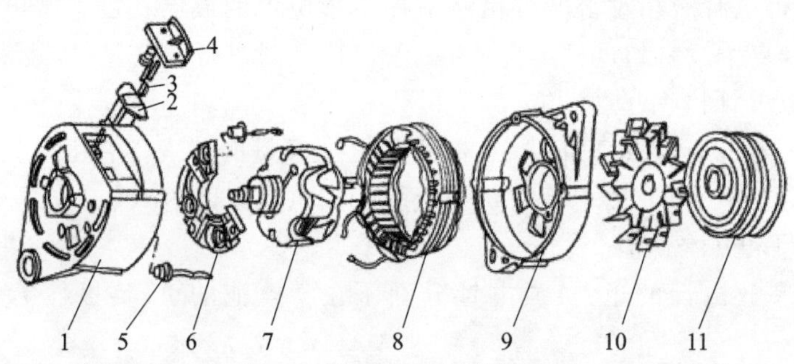

1—后端盖；2—电刷架；3—电刷；4—电刷弹簧压盖；5—硅二极管；
6—整流器；7—转子；8—定子；9—前端盖；10—风扇；11—皮带轮

图 2－22　普通硅整流交流发电机的构造

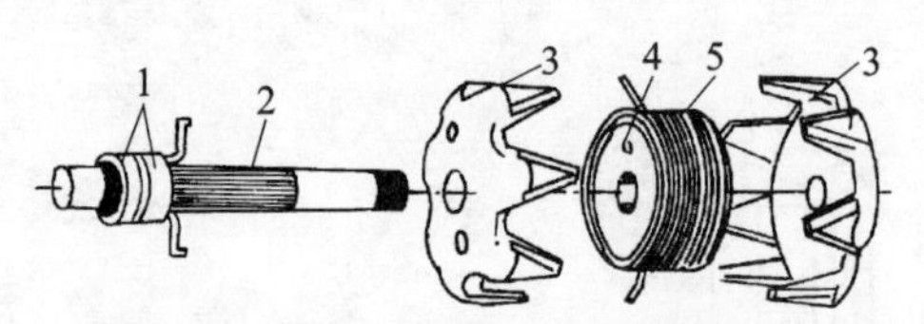

1—集电环；2—轴；3—爪极；4—磁轭；5—励磁绕组

图 2－23　交流发电机的转子

爪极用 10 号钢制成，压装在转子轴上，且内腔装有磁轭，其上绕有磁场绕组，绕组两端的引线分别焊在与轴绝缘的两个集电环上。6 对爪极均为鸟嘴形，以便于改变磁场方向，并使交流发电机产生正弦交流电。在转子线圈通电产生磁场后，爪极被磁化，构成 N、S 交叉排列的次序。相邻爪极的侧隙均匀，以防漏磁。转子线圈两端分别焊接于集电环上。集电环用黄铜制成，其环外表面与电刷配合，且须保证 75％的接触面积。

（2）定　子

定子总成是交流发电机的电枢，是产生三相交流电的部件。定子由铁芯与定子绕组组成，如图 2－24 所示。铁芯用带内侧槽的硅钢片或低碳钢板叠合而成。为防止磁损失，硅钢片两侧涂绝缘漆或进行氧化处理。铁芯内圆槽安装电枢线圈，即三相绕组。三相绕组多数为星形连接，即 3 个绕组的尾端连接在一起。三相绕组的首端分别与元件板上的硅二极管和端盖上的硅二极管引线相连。有的发电机为控制充电指示灯，从星形连接的三相结点中接一根中性线，记为中性点 N。

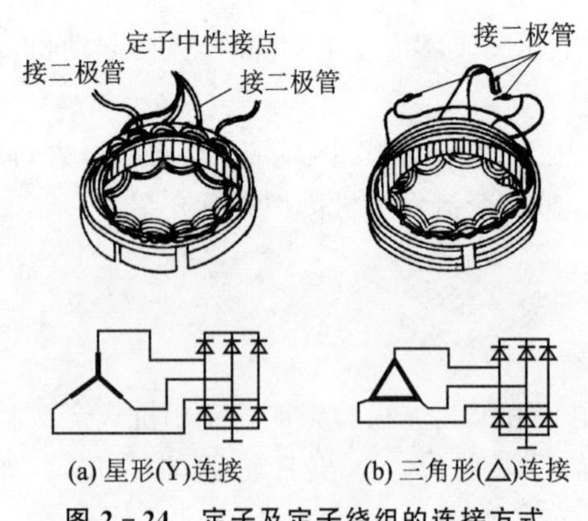

图 2－24　定子及定子绕组的连接方式

（3）整流器

整流器的作用是将三相定子绕组产生的三相交流电变为直流电。

整流器由压装在元件板上的 3 只正硅二极管和端盖上的 3 只负硅二极管组成。元件板装在整流端盖内并与其绝缘。6 只二极管中有 3 只为正二极管，其引线为二极管的正极，管壳为负极；另外 3 只为负极管，其引线为二极管的负极，管壳为正极。图 2－25 所示为元件板及

6 只二极管的安装电路图，此种接法构成一个三相桥式全波整流电路。

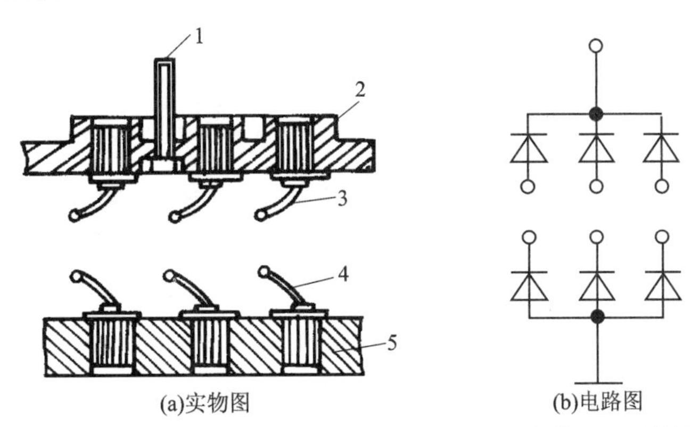

1—火线接线柱；2—元件板；3—正极管子；4—负极管；5—后端盖

图 2－25　硅整流二极管的安装

（4）前、后端盖和电刷总成

端盖一般分为前端盖和后端盖两部分，起固定转子、定子、整流器和电刷组件的作用。端盖一般用铝合金铸造，一是可有效地防止漏磁，二是铝合金散热性能好，而且能够减轻发电机的质量。

前端盖铸有支脚、调整臂和出风口。后端盖上铸有支脚和进风口，而且还装有电刷总成。

电刷总成由电刷、电刷架和电刷弹簧组成。电刷的作用是将电源通过集电环引入磁场绕组，由石墨制成。电刷架内装电刷和弹簧，利用弹簧的弹力与集电环紧密接触，多采用酚醛玻璃纤维塑料模压而成或用玻璃纤维增强尼龙制成。

发电机的电刷总成有内装式和外装式之分，如图 2－26 所示。内装式是将电刷架安装在后端盖内部，故如果电刷损坏就必须解体发电机，现已逐渐被淘汰。外装式电刷架用螺钉安装在后端盖壳体外表面上，故检修和更换较方便。

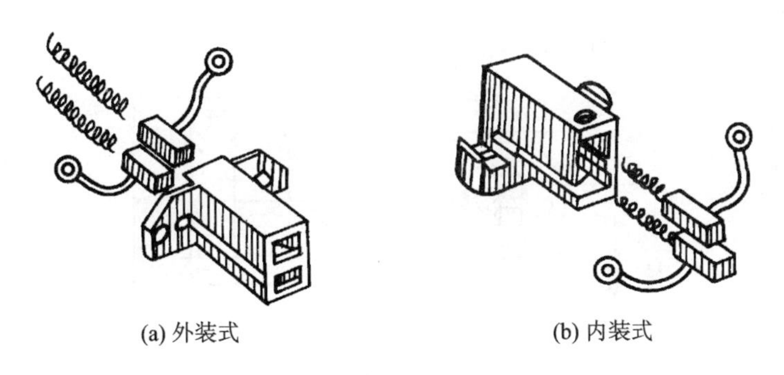

图 2－26　电刷架的结构

（5）皮带轮

皮带轮通常用铸铁或铝合金制成，也有用薄钢板卷压而成的，分为单槽、双槽和多楔形槽三种，利用半圆键装在风扇外侧的转轴上，再用弹簧垫片和螺母紧固。

（6）风　扇

为保证发电机在工作时不因温升过高而损坏，在发电机上装有风扇，用来散热。发电机均在后端盖上设有进风口，在前端盖上设有出风口，当发电机旋转时风扇也一起旋转，使空气高速流经发电机内部对发电机进行强制冷却。风扇一般用钢板冲制而成或用铝合金压铸而成。发电机上一般装有1个或2个风扇。

2. 交流发电机的型号

根据中华人民共和国行业标准 QC/T 73—1993《汽车电气设备产品型号编制方法》的规定，车用交流发电机的型号如下：

1	2	3	4	5

1——产品代号。用2或3个汉语拼音大写字母表示，交流发电机的产品代号有JF、JFZ、JFB、JFW，分别表示交流发电机、整体式交流发电机、带泵交流发电机和无刷交流发电机。

2——电压等级代号。用1位阿拉伯数字表示：1对应12 V；2对应24 V；6对应6 V。

3——电流等级代号。用1位阿拉伯数字表示，其含义见表2-3。

表2-3 电流等级代号

代　号	1	2	3	4	5	6	7	8	9
电流/A	≤19	20～29	30～39	40～49	50～59	60～69	70～79	80～89	≥90

4——设计序号。按产品的先后顺序，用1位或2位阿拉伯数字表示。

5——变型代号。交流发电机是以调整臂的位置作为变型代号。从驱动端看，Y表示调整臂在右边，Z表示调整臂在左边，调整臂在中间时不加标记。

2.3.2 交流发电机的工作原理与工作特性

1. 交流发电机的工作原理

(1) 发电原理

图2-27所示为交流发电机的工作原理图。交流发电机是利用电磁感应原理来发电的。当蓄电池或发电机作用于磁场绕组两端时，磁场绕组就有电流流过，转子的爪极被磁化，产生磁场，磁力线经定子铁芯构成闭合回路。

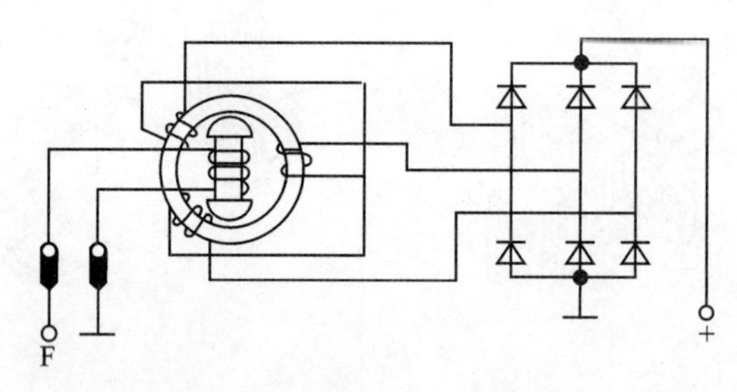

图2-27 交流发电机工作原理图

当转子被发动机驱动旋转时，磁力线便切割定子绕组，使三相绕组中产生频率相同、幅值相等、相位互差120°电位角的三相交流电动势，三相绕组中的所产生的感应电动势可用下列方程式表示：

$$e_u = E_m \sin \omega t = \sqrt{2} E_\phi \sin \omega t$$

$$e_v = E_m \sin\left(\omega t - \frac{2\pi}{3}\right) = \sqrt{2}\ E_\phi \sin\left(\omega t - \frac{2\pi}{3}\right)$$

$$e_w = E_m \sin\left(\omega t + \frac{2\pi}{3}\right) = \sqrt{2}E_\phi \sin\left(\omega t + \frac{2\pi}{3}\right)$$

式中：E_m——每相电动势的最大值；

E_ϕ——每相电动势的有效值；

ω——电位角速度，$\omega = 2\pi f = \frac{\pi pn}{30}$。

定子每相电动势的有效值为：

$$E_\phi = E_m/\sqrt{2} = 4.44KfN\phi = 4.44K\frac{pn}{60\phi} = C_e\phi n$$

式中：ϕ——每极磁通（Wb）；

C_e——电机结构常数；

n——发电机转速。

由此可见，交流电动势的幅值是发电机转速的函数。因此，当转速 n 变化时，三相电动势的波形为变频率、变幅值的交流波形。

（2）整流原理

交流发电机是利用二极管的单向导电性把交流电转变为直流电的。普通交流发电机是用 6 只二极管组成的三相桥式整流电路把定子绕组中感应出来的交流电转变为直流电的。

图 2－28 所示为三相桥式整流电路中的电压、电流波形。

整流二极管的导通原理如下：

$0 \sim t_1$ 时间段：w 相电压最高，v 相电压最低，二极管 VD5 与 VD4 导通，电流经 VD5 和负载电阻 R_L 由 VD4 流回 B 相，此时 w、v 相的线电压加在 R_L 上；

$t_1 \sim t_2$ 时间段：u 相电压仍最高，但 v 相电压却为最低，所以 VD1、VD4 导通，u、v 两相线电压加在 R_L 上；

$t_2 \sim t_3$ 时间段：二极管 VD1、VD6 导通；

$t_3 \sim t_4$ 时间段：二极管 VD3、VD6 导通；

$t_4 \sim t_5$ 时间段：二极管 VD3、VD2 导通；

$t_5 \sim t_6$ 时间段：二极管 VD5、VD2 导通；

……

以此类推，不断循环，在负载电阻 R_L 两端就可得到一个比较平稳的直流脉动电压。电压波形如图 2－28(c)所示。

（3）中性点电压

交流发电机定子绕组采用星形连接时，从三相绕组的公共点（中性点）引一中心抽头至后端盖，设置中性点接线柱，标记为 N，如图 2－29 所示。中性点与发电机外壳（即搭铁）之间的电压称为中性点电压 U_N，因为 U_N 是通过 3 只二极管半波整流后得到的直流电压，所以中性点电压 U_N 等于发电机输出电压的一半。利用中性点的电压可以控制各种用途的继电器，如磁场继电器、充电指示灯等。

（4）励磁方式

当交流发电机低速运转时，发电机电压低于蓄电池电动势时，由蓄电池供给磁场绕组励磁电流，称为他励。由于此时励磁电流较大，磁极的磁场很强，从而使发电机很快建立电压。

当发电机转速升高，其电压高于蓄电池电动势时，磁场绕组的励磁电流由发电机自给，称

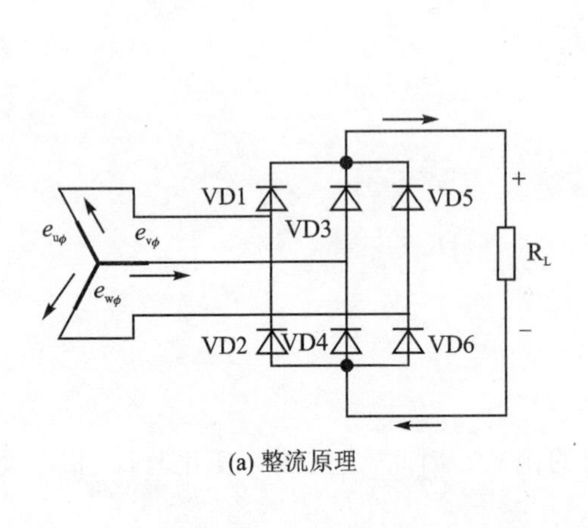

(a) 整流原理

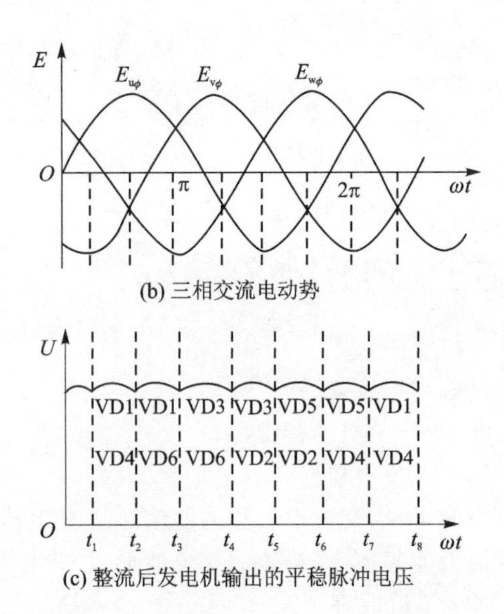

(b) 三相交流电动势

(c) 整流后发电机输出的平稳脉冲电压

图 2-28 三相桥式整流电路中的电压、电流波形

为自励。

在交流发电机低速运转时，由蓄电池向磁场线圈供电，建立电压快，所以交流发电机低速充电性能好。

交流发电机的励磁电流通断路由开关控制，车辆发动机熄火后，将开关断开，蓄电池不会再对磁场绕组供电而烧坏磁场绕组。

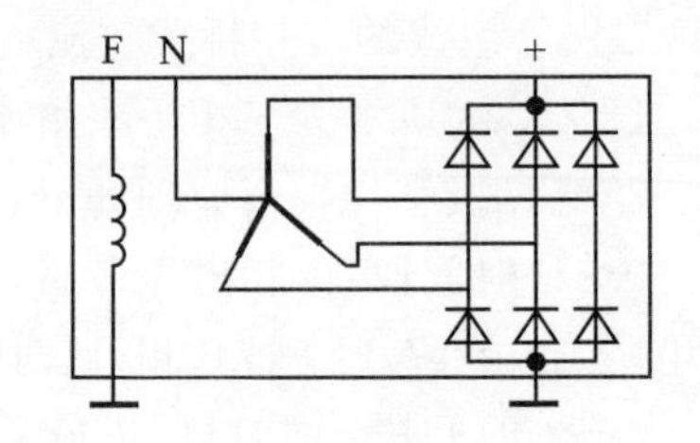

图 2-29 带有中性点的交流发电机

2. 交流发电机的工作特性

车用交流发电机的转速变化范围很大。汽油机转速调整倍数一般可以达到 6～8，柴油机可以达到 3～5。因此，其特性的表示方法一般以转速为基准来表示各参数间的关系。

交流发电机有输出特性、空载特性和外特性，其中输出特件最为重要。

(1) 输出特性

输出特性表示的是发电机的输出电压 U 保持一定时，其输出电流 I 与转速 n 之间的关系，即 U=常数时 $I=f(n)$ 的曲线，如图 2-30 所示。

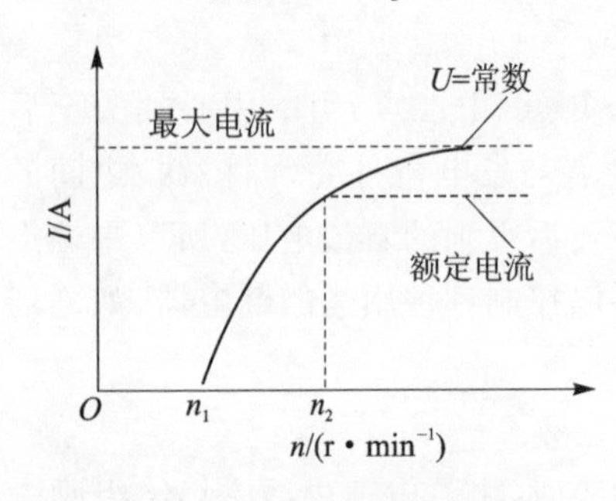

图 2-30 交流发电机的输出特性曲线

由图 2-30 可以看出，当发电机的输出电压保持一定时，其输出功率随转速增加。同时：

① 发动机达到额定电压时的初始转速为空载转速 n_1，常用来作为选择发电机与发动机速比的主要依据。

② 发电机达到额定电流时的转速为满载转速 n_2，额定电流一般定为最大输出电流的 2/3。空载转速与满载转速是测定交流发电机性能的重要依据，在产品说明书上均有规定。使用中只要测得这两个数据，即可判断发电机性能良好与否。

③ 当转速 n 达到一定值后，发电机的输出电流不再随转数的升高而增加。此时的电流又称为发电机的最大输出电流或限流值。由此可见，交流发电机自身具有限制输出电流防止过载的能力。

(2) 空载特性

空载特性表示的是发电机在空载运行时其端电压随转速变化的关系，即当 I 取 0 时 $U=f(n)$ 的曲线，如图 2 - 31 所示。

(3) 外特性

外特性表示的是发电机转速一定时其端电压与输出电流之间的关系，即 n 为常数时 $U=f(I)$ 的曲线如图 2 - 32 所示。

由图 2 - 32 分析可知，负载增加时，发电机的输出电流 I 增加，发电机的端电压会随之下降。由此可知，当发电机高速运转时，不允许突然失去负载，否则其端电压会急剧上升，致使发电机的二极管或其他电子元件有被击穿损坏的危险。

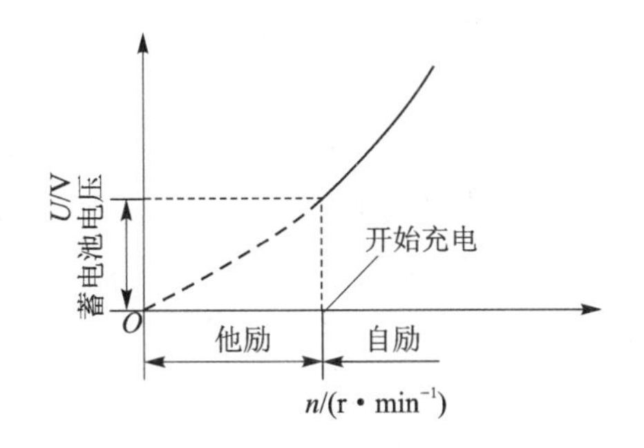

图 2 - 31　交流发电机的空载特性曲线

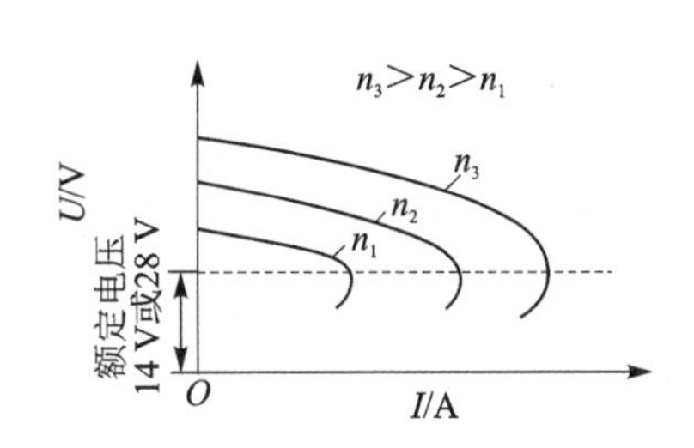

图 2 - 32　交流发电机的外特性曲线

2.3.3　交流发电机的拆装与检测

1. 交流发电机的使用注意事项

硅整流交流发电机为负极搭铁，蓄电池的搭铁极性必须与此相同，否则将立即烧坏整流器中的二极管。

检查交流发电机是否发电，不允许使用试火法检查，否则易损坏二极管。应该采用万用表法或试灯法检查。

当交流发电机不发电或充电电流很小时，应立即排除故障，不应再继续使用。

交流发电机熄火后，应及时关闭电源开关(柴油发动机车辆)或点火开关(汽油发动机车辆)，以免蓄电池电流流经磁场绕组和调节器磁化线圈，将线圈烧坏。

交流发电机应与电压调节器配套使用，否则会由于发电机电压过高烧毁发电机以及用电设备。

在配用晶体管调节器时，接线必须正确，否则容易损坏晶体管。

发电机必须牢牢固定在安装架上，且皮带的张力不能过紧或过松。检查时，应在发电机皮带轮和风扇皮带轮中间，用 30～50 N 的力按下皮带。皮带挠度应为 10～15 mm，若皮带过松则应松开发电机前端盖与撑杆的锁紧螺栓，向外扳动发电机进行调整，松紧合适后重新旋紧锁紧螺栓。

硅整流发电机每运转 750 h 后应拆开分解检修一次，主要检查电刷和轴承的磨损情况。

电刷磨损超过原高度的 1/3 时应更换，否则电刷与滑环脱离接触，发电机的励磁电路断路，发电机没有磁场，发电机就不发电。轴承如果磨损严重会有明显松动，导致发电机转子与定子相碰(俗称“扫膛”)而损坏发电机。

2. 交流发电机的拆装

(1) 交流发电机的分解

交流发电机分解的一般顺序为：①拆卸发电机皮带轮；②拆卸发电机电刷座总成；③拆卸发电机调节器总成；④拆卸整流器；⑤拆卸发电机转子总成，先拆卸前端盖，再拆卸转子，最后拆卸后端盖。

注意：发电机分解后，应用压缩空气吹净内部灰尘，应用汽油清洗各部位的油污(绕组、电刷除外)。

(2) 交流发电机的组装

在组装交流发电机之前，先将轴承填充润滑脂润滑，填充量以轴承空间的 2/3 为宜。其组装步骤与分解步骤相反。发电机组装完毕，用手转动皮带轮，检查转动是否灵活自如。

3. 交流发电机的检测

(1) 不解体检测

① 用万用表“R×1”挡测试发电机磁场 F 与搭铁 E 之间的电阻值。

② 用万用表“R×1”挡测试发电机电枢 B 与搭铁 E 之间的电阻值(正、反向)。

③ 用万用表“R×1”挡测试发电机电枢 B 和磁场 F 之间的正、反向电阻值。

正常情况下，其阻值应符合表 2-4 中所列内容。

表 2-4 交流发电机各接线柱之间的电阻值

发电机型号	F 与 E 之间的电阻/Ω	B 与 E 之间的电阻/Ω		F 与 B 之间的电阻/Ω	
		正向	反向	正向	反向
JF11、JF13、JF21	5～6	40～50	>1 000	50～60	1 000
JF12、JF22、JF23	19.5～21	40～50	>1 000	50～70	1 000

注：用不同形式的万用表测量的电阻值并不完全相同，但其变化趋势是相同的。

若 F 与 E 之间电阻值超过规定值，说明电刷与滑环接触不良；电阻值小于规定值，表明励磁绕组有匝间短路；如电阻值为 0 则说明滑环之间短路或接线柱 F 搭铁。

若用万用表的“－”测试笔搭接发电机外壳，“＋”测试笔搭接发电机 B 电枢接线柱。若表针指在 40～50 Ω 之间，说明二极管正常；若指示在 10 Ω 左右，说明有个别的二极管已经击穿或短路；若指示为 0 Ω 或接近于 0 Ω，则说明装在端盖上或元件板上的二极管中有损伤已被击穿短路。

如果发电机具有中性点接线柱 N 时，用万用表的“R×1”挡测量 N 与 B 以及 N 与 E 之间的正、反向电阻值，可进一步判断故障所在处，详见表 2-5。

表 2-5　N 与 B 及 N 与 E 间的电阻值

测试部位	正向电阻/Ω	反向电阻/Ω	诊　断
N 与 B 接线柱间	10	1 000	元件板上正二极管良好
	0	0	元件板上正二极管短路
N 与 E 接线柱间	10	1 000	后端盖上负二极管良好
	0	0	后端盖上负二极管短路或搭铁

(2) 解体检查

当交流发电机不解体检查之后判定故障在发电机内部时，则应分解交流发电机进行解体后检查。它包括转子的检查、定子的检查、整流器的检查、电刷组件的检查等。

1) 转子的检查

转子的检查主要包括励磁绕组断路、短路、搭铁、转子轴和滑环的检查。

励磁绕组断路、短路的检查：将万用表拨到“R×1”挡，然后将两测试笔分别触及两个滑环，如图 2-33 所示。如果测量阻值符合表 2-4 中的规定，则说明励磁绕组良好；如阻值小于规定值，则说明励磁绕组有匝间短路；如电阻无限大，则为励磁绕组断路。

励磁绕组搭铁的检查：将万用表的一个测试笔搭接集电环，另一个测试笔搭接爪极或转子轴，测得的阻值应为无限大，否则说明励磁绕组搭铁，如图 2-34 所示。也可用交流试灯检查是否搭铁，测试灯不亮为正常，测试灯亮则为搭铁。

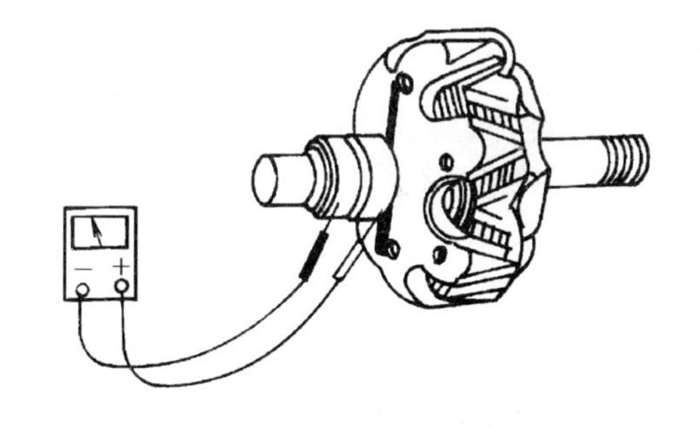

图 2-33　励磁绕组断路、短路检查

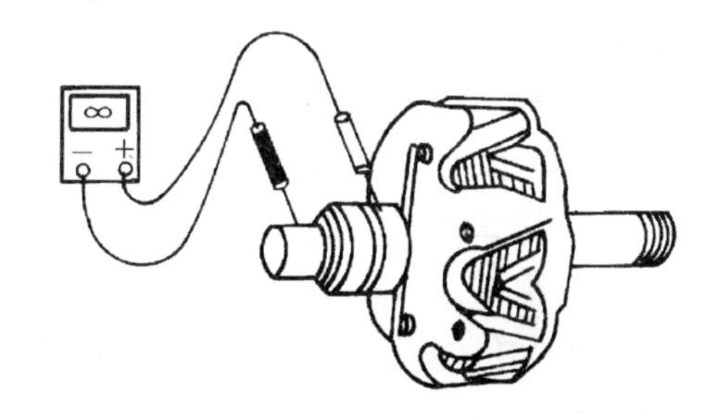

图 2-34　交流测试灯检查搭铁

转子轴的径向圆跳动可用百分表检测。其跳动量不应超过 0.10 mm，否则说明电枢轴弯曲严重，应予以校正或更换。

滑环的故障一般为表面烧蚀、表面严重磨损等。对轻微烧蚀的情况，用 00 号砂纸打磨即可。对严重烧蚀或失圆(圆度超过 0.025 mm)的情况，应进行精车加工。滑环的剩余厚度不得小于 1.5 mm，否则应予以更换。

2) 定子的检查

定子的检查主要包括定子绕组有无短路、断路和搭铁故障。

定子绕组的电阻很小，一般仅为 200～800 mΩ，因此测量电阻难以检测有无短路的故障。定子绕组短路故障的检查最好是在发电机分解之前，通过台架试验检测其输出功率进行判断。

定子绕组断路故障的检查可利用万用表进行。如图 2-35 所示，将万用表拨到“R×1”

挡，然后将两测试笔分别轮流触及三相绕组的三个引出线头。若指针续数在 1 Ω 以下则为正常，若指针不动则说明有断路处。若发现断路，则应将焊在一起的三相绕组的中点分别触及各绕组的另一端，测定断路在哪一组。

定子绕组有无搭铁故障可用万用表检测，如图 2－36 所示。将万用表的一个试棒搭接三相绕组的任何一个引出线头，另一试棒搭接定子铁芯，测得的电阻值应为无限大，否则说明有搭铁现象。若发现搭铁，则应将三相绕组中点烫开，测定搭铁发生在哪一相绕组，找出搭铁部位。

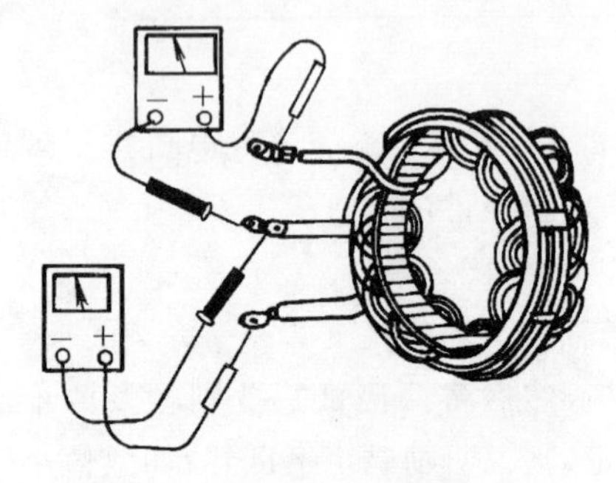

图 2－35　定子绕组断路的检查

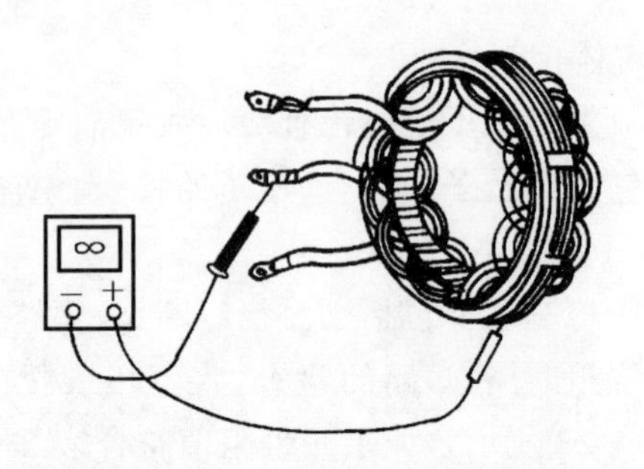

图 2－36　定子绕组搭铁的检查

3）整流器的检查

整流器的检查主要包括硅二极管性能的检查和二极管的极性判别两个方面。

硅二极管性能的检查可用万用表进行。拆下电枢绕组与硅二极管的连接线，将万用表的两测试笔接于硅二极管的两极测其电阻，正、反各测一次。若电阻值一大（10 kΩ）一小（8～10 Ω），差异很大，说明硅二极管良好；若两次测量阻值均为无穷大（∞），说明硅二极管断路；若两次测得阻值均为 0 Ω，说明硅二极管短路。

判别硅二极管极性时，主要是利用万用表检测判定。检测时，将数字式万用表的红表笔接硅二极管引出极，黑表笔接硅二极管的另一极，测其电阻。若阻值为 8～10 Ω，则该硅二极管为正极管；若阻值大于 10 kΩ，则该硅二极管为负极管。

4）电刷组件的检查

电刷组件的检查主要是检查电刷高度以及电刷弹簧弹力是否符合要求。

电刷和电刷架应无破损或裂纹，电刷在电刷架中应能活动自如，不得出现发卡现象。

电刷高度可用钢板尺或游标卡尺测量，如图 2－37 所示。新电刷高度为 14 mm 左右，磨损至 7～8 mm时，应当更换新电刷。

电刷弹簧压力可用弹簧秤检测，弹簧压力一般为 2～3 N，如压力过小则应更换新电刷。

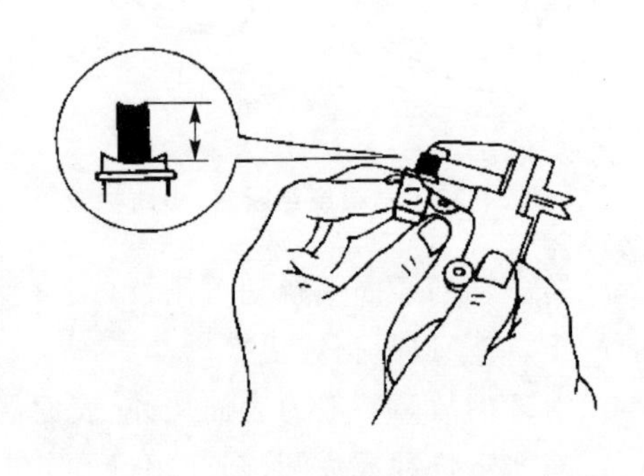

图 2－37　电刷高度检查

2.4　电压调节器

目前，农机上为使发电机具有稳定的输出电压，均要配用电压调节器，在发电机转速变化时，将发电机的电压控制在规定范围内。

从交流发电机的电动势表达式 $E=C_e\Phi n$ 可知，若要交流发电机在转速变化时维持发电机电压恒定，就必须相应地改变磁极磁通 Φ。电压调节器就是利用自动调节磁场电流使磁极磁通改变这一原理来调节发电机电压的。

常用的硅整流交流发电机配用的电压调节器有电磁振动式调节器、晶体管调节器和集成电路调节器等。

2.4.1　电磁振动式电压调节器

电磁振动式电压调节器有单级振动和双级振动两种类型，如图 2－38 所示。

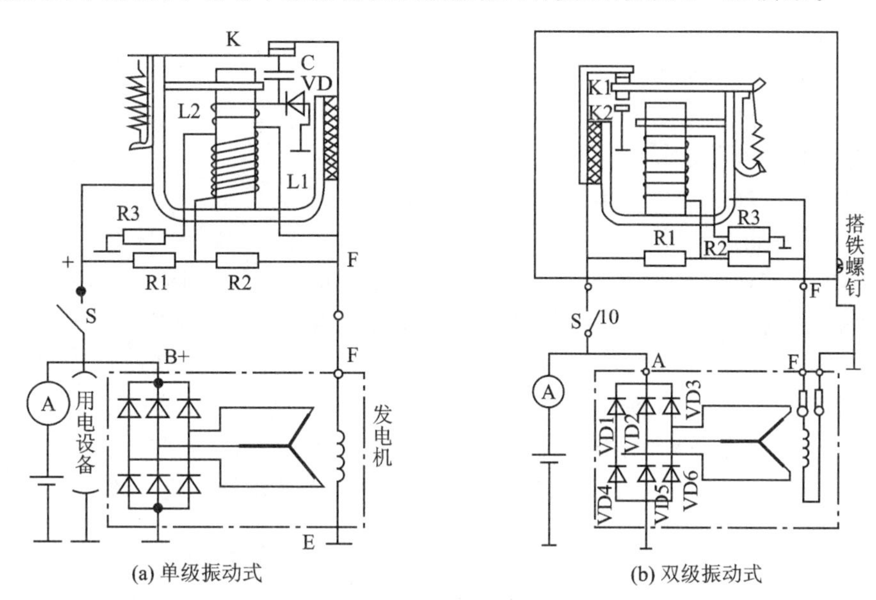

图 2－38　电磁振动式电压调节器

1. 单级振动式电压调节器工作原理

如图 2－38(a)所示，接通点火开关，在发电机电压建立的过程中或发电机电压已建立(高于蓄电池电压)但仍低于调节电压值(13.8～14.6 V)时，调节器触点处于闭合状态。发电机所需的励磁电流由蓄电池或发电机供给，其电路为：蓄电池(或发电机)正极→点火开关→调节器正接线柱→磁轭→活动触点臂→触点 K→固定触点臂→调节器接线柱 F→发电机接线柱 F→励磁线圈→搭铁→蓄电池(或发电机)负极。此时，调节器不起调压作用。

在发电机转速上升，其电压达到或大于调节电压值后，由于磁化线圈的作用，铁芯吸力增强，克服了弹簧拉力，触点张开。此时，励磁电流经过加速电阻和调节电阻构成回路。由于励磁回路串入电阻，励磁电流减小，发电机电压下降。当电压下降到一定值时，磁化线圈的磁通减弱，铁芯吸力减小，在弹簧的作用下触点重新闭合，加速电阻和附加电阻被短路，励磁电流又经触点构成回路，激磁电流回升，发电机电压回升。在发电机电压上升后，触点又张开，如此周而复始开闭触点，在发电机极限转速范围内，电压稳定在规定的范围内。

在电容 C、二极管 Z、轭流线圈 L2 组成的灭弧系统作用下，加速触点闭合，提高了触点振动频率，使电压更趋稳定。

2. 双级振动式电压调节器

双级振动式电压调节器的基本工作原理与单级振动式电压调节器的工作原理相同，同样是利用触点的开闭使激磁电路串入或隔除附加电阻来调节励磁电流，从而达到调节发电机电压的目的。附加电阻的阻值越大，电压调节起作用的转速范围就越宽，更适合与高转速交流发电机配合使用，但同时在触点打开时产生的电火花也越强。为了减少火花，延长使用寿命，保证调节范围，双级振动式电压调节器设有两个触点：触点 K1 开闭，将附加电阻和加速电阻串入或隔除励磁电路，调节一级电压；触点 K2 开闭，将激磁电路接通或短路，调节二级电压。

2.4.2 晶体管电压调节器

晶体管电压调节器以晶体管为感应元件，利用发电机输出电压的变化控制晶体管的导通与截止，从而接通或断开发电机的磁场电路，达到自动调节输出电压的目的。其优点是：晶体管的开关频率好，不产生火花，调节精度高，质量轻，体积小，寿命长，可靠性好，电波干扰小等。

1. 外搭铁型晶体管电压调节器

外搭铁型晶体管电压调节器与外搭铁型交流发电机配套使用，其电路如图 2－39 所示。其电压调节过程如下：

① 点火开关 SW 接通，发电机电压 U 低于蓄电池电压时，VS、VT1 截止，VT2 导通，蓄电池直接给励磁绕组供电，其电路为：蓄电池正极→励磁绕组→调节器接线柱 F→VT2→调节器接线柱 E→搭铁→蓄电池负极，发电机他励发电。此时，发电机电压随转速升高而升高。

② 当发电机电压升高到高于蓄电池电压但尚低于调节电压上限值 U_2 时，VS、VT1 仍截止，VT2 保持导通，励磁电路电流流向为：发电机正极→励磁绕组→调节器接线柱 F→VT2→调节器接线柱 E→搭铁→发电机负极，发电机自励且开始对外供电。此时，发电机电压随转速升高而继续升高。

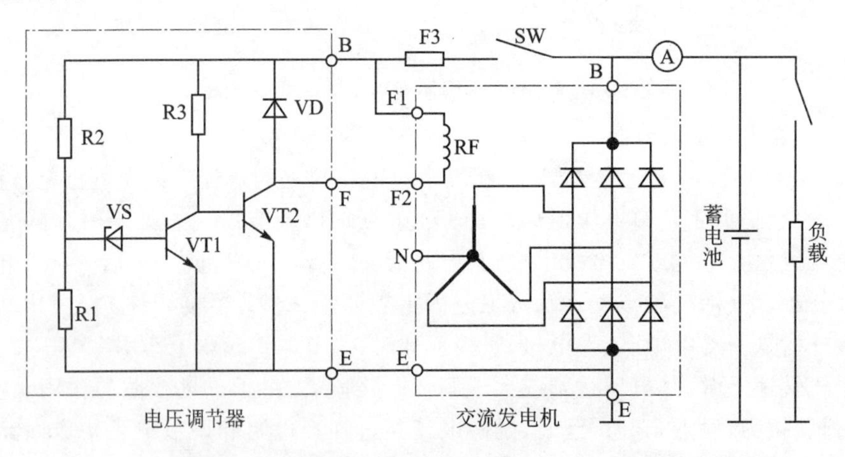

图 2－39　外搭铁型晶体管电压调节器电路原理

③ 当发电机电压升高到等于调节电压上限值时，VS、VT1 导通，VT2 截止，励磁绕组电路被切断，发电机输出电压迅速下降。

④ 当发电机电压下降到等于调节电压下限值 U_1 时，励磁绕组电路重新被接通，发电机电压上升。

当发电机电压再次升高到调节电压上限值时，调节器重复③和④的工作过程，将发电机输出电压控制在某一平均值不变。

2. 内搭铁型晶体管电压调节器

内搭铁型晶体管电压调节器与内搭铁型交流发电机配套使用,其电路如图 2－40 所示。其特点是接通和切断磁场电路的大功率晶体管 VT1、VT2 为 PNP 型晶体管,并且串联在励磁绕组与调节器电源端子 B 之间。内搭铁型晶体管电压调节器的工作原理与外搭铁型晶体管电压调节器基本相同。

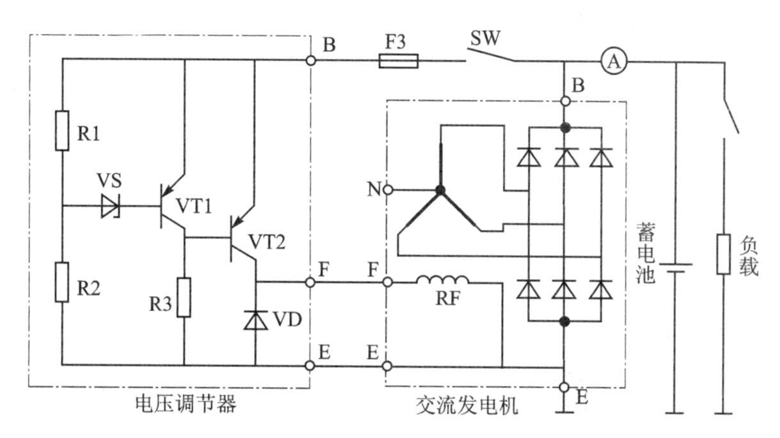

图 2－40　内搭铁型晶体管电压调节器电路原理

2.4.3　集成电路电压调节器

集成电路电压调节器与晶体管电压调节器的结构和工作原理基本相同,都是利用晶体管的开关特性组成开关电路,接通或切断硅整流发电机的励磁绕组电路,以达到自动调节发电机输出电压的目的。除具有晶体管电压调节器的优点外,还具有超小型、安装于发电机的内部(又称整体式调节器)、减少了外接线且改善了冷却效果等优点,因此得到了广泛应用。

JFT152 型集成电路调节器为薄膜混合集成电路调节器。其内部电路如图 2－41 所示。

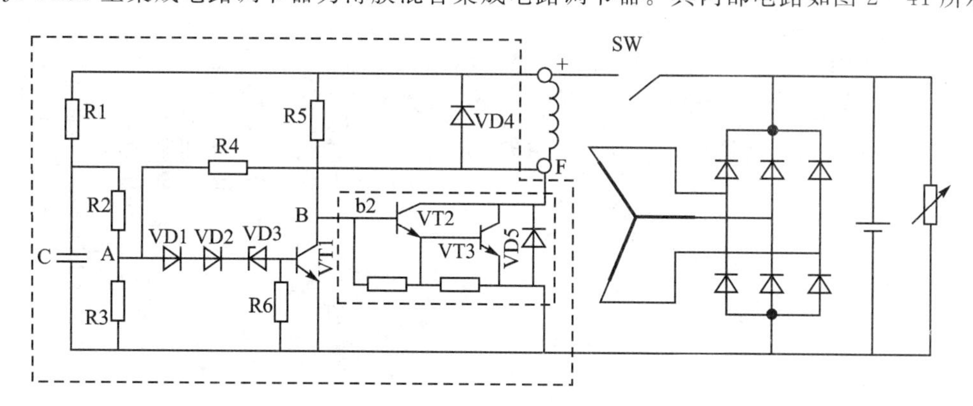

图 2－41　JFT152 型集成电路电压调节器电路原理

内部电路主要由复合晶体管 VT2、VT3,晶体管 VT1,稳压管 Z1,二极管 VD1、VD2、VD4、VD5,电容 C,分压电阻 R1、R2、R3 和偏置电阻 R5 所组成。稳压管 VD3 的作用是限制由点火系统传感到集成电路电压调节器上来的过电压,限压保护电压调节器不被损坏。

调压工作过程如下：

① 当合上点火开关 SW 发电机输出电压低于调节电压值时，稳压管 VD3 截止，使 VT1 也截止。VT2 在 R5 的偏置作用下导通，使励磁电路接通。电流路径为：蓄电池正极→SW→励磁绕组→VT2(c、e)→搭铁→蓄电池负极，使发电机电压上升。

② 当发电机输出电压高于规定值时，R3 的分压使稳压管 VD3 被击穿导通，使 VT1 导通，使 VT2 被短路而截止，励磁电路被切断，发电机输出电压下降。

③ 当发电机输出电压低于调定值时，VT2 又导通，发电机电压又上升。如此反复，不断对发电机输出电压进行自动调节以控制在规定的调节范围之内工作。

图 2-41 所示电路中，VD1、VD2 为温度补偿二极管，R4 为正反馈电阻，VD4 为续流二极管，VD5 用于保护大功率二极管 VT3 免受瞬间过电压的冲击而损坏，电容 C 可以降低三极管的开关频率，减小三极管的损耗。

2.4.4 电压调节器的使用与检测

1. 电压调节器的使用注意事项

① 电压调节器必须与交流发电机配套使用。

② 电压调节器的线路连接必须正确。

③ 电压调节器必须受点火开关控制，发电机停止转动时，应将点火开关断开，否则会使发电机的磁场电路一直处于接通状态，不但会烧坏磁场线圈，而且会引起蓄电池亏电。

④ 电压调节器的代用原则如下：

- 电压调节器的标称电压必须相同。
- 电压调节器的限流值应等于或略大于被替代的电压调节器。
- 代用电压调节器必须与原电压调节器的搭铁极性相同，否则发电机将由于磁场电路无法构成回路而不能正常工作。
- 代用电压调节器与原电压调节器的功能完善程度应尽量相近，这样可使线路变动较小，代换易成功。
- 集成电路电压调节器必须是专用的，是不能替代的。

2. 电压调节器的技术状况检测

根据电压调节器的搭铁形式接好测试电路，如图 2-42 所示。先将可调直流电源电压调

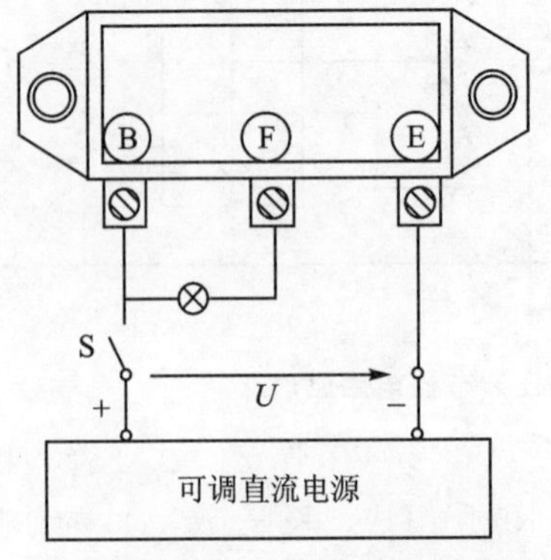

(a) 外搭铁型晶体管电压调节器的测试

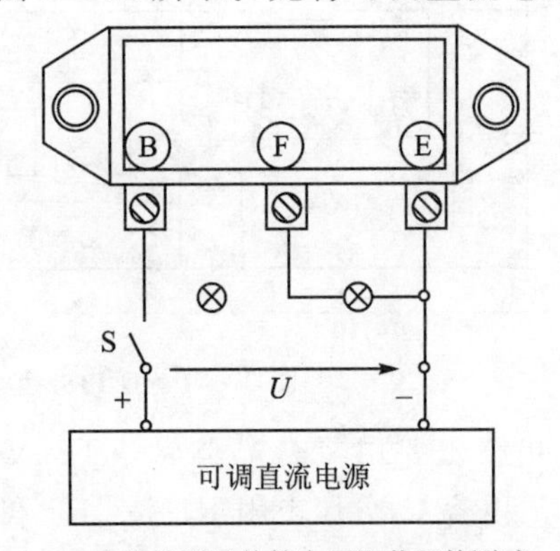

(b) 内搭铁型晶体管电压调节器的测试

图 2-42 电压调节器测试电路

至12 V(14 V 电压调节器),接通开关 S,此时灯泡应发亮;然后逐渐调高电源电压,小灯泡的亮度应随电压升高而增强,当电源电压升高到调节电压时,小灯泡熄灭;最后将电源电压逐渐降低,当低于调节电压时,小灯泡又开始发亮,则说明电压调节器性能良好。若小灯泡始终发亮或始终熄灭,则说明电压调节器损坏,应予以更换。

2.5 电源系统控制电路

2.5.1 充电指示灯电路

目前,农用车辆的仪表板上装有充电指示灯,用来指示发电机的工作情况。当接通点火开关时,充电指示灯点亮,而发动机起动后,交流发电机工作正常时,充电指示灯熄灭。发动机正常工作时,如果充电指示灯不熄灭或突然点亮,则表示充电系统有故障。充电指示灯典型控制电路有如下三种。

1. 利用中性点电压,控制充电指示灯

(1) 通过充电指示灯继电器控制

图 2-43 所示为国产 FT126 型电压调节器电路,其中 K2 为继电器常闭触点,控制充电指示灯的亮、灭。充电指示灯 HL 亮表示不充电。

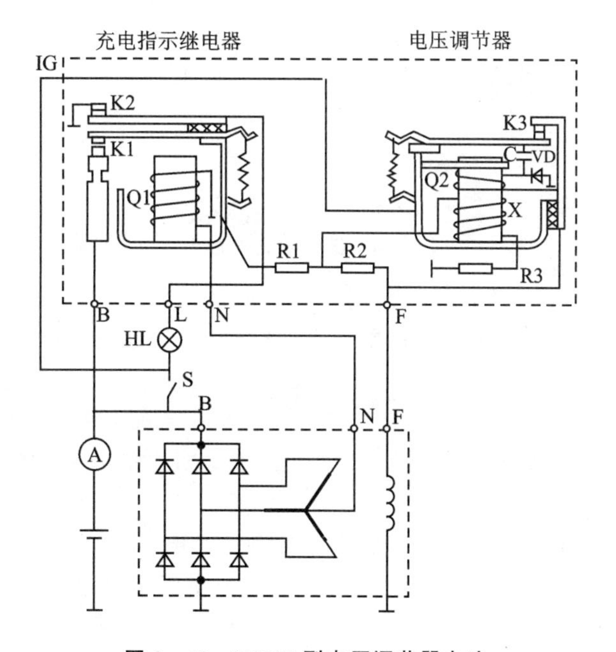

图 2-43 FT126 型电压调节器电路

其工作过程如下:

起动时,接通点火开关 S,充电指示灯 HL 亮,表示不充电。其电流流向为:蓄电池正极→电流表→点火开关 S→充电指示灯 HL→接线柱 L→上衔铁→常闭触点 K2→搭铁→蓄电池负极。

与此同时,电流流向为:蓄电池正极→电流表→点火开关 S→接线柱 IG→连接线→衔铁、磁轭→触点 K3→磁场接线柱 F→励磁绕组→搭铁→蓄电池负极,构成回路,发电机他励。

起动后,发电机电压升高,当电压达到充电电压时,由他励转为自励。在发电机中性点电压作用下,线圈 Q1 的吸力使继电器动作,K1 闭合,K2 打开,充电指示灯熄灭,表示发电机工作正常。同时,K1 闭合,电压调节器磁化线圈通电,使发电机输出电压保持在一定范围内。

(2) 利用中性点电压,通过起动组合继电器控制

起动组合继电器充电指示灯控制电路如图 2-44 所示。K2 为保护继电器常闭触点,除对起动机进行锁定外,还用来控制充电指示灯的亮、灭;Q2 为保护继电器电压线圈,承受发电机中性点电压,充电指示灯 HL 亮表示不充电。

其工作原理如下:

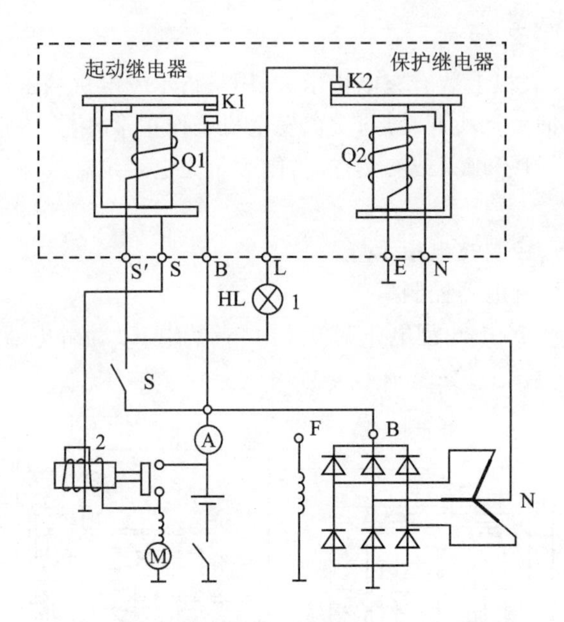

图 2-44　起动组合继电器充电指示灯控制电路

起动时,接通点火开关 SW,电流流向为:蓄电池正极→电流表→点火开关 S→充电指示灯 HL→继电器接线柱 L→保护继电器触点 K2→衔铁与磁轭→搭铁→蓄电池负极,充电指示灯亮。

起动后,发电机电压升高,当电压达到一定值时,在发电机中性点电压作用下,线圈 Q2 的吸力使继电器动作,K2 打开,充电指示灯熄灭,表示发电机正常工作。当运行中充电系统有故障,中性点电压低于一定值时,K2 闭合,充电指示灯亮。

2. 利用 3 个励磁二极管的 9 管交流发电机控制的充电指示灯电路

利用 3 个励磁二极管的 9 管交流发电机控制的充电指示灯电路的原理图如图 2-45 所示。发电机的励磁电流由 3 个励磁二极管和 3 个负极二极管组成的三相桥式电流整流后的直流电压供给。

接通点火开关,电流流向为:蓄电池正极→点火开关 S→充电指示灯→调节器“+”接线柱→调节器接线柱 F→发电机励磁绕组→搭铁→蓄电池负极,构成回路。充电指示灯亮,表示不充电。

当发动机起动后,充电指示灯受蓄电池电压和励磁二极管输出端 D+的电压的差值所控制。随着发电机转速的升高,D+处的电压升高,充电指示灯两端的电位差减小,灯就会自动变暗,直至熄灭。此后,当发电机正常工作时,由于 B+和 D+等电位,且高于蓄电池电压,充

电指示灯一直熄灭，表示发电机对蓄电池充电。

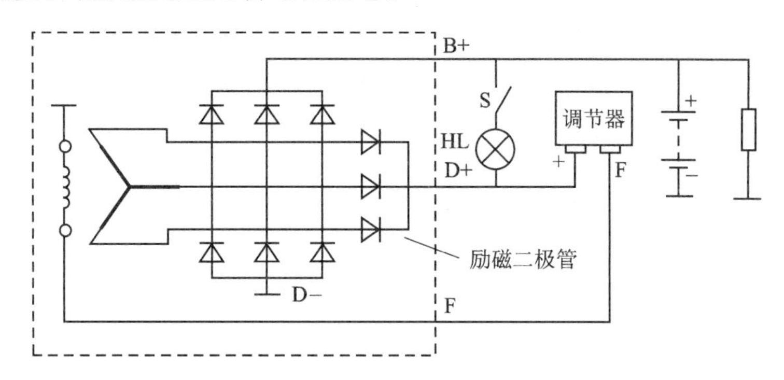

图2-45　利用9管交流发电机控制的充电指示灯电路

3. 充电电路中增加一个二极管控制

采用此种控制方式的交流发电机与一般的交流发电机相同，仅在充电电路中增加了一个功率较大的二极管，利用二极管的单向导电特性控制充电指示灯，其电路如图2-46所示。

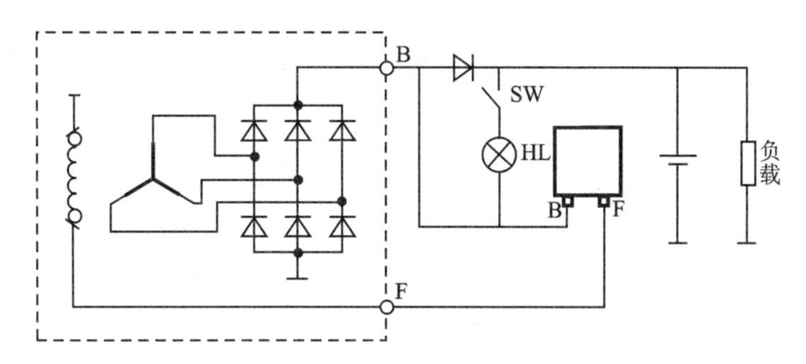

图2-46　附加二极管充电指示灯控制电路

工作原理是接通点火开关时，电流流向为：蓄电池正极→点火开关SW→充电指示1→调节器接线柱B→磁场接线柱F→励磁绕组→搭铁→蓄电池负极，构成回路，充电指示灯亮，并使发电机有较小的励磁电流。当发电机转速升高，输出电压超过蓄电池电压时，发电机自励，同时充电指示灯因两端电压差减小至0而完全熄灭。

2.5.2　电源系统电路实例

东方红1604/1804轮式拖拉机电源系统电路如图2-47所示，其电源电压为24 V，充电指示灯由9管交流发电机来控制。

当点火开关拨至Ⅱ挡，发动机未起动，充电指示灯亮，表示发电机不发电。励磁电路为：蓄电池正极→电源总开关→F10→点火开关接线柱“＋”→点火开关接线柱D→充电指示灯→发电机励磁绕组F2→发电机励磁绕组F1→调节器接线柱F→调节器接线柱“－”→蓄电池负极。

在发电机正常工作后，励磁电流由发电机自身提供，进入自励状态，同时由于D＋电压的提高，充电指示灯两端电压相等，充电指示灯熄灭。其电路为：发电机D＋→发电机励磁绕组F2→发电机励磁绕组F1→调节器接线柱F→调节器接线柱“－”→发电机负极。

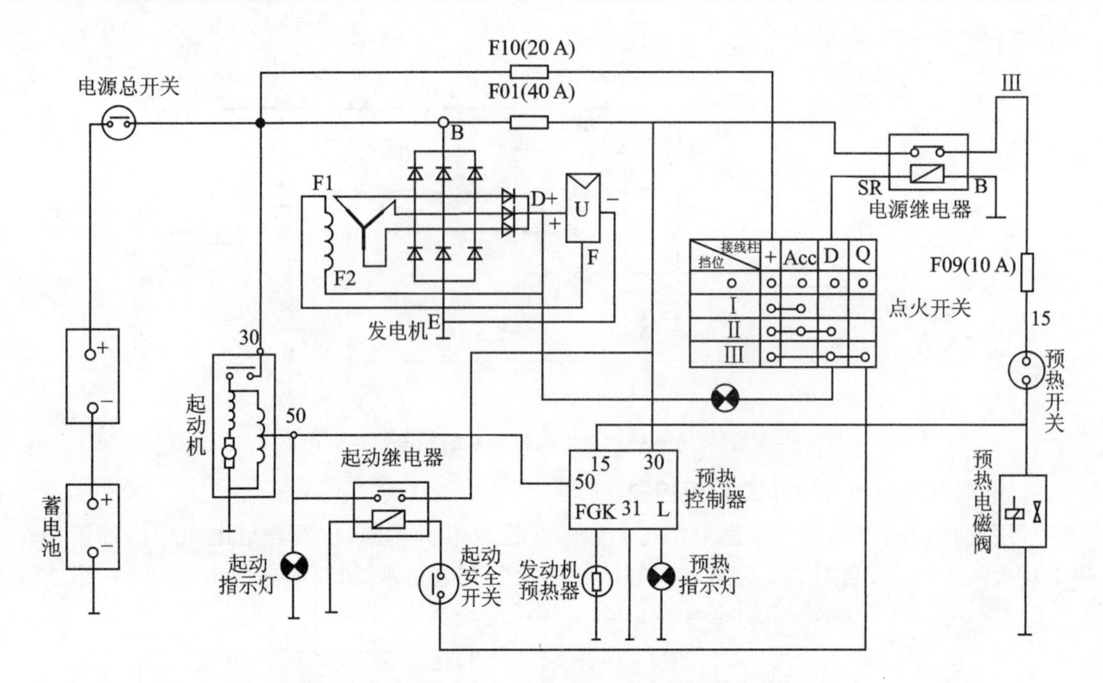

图 2-47 东方红 1604/1804 轮式拖拉机电源系统电路

同时,发电机也给蓄电池充电,其充电电路为:发电机 B→电源总开关→蓄电池正极→蓄电池负极→发电机负极。

2.6 电源系统的使用与常见故障诊断

2.6.1 使用注意事项

电源系统的使用注意事项如下:

- 蓄电池为负极搭铁,不能接错,否则将烧坏交流发电机的整流器,并且还会对无反接保护的汽车电气设备造成损害。
- 拆卸蓄电池时,应先拆下负极电缆,再拆正极电缆。安装时步骤相反。
- 注意检查蓄电池连接电缆的牢固性,否则将因电缆松动而造成发动机不能起动或起动困难;不充电或充电电流过小;或瞬时过电压,导致电子元件损坏,甚至引起火灾等。
- 发电机运转时,不能用试火的方法检查发电机是否发电,否则会烧坏二极管,可采用万用表法或试灯法进行检查。
- 整流器和定子绕组连接时,禁止用兆欧表或 220 V 交流电源检查发电机的绝缘情况,否则会损坏整流器。
- 为交流发电机配用电压调节器时,必须配套的有:电压调节器的电压等级必须与交流发电机电压等级相同;电压调节器的搭铁类型必须与交流发电机的搭铁类型相同;电压调节器的功率不得小于发电机的功率,否则系统不能正常工作。
- 发电机在工作时,不得任意拆下电路电器,否则将由于瞬时过电压而烧坏电路中的电子元件。

2.6.2　常见故障诊断与排除

电源系统统常见故障有不充电、充电电流过小、充电电流过大、充电电流不稳和发电机异响等。其常见故障部位和可能发生的故障如图 2－48 所示。

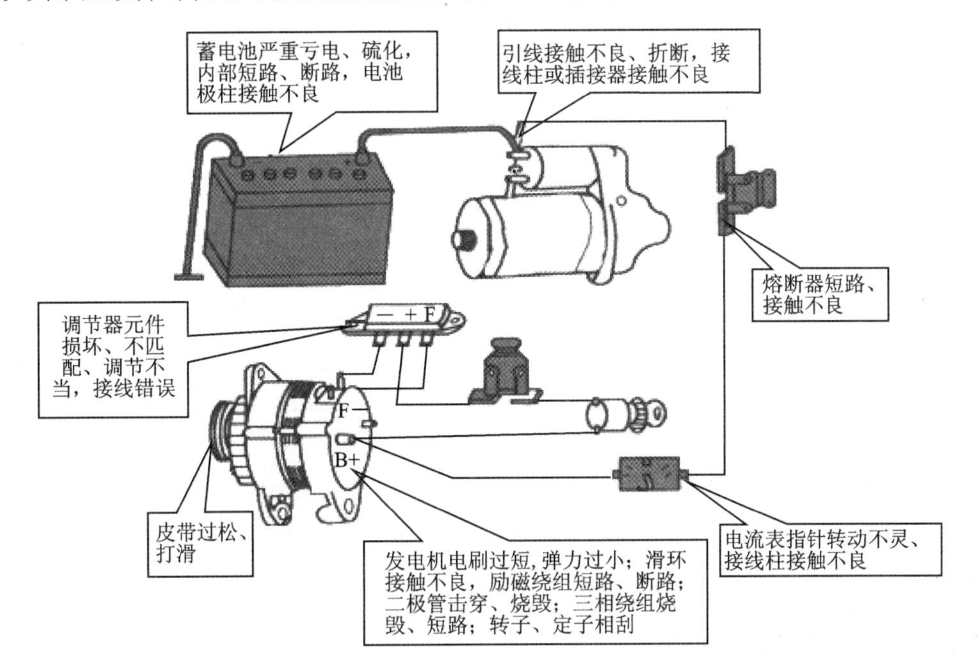

图 2－48　电源系统常见故障及故障部位

1. 不充电

① 故障现象：发动机以中速以上速度运转时，电流表指示不充电，充电指示灯不熄灭，运行中汽车上的蓄电池长期亏电。

② 故障原因：

a. 线路故障：励磁电路断路、接触不良、搭铁不良或连接错误。

b. 设备故障：

- 发电机驱动带挠度过大出现打滑现象。
- 电压调节器故障：如调节不当使电压过低，不能励磁等。
- 发电机故障：个别硅二极管断路；一相定子绕组连接不良或断路；电刷磨损过多、滑环油污或锈蚀而导致电刷与滑环接触不良；励磁绕组匝间短路。

③ 故障诊断与排除：电源系统不充电的故障诊断流程如图 2－49 所示。

2. 充电电流过小

① 故障现象：在蓄电池亏电情况下，当发动机中速以上运转时，电流表指示充电电流过小。

② 故障原因主要有以下四方面：

a. 发电机驱动带挠度过大出现打滑现象。

b. 充电线路或磁场线路接线端子松动而接触不良。

c. 发电机故障：个别硅二极管断路；一相定子绕组连接不良或断路；电刷磨损过多、滑环油污或锈蚀而导致电刷与滑环接触不良；励磁绕组匝间短路。

d. 调节器调节电压过低。

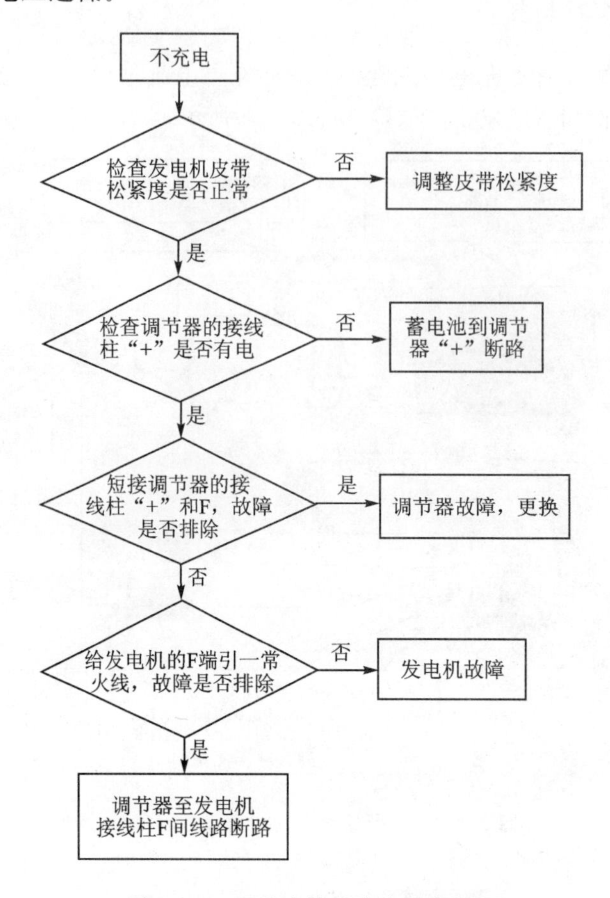

图 2-49　不充电的故障诊断流程图

③ 故障诊断与排除：电源系统充电电流过小的故障诊断流程如图 2-50 所示。

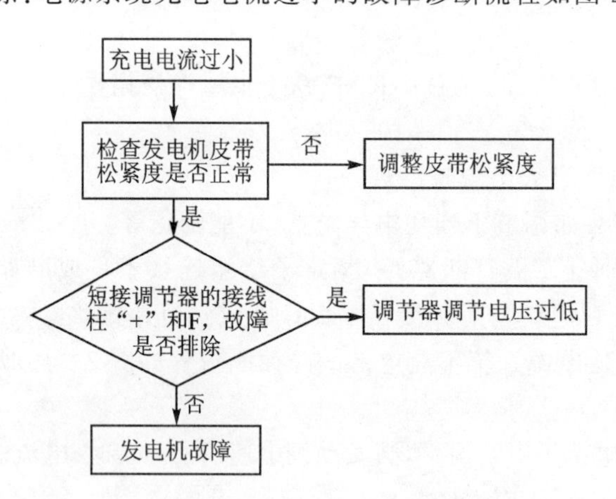

图 2-50　充电电流过小的故障诊断流程图

3. 充电电流过大

① 故障现象：

a. 在蓄电池不亏电的情况下，电流表指示充电电流仍在 10 A 以上。汽车白天行驶

2～3 h。电流表始终指示大于 5 A 充电电流。

b. 蓄电池的电解液消耗过快，经常需要添加。

c. 照明灯泡、分电器中的断电器触点经常烧毁。

d. 点火线圈和发电机有过热现象。

② 故障原因：

a. 电压调节器限压值调整过高。

b. 双级振动式调压器低速触点烧结或高速触点脏污、接触不良、搭铁电阻增加，使励磁绕组不能及时短路。

c. 发电机绝缘电刷或正极电刷与元件板短路。

d. 磁化线圈或温度补偿电阻烧断。

e. 晶体管调节器的大功率三极管集电结和发射结之间漏电过大，不能有效截止。

③ 故障诊断步骤（以双级振动式电压调节器电路为例）如下：

a. 用万用表直流电压挡检测发电机电压，红表笔搭接发电机电枢接线柱，黑表笔搭铁，逐步提高发电机转速，检测电压是否过高。若电压偏低、充电电流很大，则应对蓄电池进行检查，判断其是否严重亏电或内部短路。

b. 如电压过高，则拆下电压调节器磁场接线柱接线，逐步提高发动机转速并观察电流表。如仍然指示充电，则为发电机正极电刷与元件板短路；如不充电，则为电压调节器故障。

c. 拆下电压调节器盖，用纸片插在第二级触点（高速触点）之间以防短路，然后用手按压活动触点：如按压不下，则为第一级触点（低速触点）烧结；如能按压下且压下后充电电流有所下降，则为调节器弹簧拉力过大；若无磁力，则为磁化线圈或温度补偿电阻烧断。

d. 取出纸片，检查第二级触点（高速触点）是否烧蚀或接触是否正常。按压活动触点至第二级触点（高速触点）闭合时，发电机电压应下降，充电电流应迅速减小。

4. 充电不稳

① 故障现象：若发电机运转时电流表或充电指示灯指示充电，但电流表指针左右摆动或充电指示灯闪烁，则说明充电电流不稳定。

② 故障原因：

a. 发电机驱动带过松、打滑。

b. 充电线路中接头松动、接触不良。

c. 发电机内部接触不良：如电刷弹簧弹力过小、绕组接头松动、滑环积污过多、电刷磨损过度等。

d. 电压调节器有故障：如触点脏污或烧蚀，电磁线圈或电阻各接头有接触不良现象，调节电阻断路等。晶体管电压调节器中元件虚焊、元件稳定性差等。

③ 故障诊断与排除：电源系统充电不稳的故障诊断流程如图 2-51 所示。

5. 发电机工作中有异响

① 故障现象：发电机在运转过程中有不正常噪声。

② 故障原因：

a. 风扇传动带过紧或过松。

b. 发电机轴承损坏被卡住或松动缺油，轴承钢球保护架脱落。

c. 发电机转子与定子相碰（俗称“扫膛”）。

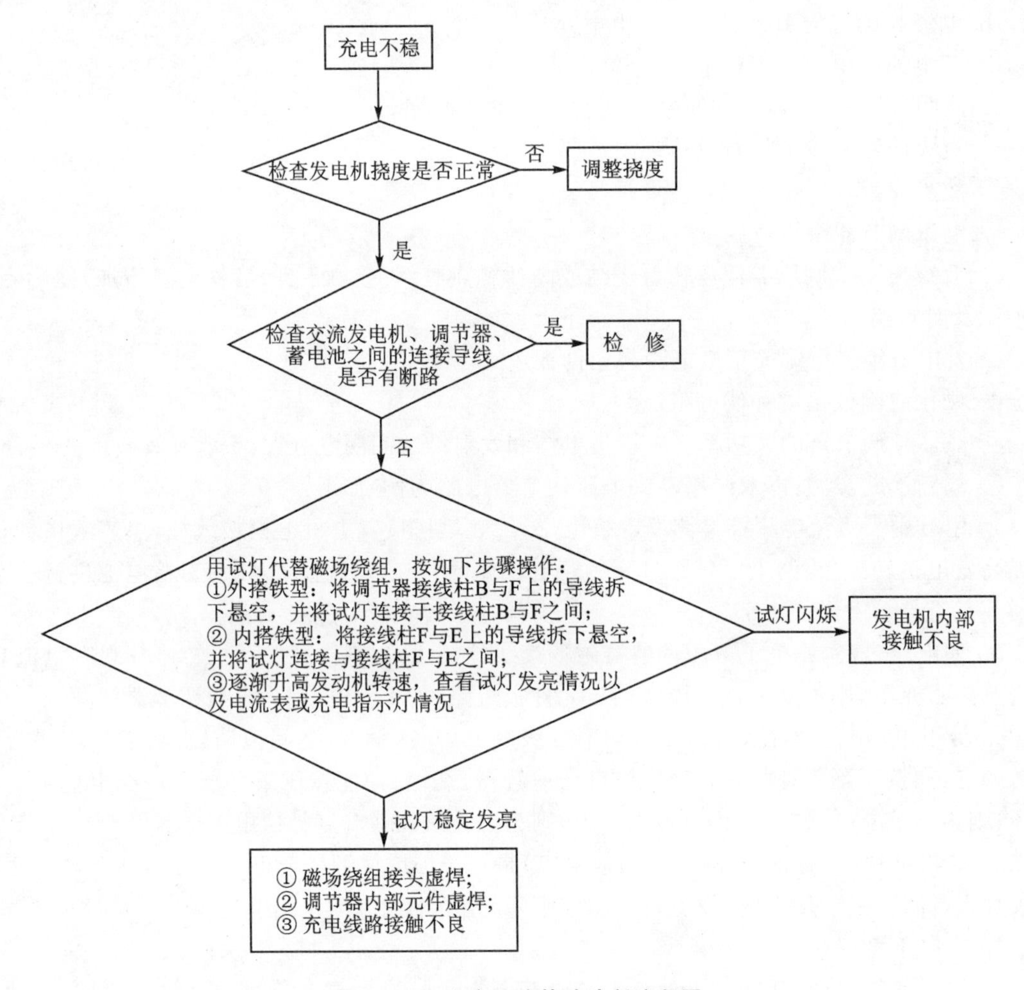

图 2－51　充电不稳故障诊断流程图

d. 电刷磨损过大，或电刷与集电环接触角度偏斜，电刷在电刷架内倾斜摆动。

e. 发电机总装时部件不到位，使机体倾斜或发电机电枢轴弯曲。

f. 发电机传动带盘与轴松动，使传动带盘与散热片碰撞。

③ 故障诊断与排除：

a. 检查风扇传动带松紧度。

b. 检查发电机传动带轮与发电机是否安装松动。

c. 用手触摸发电机外壳和轴承部位，是否烫手或有振动感，若烫手则说明定子和转子相碰或轴承损坏。借助听诊器或旋具倾听发电机轴承部位，如声音清脆、不规则则说明轴承缺油或滚柱已损坏。

d. 拆下电刷，检查其磨损和接触情况。

e. 拆开发电机，检查其内部机件配合和润滑是否良好。如果发电机噪声细小且均匀，则应检查硅二极管和磁场线圈是否短路或断路。

第3章 起动系统

学习目标

- 能描述起动系统的组成；
- 能描述典型起动机的结构与工作原理；
- 能选择适当的工具拆卸和安装起动机，检测起动机各个零部件；
- 会分析起动系统的控制电路；
- 会诊断和排除起动系统的常见故障。

3.1 概 述

发动机的起动是指借助外力作用转动曲轴，使发动机由静止状态过渡到自行运转的过程。发动机常见的起动方式有人力起动、辅助汽油机起动和电力起动三种形式。人力起动结构简单，但驾驶员的劳动强度大，而且操作不便，主要在早期的拖拉机中采用。辅助汽油机起动是先通过电力起动汽油机，再由汽油机带动发动机，这种起动方式适合解决起动机动力不足的情况，只在少数重型柴油机上采用。电力起动具有操作简单、起动迅速可靠、重复起动能力强等优点，目前绝大多数农机发动机都采用电力起动。

1. 起动系统及起动机的组成

起动系统的组成如图3-1所示。它主要由蓄电池、起动机、起动开关、起动继电器及起动电缆等组成。

起动机是起动系统的主要组成部分，由串励式直流电动机、传动机构和电磁开关3部分组成。

（1）串励式直流电动机

电动机是起动的动力源，它将蓄电池的电能转为电磁扭矩。

（2）传动机构

传动机构即单向离合器，它起两方面的作用：

- 起动时，使驱动齿轮沿起动机轴移出与飞轮齿圈啮合，将电动机转矩通过飞轮传递给发动机曲轴；
- 起动后，使驱动齿轮自动打滑，与飞轮齿圈脱离啮合。

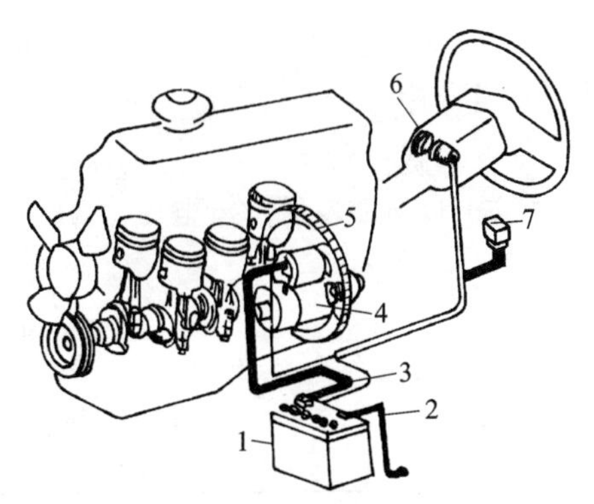

1—蓄电池；2—搭铁电缆；3—起动电缆；
4—起动机；5—飞轮；6—起动开关；7—起动继电器

图3-1 起动系统的组成

（3）电磁开关

电磁开关是起动机的控制机构，用于控制起动机驱动齿轮与发动机飞轮的啮合与分离以及电动机电路的通断。

2. 起动系统的工作原理

图 3-2 所示为清拖 750P 起动系统的工作原理图。当驾驶员接通起动开关时，蓄电池的电源便通过开关给起动继电器的线圈通电，继电器的触点闭合，接通起动电路，起动机通过飞轮齿圈带动发动机的曲轴旋转，发动机完成起动。

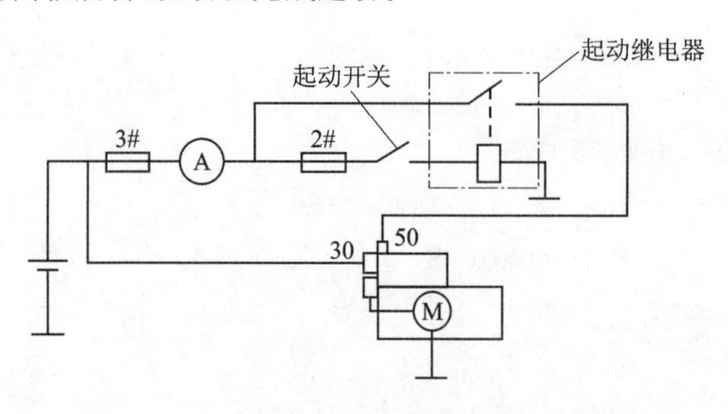

图 3-2　清拖 750P 起动系统的工作原理图

3.2　起动系统主要部件与检测

3.2.1　起动机的型号

根据国家行业标准 QC/T 73—1993《汽车电气设备产品型号编制方法》的规定，起动机的型号由以下 5 部分组成：

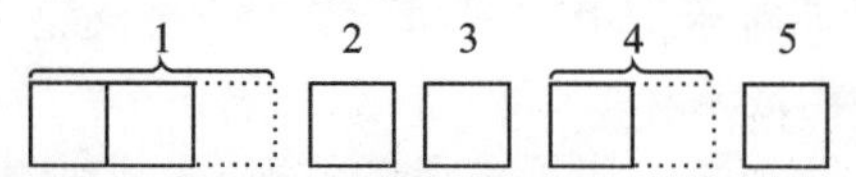

1——产品代号，QD 为普通型，QDJ 为减速型，QDY 为永磁型，QDJY 为永磁减速型。

2——电压等级代号，1 代表 12 V，2 代表 24 V。

3——功率等级代号，功率等级代号其含义见表 3-1。

4——设计序号。

5——变形代号。

例如：QDJ154E 表示额定电压为 12 V，功率为 4～5 kW，第 4 次设计，变形代号为 E 的减速式起动机。

表 3-1　起动机功率等级

功率等级代号	1	2	3	4	5	6	7	8	9
功率/kW	<1	1～2	2～3	3～4	4～5	5～6	6～7	7～8	>8

3.2.2　起动机的结构与工作原理

1. 普通起动机的结构与工作原理

(1) 串励式直流电动机

1) 串励式直流电动机的结构

串励式直流电动机的结构如图 3-3 所示，主要由电枢、磁极(铁芯和励磁线圈)、机壳、电

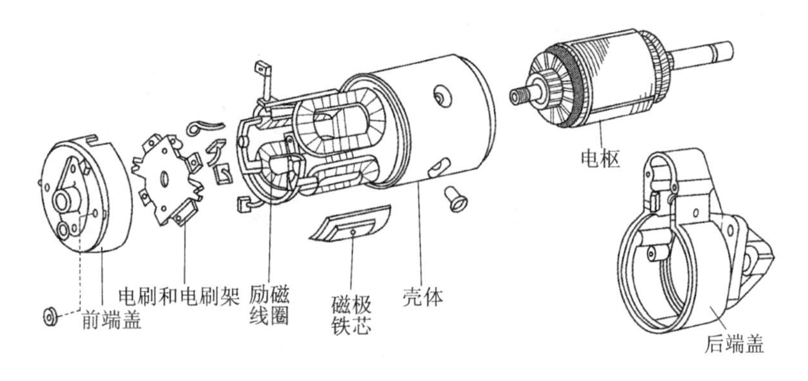

图3-3 串励式直流电动机的结构

刷和电刷架、壳体、端盖(前端盖和后端盖)等组成。

① 电 枢

电枢是电动机的转子,其作用是产生电磁转矩。它由铁芯、电枢绕组、换向器和电枢轴等组成,如图3-4所示。

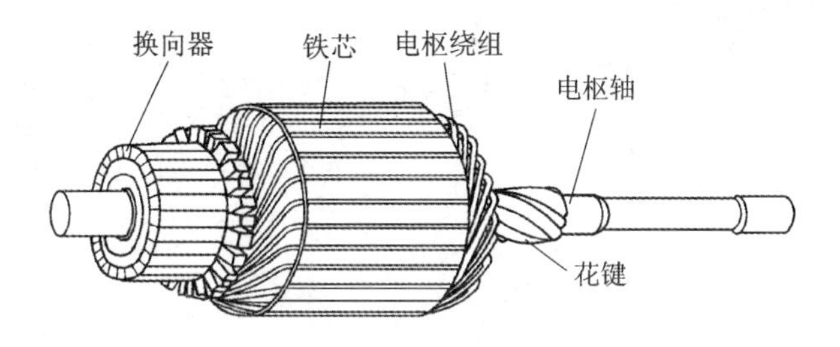

图3-4 电枢的结构

铁芯主要用来安放电枢绕组。电枢绕组采用较粗的矩形裸铜导线绕制而成。为防止短路,在铜线与铁芯、铜线与铜线之间均用绝缘纸隔开。同时,在铁芯槽口将铁芯扎稳挤紧,以免在起动机工作时由于离心力的作用而将绕组甩出。

换向器的作用是向旋转的电枢绕组注入电流,由截面呈燕尾形的铜片(又称换向片)绕合而成,见图3-4。电枢绕组各线圈的端头均焊接在换向器的铜片上,铜片之间采用云母片(或硬塑料)绝缘。

电枢轴除了固装铁芯和换向器之外,还伸出一定长度的花键,与传动机构总成内花键相配合,传递电磁转矩。

② 磁 极

磁极的作用是在直流电动机中产生磁场。它由固定在机壳上的磁极铁芯和励磁线圈组成,如图3-5所示。

起动机一般采用4个磁极,功率大于7.35 kW的起动机有采用6个磁极的。每个磁极上套装有励磁绕组,4个励磁绕组或相互串联构成串励式直流电动机,或两两串联之后再并联构成混励式直流电动机。磁极按一定方向连接,从而形成N、S极相间排列的形式,如图3-6所示。

③ 电刷和电刷架

电刷和电刷架的作用是将电流引入电动机。电刷由含铜的石墨制成。电刷装在电刷架

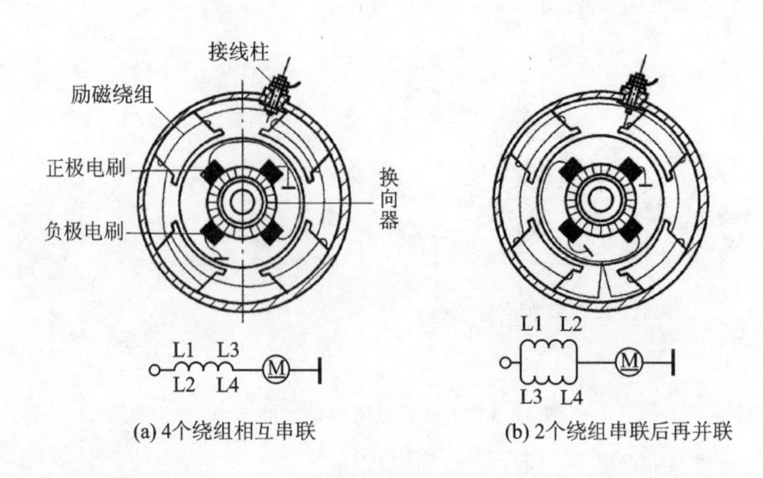

(a) 4个绕组相互串联　　(b) 2个绕组串联后再并联

图 3-5　磁极的结构

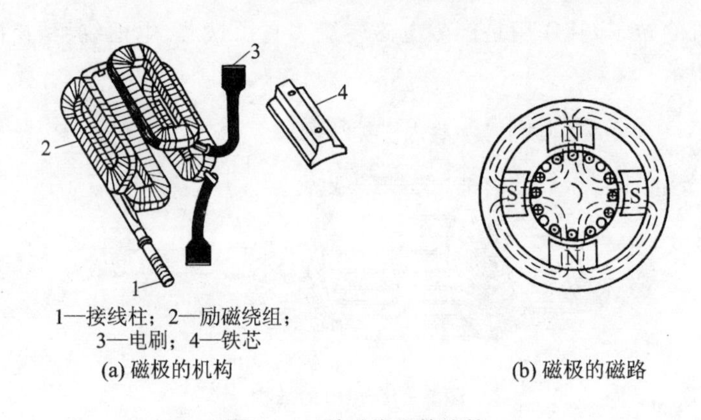

1—接线柱；2—励磁绕组；
3—电刷；4—铁芯
(a) 磁极的机构　　(b) 磁极的磁路

图 3-6　励磁绕组的连接

中,借助盘形弹簧压力将它紧压在换向器上,如图 3-7 所示。串励式直流电动机一般有 4 个电刷架,固定在前端盖上,其中 2 个正极电刷架须绝缘地固定在端盖上,2 个负极电刷架直接与端盖相连并搭铁,也称为搭铁电刷架。

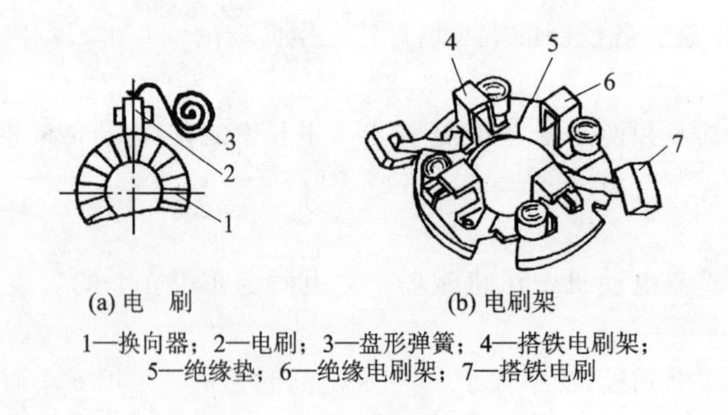

(a) 电　刷　　(b) 电刷架
1—换向器；2—电刷；3—盘形弹簧；4—搭铁电刷架；
5—绝缘垫；6—绝缘电刷架；7—搭铁电刷

图 3-7　电刷和电刷架的结构

④ 壳　体

壳体为基础件,并起导磁作用。壳体一端有 4 个检查窗口,中部有 1 个接线柱,其在机壳内与励磁绕组的一端相接。

⑤ 端　盖

端盖分前、后两个端盖。前端盖用钢板压制，内装电刷架。后端盖用灰铸铁铸成，内装电机传动机构，设拨叉座和及驱动齿轮行程调整螺钉。整机由 2 个长螺栓通过前后端盖夹紧机壳固定。

2）串励式直流电动机的工作原理

串励式直流电动机是根据通电导体在磁场中受到电磁力的作用而发生运动这一原理制成的。如图 3-8 所示，在磁场中放一线圈，线圈两端分别与两换向片 A、B 连接，两电刷分别与两换向片接触。在线圈旋转过程中，线圈电流方向为：蓄电池正极→绝缘电刷→换向片 A→线圈→换向片 B→负极电刷→蓄电池负极。图 3-8(a)所示的线圈中，电流方向为 $a \to b \to c \to d$，线圈受逆时针方向转矩作用而转动。线圈转过半周后(如图 3-8(b)所示)，线圈中电流方向反向，线圈受转矩作用仍按逆时针方向转动。当电源连续对电动机供电时，可保证电动机线圈一直按同一方向转动。

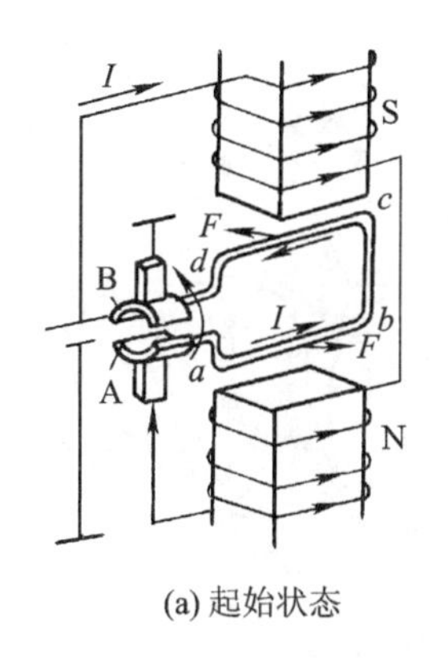

(a) 起始状态

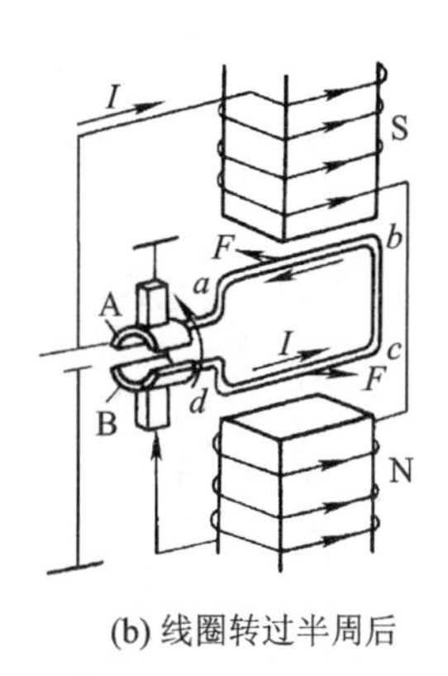

(b) 线圈转过半周后

图 3-8　串励式直流电动机工作原理

由于这一线圈产生的转矩太小，且转速不稳定，因此电动机电刷采用多匝线圈，换向器的片数也随着线圈的增多而相应增加。

3）串励式直流电动机的工作特性

串励式直流电动机的转矩 M、转速 n 和功率 P 随电枢电流变化的规律称为串励式直流电动机的特性。图 3-9 所示为串励式直流电动机的特性曲线，其中曲线 M、n 和 P 分别代表转矩特性、转速特性和功率特性。

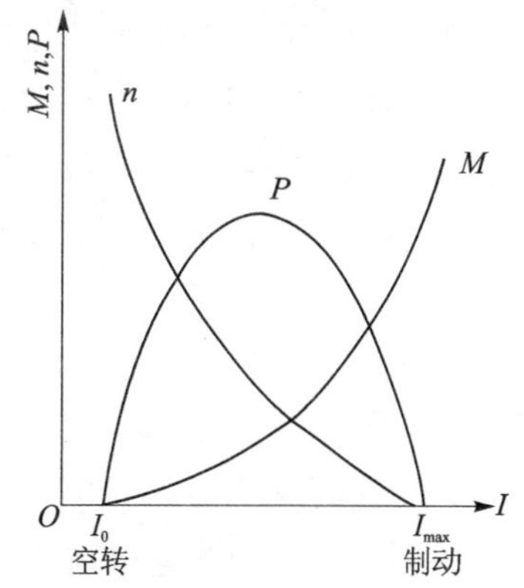

图3-9　串励式直流电动机的特性曲线

由图 3-9 可知，在起动机起动的瞬间，电枢转速 n 为 0，电枢电流达到最大值，转矩 M 也相应达到最大值，使发动机的起动变得很容易，这是汽车起动机采用串励式直流电动机的主要原因。串励式电动机输出转矩 M 较大时，电枢电流也大，电动机转速 n 随电流的增加而急剧下降；反之，输出力矩较小时，电动机转速又随电枢电流的减小而很快上升。因此串励式电动机具有轻载转速高、重载转速低的特性，这对保证起动安全可靠是非常有利的，这也是汽车上采用串励式直流电动机的一个重要原因。

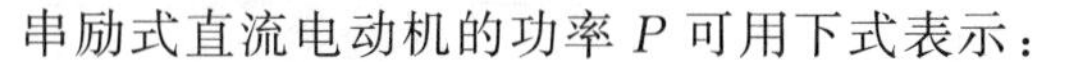

串励式直流电动机的功率 P 可用下式表示：

$$P = Mn/9\ 550$$

式中：M——电枢轴上的转矩，N·m；

n——电枢转速 r/min。

电动机完全制动时，转速 n 和输出功率 P 为 0，转矩 M 达到最大值。空载时，电流最小，转速最大，输出功率也为 0。当电枢电流接近制动电流的一半时，电动机输出的功率最大。因此，串励式直流电动机具有短时间输出最大功率的能力，以保证快速起动发动机。

(2) 传动机构

传动机构由单向离合器和传动拨叉等部件组成，安装在起动机轴的花键部分。拨叉的作用是使离合器做轴向移动，其结构简单，在不同形式的起动机中没有很大的差别。单向离合器的作用是传递电动机转矩起动发动机，而在发动机起动后自动打滑，保护起动机电枢不飞散。常见的单向离合器主要有滚柱式、摩擦片式和弹簧式三种类型。

1) 滚柱式单向离合器

滚柱式单向离合器的结构如图 3-10 所示。

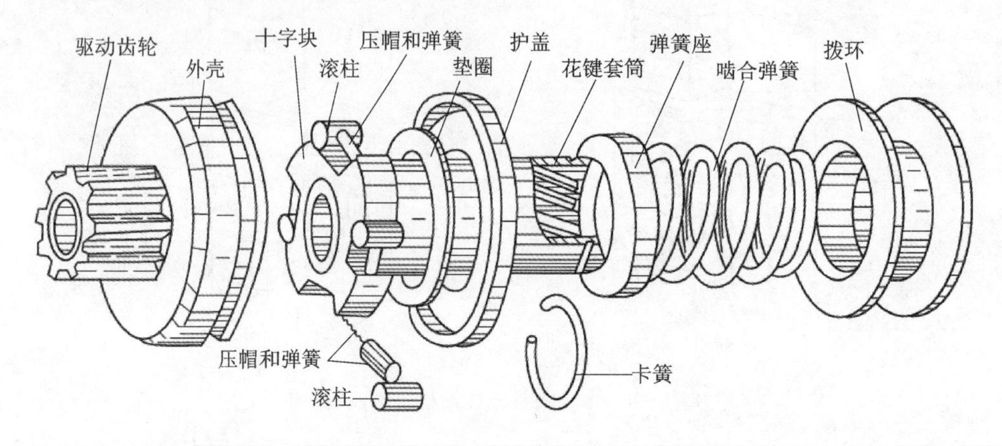

图 3-10 滚柱式单向离合器的结构

驱动齿轮与离合器外壳制成一体，外壳内装有十字块和 4 套滚柱、压帽和弹簧。十字块与传动花键套筒固定连接，壳底与外壳相互扣合密封。在花键套筒的另一端套有缓冲弹簧和拨环，拨环由传动叉拨动。装配后，在外壳与十字块之间，形成 4 个楔形槽，滚柱分别安装在4 个楔形槽内，且在压帽和弹簧的作用下，使其处在楔形槽的窄端。整个离合器总成套装在电动机轴的花键部位上，可做轴向移动和随电动机轴转动。

装有滚柱式单向离合器的发动机起动时，拨叉将离合器总成沿电枢轴花键推出，驱动齿轮啮入发动机飞轮齿圈。同时起动机通电，转矩由花键套筒传递给了到十字块。十字块随电枢一同旋转，这时滚柱在摩擦力作用下滚入楔形槽的窄端被卡死（如图 3-11(a)所示），于是又将转矩传递给了驱动齿轮，带动飞轮齿圈转动，起动发动机。

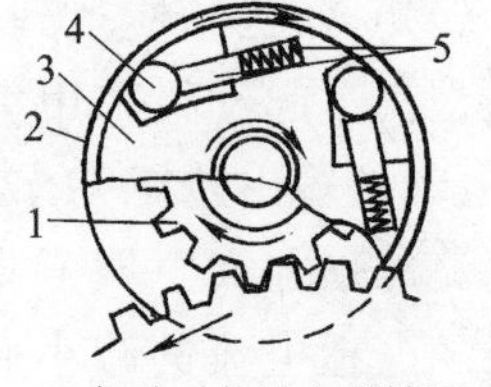

(a)起动时传递电磁转矩

(b)起动后打滑

1—驱动齿轮；2—外壳；3—十字块；4—滚柱；5—弹簧与压帽；6—楔形槽；7—飞轮

图 3-11 滚柱式单向离合器工作原理

起动后，飞轮齿圈带动驱动齿轮旋转，当驱动齿轮的转速大于十字块的转速，滚柱在摩擦力的作用下滚入楔形槽的宽端(见图 3 - 11(b))而打滑,切断动力传递,发动机的转矩就不会传递至起动机,从而防止了电枢超速飞散,起到保护起动机的作用。

滚柱式单向离合器结构简单,体积小,质量轻,工作可靠,但在传递较大转矩时,滚柱易变形卡死,因此滚柱式单向离合器不适用于功率较大的起动机,目前仅在中小功率的起动机上被广泛应用。

2) 摩擦片式单向离合器

摩擦片式单向离合器的原理是通过主、从动摩擦片的压紧和放松来实现分离的,其结构如图 3 - 12 所示。

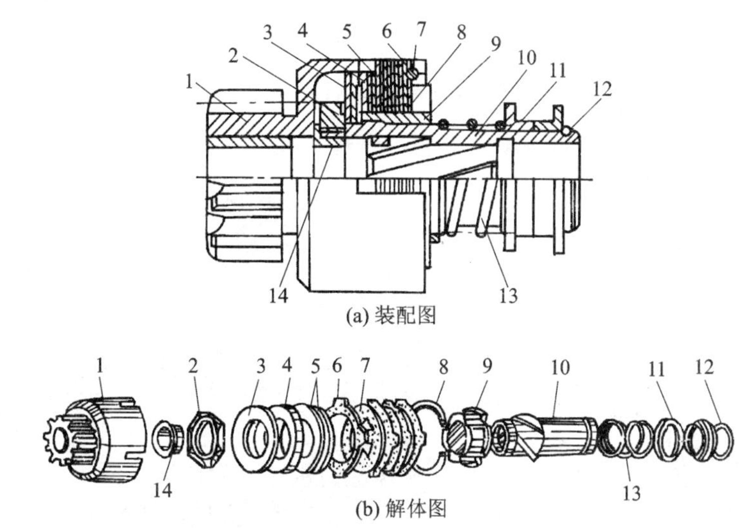

(a) 装配图

(b) 解体图

1—驱动齿轮与外接合鼓;2—螺母;3—弹性圈;4—压环;5—调整垫圈;6—从动摩擦片;7—主动摩擦片;8、12—卡环;9—内接合鼓;10—传动套筒;11—移动衬套;13—缓冲弹簧;14—挡圈

图 3 - 12　摩擦片式单向离合器的结构

发动机起动时,内接合鼓开始瞬间是静止的。在惯性力的作用下,内接合鼓由于花键套筒的旋转而左移,从而使主、从动摩擦片压紧在一起。电枢转矩经内接合鼓、主动摩擦片、从动摩擦片和外接合鼓传给驱动齿轮。

发动机起动后,飞轮齿圈转速高于驱动齿轮,于是内接合鼓又沿传动套筒的螺旋花键右移,使主、从动摩擦片出现间隙而打滑,避免了超速飞散。

摩擦片式单向离合器的最大输出转矩是可调节的,增减调整垫圈 5 的片数,可以改变内接合鼓 9 左端面与弹性圈 3 之间的间隙,调节起动机的最大输出转矩。

摩擦片式单向离合器可以传递较大的转矩,应用于大功率起动机上。但是在使用过程中,摩擦片磨损后,传递的转矩将会下降,因此需要经常调整,而且其结构也较复杂。

3) 弹簧式单向离合器

弹簧式单向离合器的原理是通过扭力弹簧的径向收缩和放松来实现接合和分离的,其结构如图 3 - 13 所示。

起动发动机时,电枢轴带动花键套筒 6 稍有转动,扭力弹簧 4 顺着其螺旋方向将齿轮柄与花键套筒 6 包紧,起动机转矩扭力弹簧传给驱动齿轮起动发动机。

发动机起动后,驱动齿轮转速高于花键套筒,扭力弹簧放松,齿轮与花键套筒松脱打滑,发动机的转矩不能传给起动机电枢。

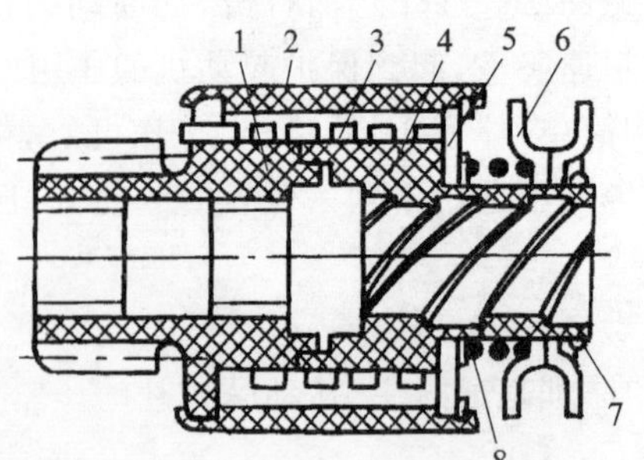

1—驱动齿轮与套筒；2—护套；3—扭力弹簧；4—传动套筒；
5—垫圈；6—移动衬套；7—卡簧；8—缓冲弹簧

图 3-13　弹簧式单向离合器的结构

弹簧式单向离合器结构简单，成本低，寿命长，并可传递较大的转矩，但因扭力弹簧轴向尺寸较大，故一般只用在大功率起动机上。

(3) 控制装置(电磁开关)

在常规起动系统中，起动机均采用电磁式控制装置，故其又称为电磁开关。电磁式控制装置是利用电磁开关内通电线圈产生的电磁力操纵拨叉，使驱动齿轮与飞轮齿圈啮合或分离。

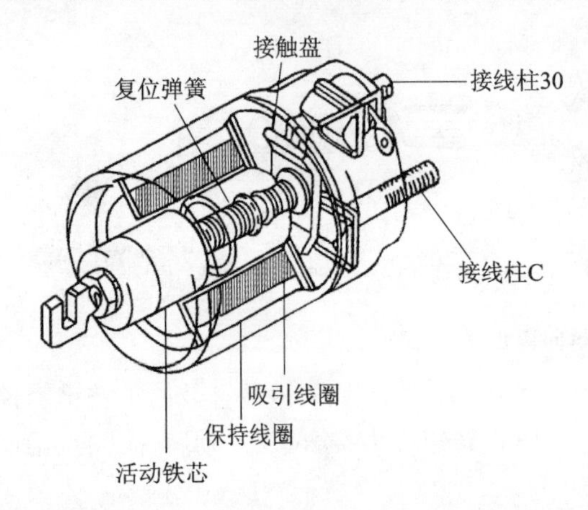

图 3-14　电磁开关的结构

电磁开关的结构如图 3-14 所示。由吸引线圈、保持线圈、复位弹簧、活动铁芯、接触盘等组成。吸引线圈和保持线圈绕向相反，其公共端接起动机接线柱(接线柱 50)，吸引线圈的另一端接接线柱 C，保持线圈的另一端搭铁。接线柱 C 与起动机内部励磁绕组相连，接线柱 30 与蓄电池正极相连。

起动发动机，吸引线圈和保持线圈通电产生较强的电磁吸力，吸引铁芯向左运动，调节螺钉带动拔叉使驱动齿轮与飞轮齿圈啮合。蓄电池通过接线柱 30、接线柱 C 和接触盘向电动机大电流放电，起动发动机。

起动发动机后，电磁线圈断电，活动铁芯迅速退磁，在各回位弹簧的作用下起动机与蓄电池之间的电路被切断，同时驱动齿轮与飞轮齿圈脱离啮合。

2. 永磁式起动机的结构与工作原理

永磁式起动机是以永磁材料作为磁极的起动机。永磁式起动机用 2～3 对磁极取代普通起动机中的励磁绕组和电磁铁芯，可节省材料，而且能使电动机磁极的径向尺寸减小。与普通起动机相比，永磁式起动机具有体积小、质量轻、效率高、比功率大的特点，但其机械特性较差，所以永磁式电动机配有减速机构，即永磁式起动机一般都是永磁式减速起动机。

永磁式起动机中的永久磁铁易碎，尤其在受到猛烈碰撞或掉落时易损坏，所以在维修时要特别注意。

3. 减速起动机的结构与工作原理

在起动机的电枢轴与驱动齿轮之间装有齿轮减速装置(减速比为 3～5)的起动机，称为减速起动机。齿轮减速器可将电动机的转速降低、转矩增大后传递给驱动齿轮。由于采用了减速机构,起动机可采用小型高速小转矩的电动机。在输出功率相同的条件下,减速起动机比普通起动机的质量和体积都大幅减小,转矩也得到提高。这不仅提高了起动性能,而且也相对减轻了蓄电池的负担。与普通起动机相比,减速起动机仅增加了减速装置,其电动机与控制装置的结构和普通起动机完全相同,此处不再赘述。

减速起动机按齿轮减速装置结构的不同,可分为外啮合式、内啮合式、行星齿轮式三种类型,如图 3 - 15 所示。

(1) 外啮合式减速起动机的结构

外啮合式减速起动机的外形与普通起动机有较大的差别,其减速装置传动中心距较大,因受起动机结构的限制,其减速比不能太大(一般不大于 5),多用在小功率的起动机上。

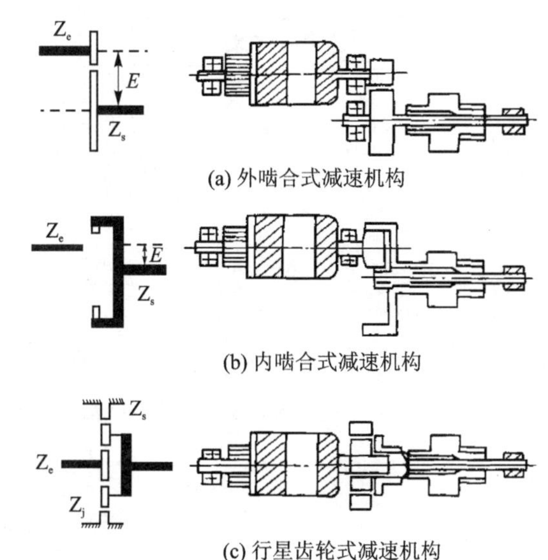

图 3 - 15　起动机的三种减速装置示意图

外啮合式减速起动机通常分为有惰轮和无惰轮两种类型。有惰轮的外啮合减速起动机也称为平行轴式减速起动机,其采用惰轮作为过渡传动,电磁开关铁芯与驱动齿轮同轴,直接推动驱动齿轮与飞轮啮合,不需要拨叉。图 3 - 16 所示为有惰轮外啮合式减速起动机的结构。无惰轮外啮合式减速起动机和普通起动机一样,不需要拨叉来拨动驱动齿轮与飞轮啮合。

(2) 内啮合式减速起动机

内啮合式减速装置传动中心距小,可以有较大的传动比,减速传动效率高,适合于较大功率的起动机。但内啮合式减速机构噪声较大,驱动齿轮仍需拨叉拨动进入啮合,成本也高,目前汽车中较少使用。

(3) 行星齿轮式减速起动机

行星齿轮式减速装置具有结构紧凑、传动比大、效率高的特点,同时由于该起动机输出轴与电枢轴同轴线、同旋向,电枢轴无径向载荷,振动幅度小,使得整机尺寸减小。在汽车上应用得越来越广泛。图 3 - 17 所示为行星齿轮式减速起动机的结构。

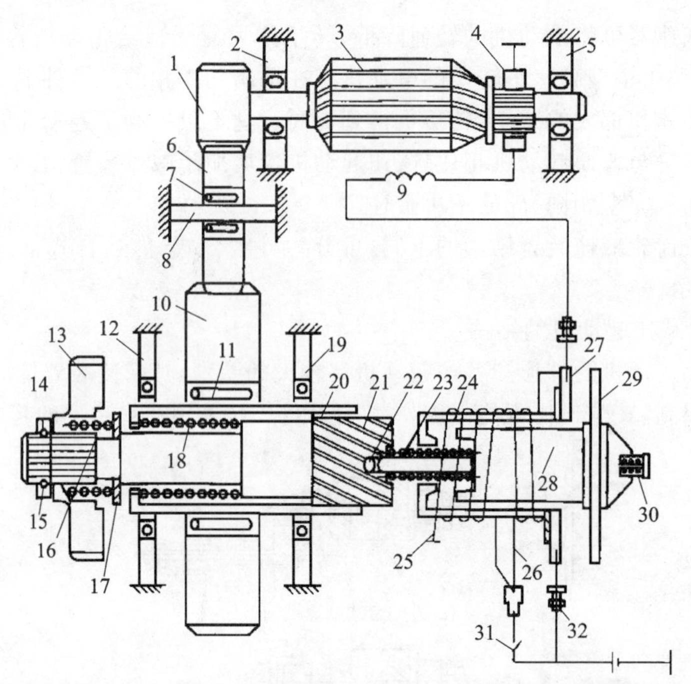

1—电枢轴齿轮；2、5、12、19—滚珠轴承；3—电枢；4—电刷；6—中间齿轮；7—滚柱轴承；8—中间齿轮轴；9—励磁绕组；10—减速齿轮；11—单向离合器滚柱；13—驱动齿轮；14—挡圈；15—卡环；16、30—缓冲弹簧；17—内键齿挡圈；18—驱动齿轮轴复位弹簧；20—传动导管；21—驱动齿轮轴；22—钢球；23—复位弹簧；24—固定铁芯；25—保持线圈；26—吸引线圈；27—接线柱(触点)；28—活动铁芯；29—接触盘；31—起动开关；32—接线柱

图 3－16　有惰轮外啮合式减速起动机的结构

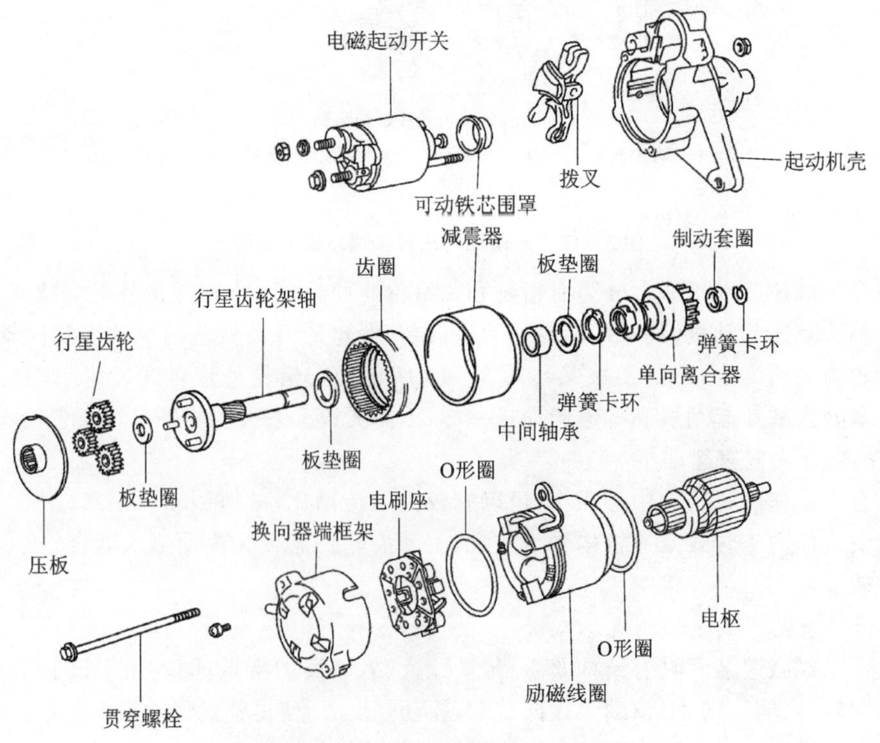

图 3－17　行星齿轮式减速起动机的结构

行星齿轮式减速起动机的工作过程与普通起动机基本相同，不同之处在于电枢轴产生的转矩需经行星齿轮减速装置才能传递给起动机的驱动齿轮。行星齿轮总成由太阳轮、3个行星小齿轮、内齿圈和行星架组成，如图3-18所示。太阳轮装在电枢轴上，3个行星小齿轮装在行星架上，内齿圈固定不动。当电枢旋转时，太阳轮带动3个行星齿轮绕内齿圈的内齿旋转，行星齿轮绕内齿圈的运动带动行星齿轮架旋转，行星齿轮架与输出轴连接，将动力传递给驱动齿轮。转矩的传递方向为：电枢轴齿轮(太阳轮)→行星齿轮及支架→驱动齿轮轴→滚柱式单向离合器→驱动齿轮→飞轮齿圈，驱动发动机曲轴旋转。

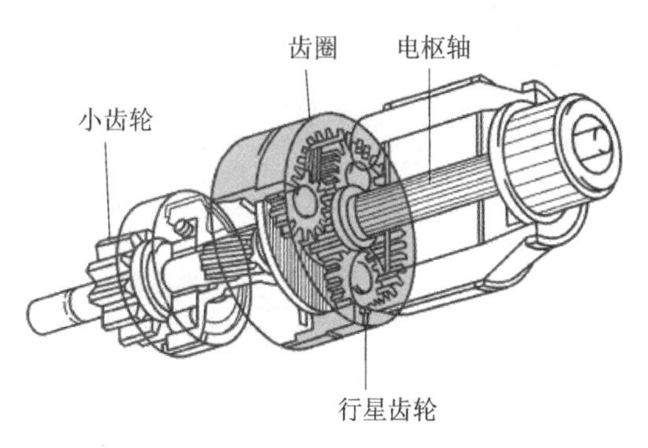

图3-18　行星齿轮总成

3.2.3　起动机的拆装与检测

1. 起动机的拆装

(1) 起动机的拆解

起动机的型号不同，具体拆解的步骤也就不可能完全相同。起动机拆解前应先观察外部结构的装配标记，清洁外部的油污和灰尘。下面以清拖750P上装配的起动机QDJ154F为例，说明其拆解步骤。

① 从电磁开关接线柱上拆下起动电机与电磁开关之间的连接导线，如图3-19所示。

② 松开电磁开关总成的两个固定螺母，取下电磁开关总成，如图3-20所示。

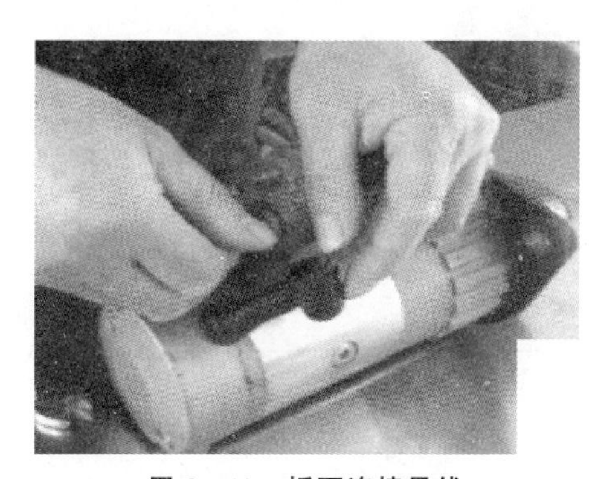
图3-19　拆下连接导线

图3-20　取下电磁开关

注意：在取出电磁开关总成时，应将其头部向上抬，使柱塞铁芯端头与拨杆脱开后取出。

③ 拆下起动机后端盖上的两个螺栓，取下后端盖，如图3-21所示。

④ 用专用钢丝钩取出电刷，拆下电刷架及定子总成，如图3-22所示。

⑤ 将起动机电枢总成和小齿轮拨杆一起从起动机机壳上拉出来，如图3-23所示。

⑥ 从前端盖上旋下中间轴承支撑板紧固螺钉，取下中间支撑板，旋出拨叉轴销螺钉，抽出拨叉，取出行星齿轮式减速机构及离合器，如图3-24所示。

(2) 起动机的装复

起动机装复的基本原则是按与拆解时相反的步骤进行。但要注意在装复起动机前，起动机轴承和滑动部位应涂润滑脂。

图 3-21　取下后端盖

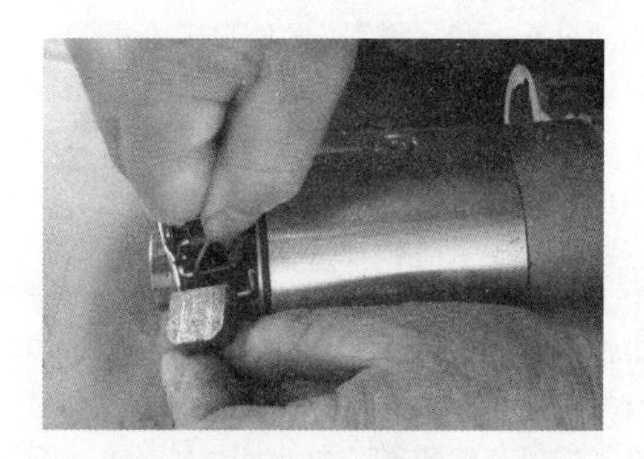

图 3-22　取下电刷

图 3-23　取下电枢

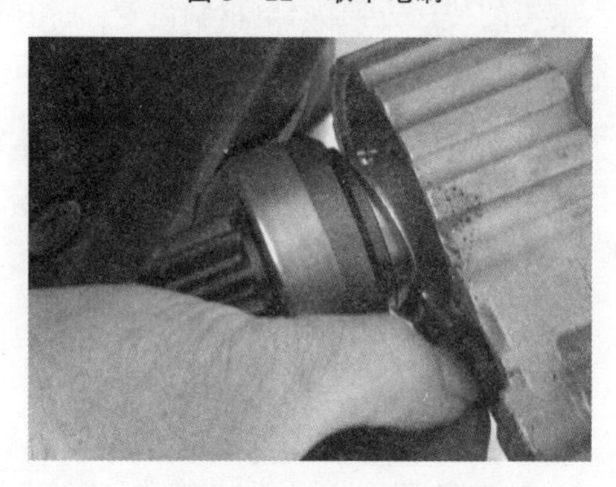

图 3-24　取下拨叉

2. 起动机的检测

(1) 电磁开关的检查

电磁开关的检查主要包括吸引线圈和保持线圈、复位弹簧和短路接触盘的检查。

检查吸引线圈和保持线圈时，可用“R×1”挡或“200 Ω”挡对其电阻值进行测量，部分起动机线圈电阻标准值见表 3-2。若线圈内部短路或断路则应更换，如图 3-25 所示。

表 3-2　起动机电磁开关线圈电阻标准值

起动机型号	保持线圈电阻值/Ω	吸引线圈电阻值/Ω
QD1211	0.88±0.1	0.27±0.05
QD124F	0.97±0.1	0.6±0.05
QD124A	1.29±0.12	0.33±0.03

检查复位弹簧时，用手先将挂钩及活动铁芯压入电磁开关，然后放松，活动铁芯应能迅速复位。如铁芯不能复位或出现卡滞现象，则应更换复位弹簧或电磁开关总成，如图 3-26 所示。

在检查接触盘时，同样用手推动活动铁芯，使其接触盘与两接线柱接触，然后将万用表的两只表笔分别连接接线柱 30 和接线柱 C，应导通，并且在正常情况下电阻值应该为 0 Ω，如图 3-27 所示。

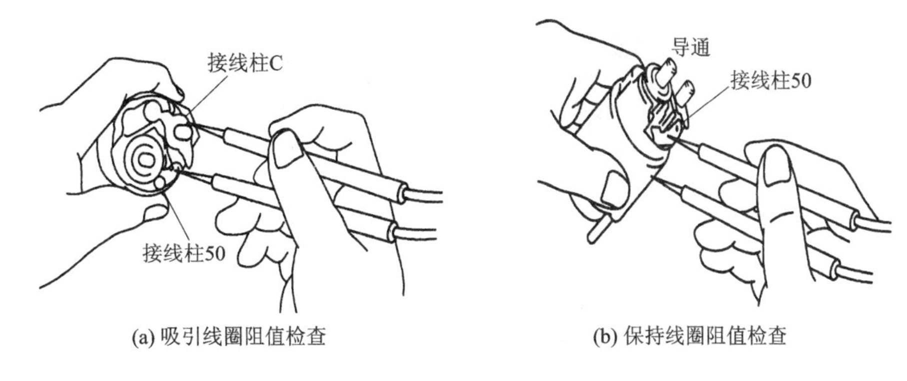

(a) 吸引线圈阻值检查　　(b) 保持线圈阻值检查

图 3-25　吸引线圈和保持线圈的阻值检查

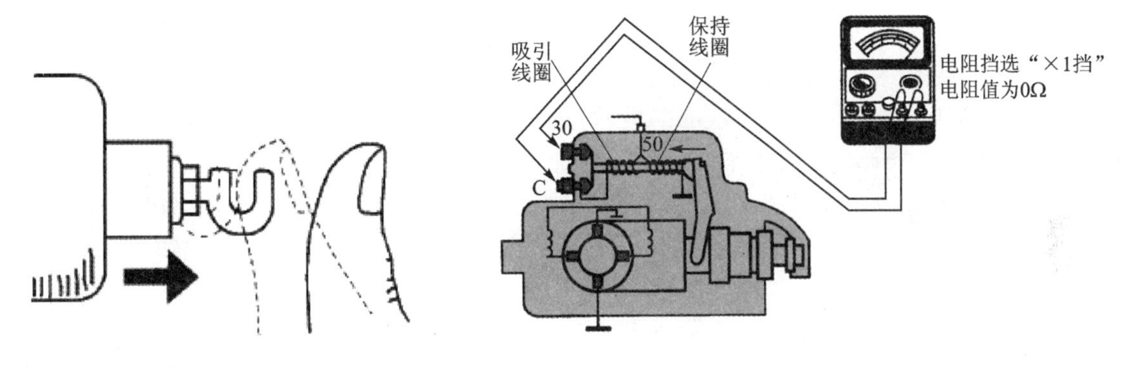

图 3-26　复位弹簧检查　　**图 3-27　接触盘检查**

（2）直流电动机的检查

直流电动机的检查主要包括电枢、磁极、电刷和电刷架的检查。

1）电枢的检查

电枢的检查是指电枢绕组、换向器和电枢轴的检查。

电枢绕组导线很粗，一般不会发生断路故障。如有断路发生，通过外观检查即可判断，不必采用仪器检查。

电枢绕组搭铁可用万用表或 220 V 交流测试灯进行检查，如图 3-28 所示。正常情况下，万用表应不导通或试灯应不亮。若万用表导通，则说明电枢绕组搭铁，须更换整个电枢总成。

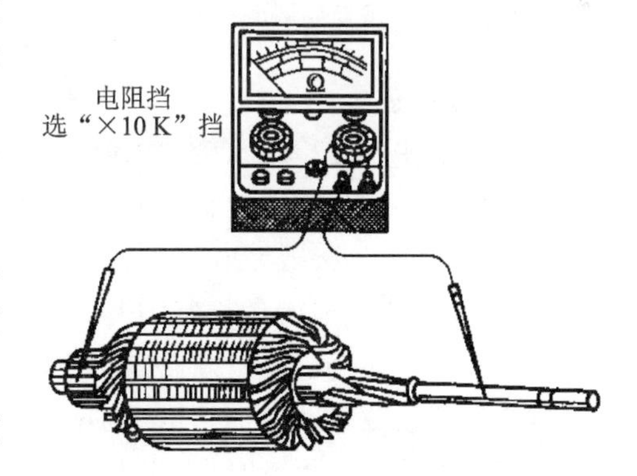

图 3-28　电枢绕组的搭铁检查

电枢绕组短路故障须利用汽车电器万能试验台的电枢检验仪进行检查，如图 3-29 所示。检查时，先将电枢放在检验仪的 V 形铁芯上，并在电枢上部放一块薄钢片（如锯条），然后接通检验仪的电源，缓慢转动电枢一周，钢片应不跳动。如钢片跳动，则说明电枢绕组短路。当由于绕组间绝缘纸损坏导致匝间短路时，则需要更换电枢总成；当故障是由于电刷磨损的铜粉将换向片间的凹槽连通而导致短路时，可用钢丝刷

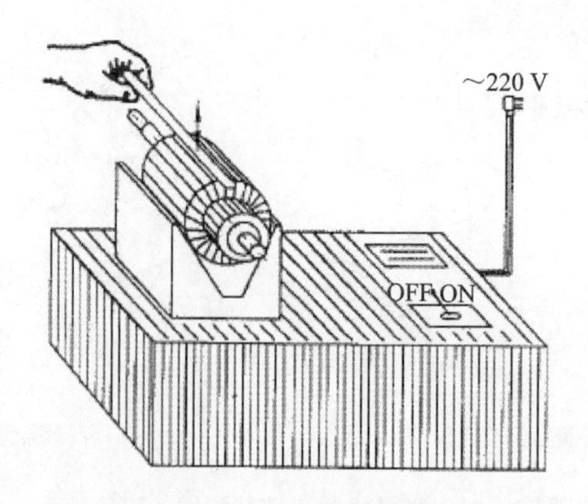

图 3-29　电枢绕组的短路检查

清除换向片间的铜粉即可将故障排除。

换向器的故障多为表面烧蚀、云母层突出等。对轻微烧蚀的情况用 00 号砂纸打磨即可。严重烧蚀或失圆(圆度超过 0.025 mm)时,应进行精车加工换向器圆度检查(如图 3-30 所示)。换向器的剩余厚度不得小于 2 mm,否则应予以更换。

电枢轴径向跳动检查如图 3-31 所示,其跳动量应不大于 0.08 mm,否则说明电枢轴弯曲严重,应予以校正或更换。

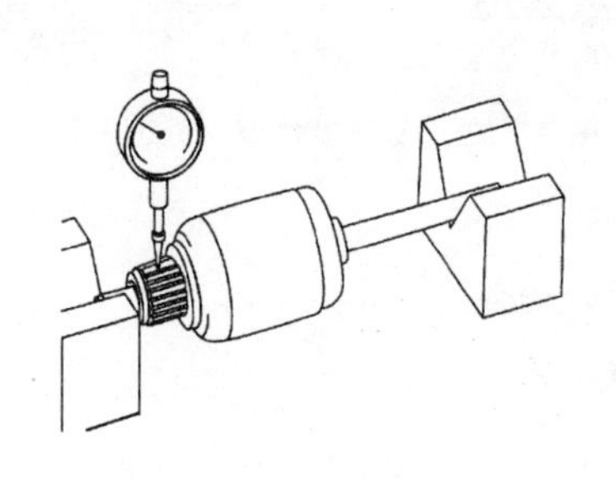

图 3-30　换向器圆度检查

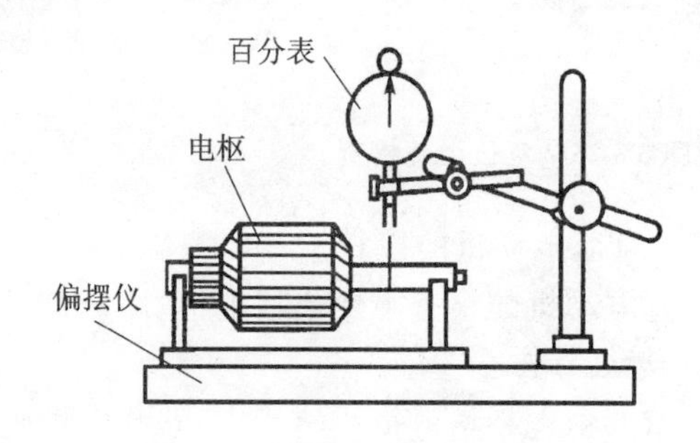

图 3-31　电枢轴的径向跳动检查

2) 磁极的检查

磁极的检查主要是检查励磁绕组断路、搭铁和短路故障。

励磁绕组的断路故障一般都是由于励磁绕组与电刷引线连接部位焊点松脱或虚焊所致。故障检查时,可用万用表或 220 V 交流试灯进行检查,如图 3-32 所示。连接励磁绕组引线端头和绝缘电刷,试灯应当发亮或万用表应导通(阻值为 0 Ω)。如试灯不亮或万用表不导通(阻值为无穷大),则说明励磁绕组断路,应更换。

励磁绕组搭铁故障一般都是由于励磁绕组绝缘损坏而引起的。如有搭铁故障则须更换励磁绕组或起动机。发生故障时,可用万用表或 220 V 交流试灯进行检查,如图 3-33 所示。连接励磁绕组引线端头和起动机壳体,试灯应当不亮或万用表应不导通(阻值为无穷大)。如试灯发亮或万用表导通(阻值 0 Ω),则说明励磁绕组有搭铁故障,应更换。

励磁绕组的断路检查方法如图 3-34 所示。将蓄电池的电压加在励磁绕组的两端,接通开关(注意控制电流,通电时间不超过 5 s)的同时用一铁片或螺钉旋具在 4 个磁极上分别感受磁吸力的大小，如果某一磁极有磁吸力且明显低于其他磁极，则表明该磁极上的励磁绕组短路。

3）电刷和电刷架的检查

电刷和电刷架的检查主要是检查绝缘电刷架搭铁故障以及电刷高度、电刷弹簧弹力是否符合要求。

电刷架绝缘性能的检查如图3-35所示。用万用表检查绝缘电刷架的绝缘情况，万用表应不导通，如万用表导通说明绝缘电刷架搭铁，则须在更换绝缘垫后，再重新铆合。

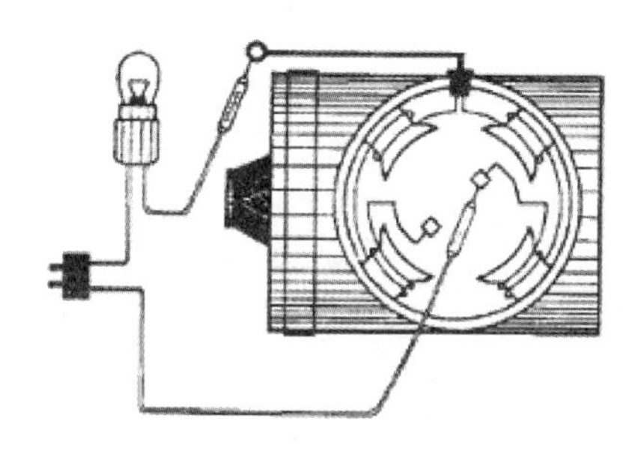

图3-32 励磁绕组的断路检查

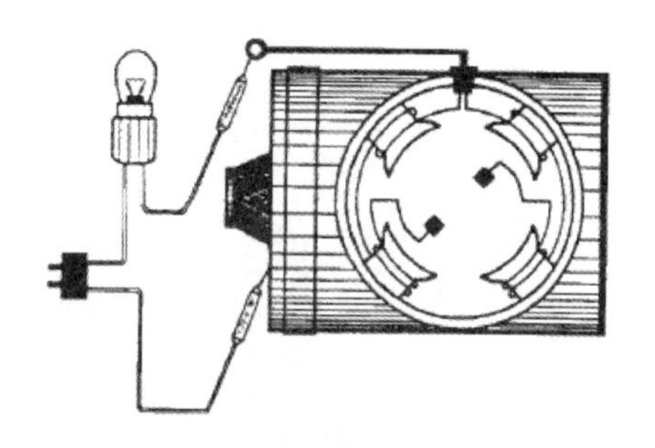

图3-33 励磁绕组的搭铁检查

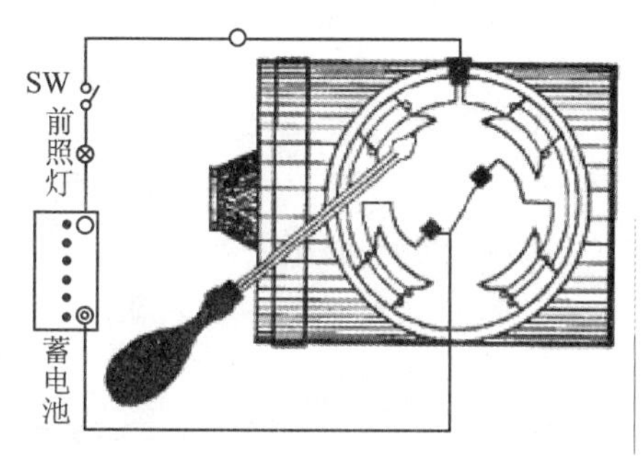

图3-34 励磁绕组的断路检查

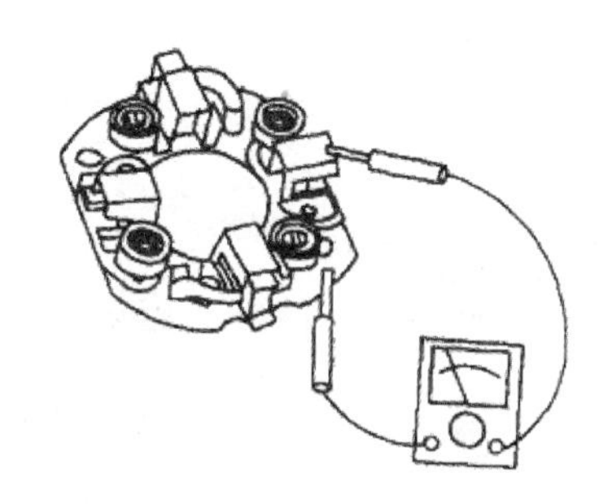

图3-35 电刷架绝缘性能检查

电刷高度可用钢板尺或游标卡尺测量，如图3-36所示。电刷高度一般不得低于标准的2/3，电刷与换向器的接触面积应在75%以上，否则应更换新电刷。

电刷弹簧弹力可用弹簧秤检测，如图3-37所示。弹簧弹力一般为12～15 N。如弹力不足，则可逆着弹簧的螺旋方向扳动弹簧来增加弹力；如仍无效，则应予以更换。

图3-36 电刷高度检查

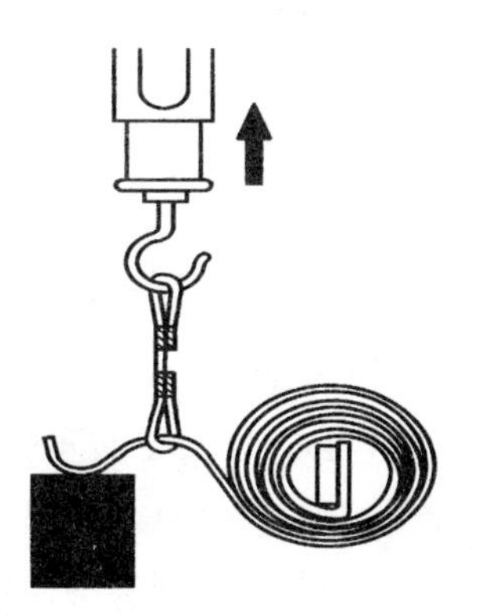

图3-37 电刷弹簧弹力检查

(3) 传动机构的检查

传动机构的检查主要包括单向离合器、拨叉和驱动齿轮的检查。

1) 单向离合器检查

单向离合器功能的检查:将单向离合器及驱动齿轮总成装到电枢轴上,握住电枢,当转动单向离合器外座圈时,驱动齿轮总成应能沿电枢轴自如滑动,如图 3-38(a)所示。然后,一手握住离合器壳体,一手转动驱动齿轮,如图 3-38(b)所示。当顺时针方向转动驱动齿轮时齿轮应被锁死,当逆时针方向转动齿轮时应能灵活自如地转动,否则应更换单向离合器。

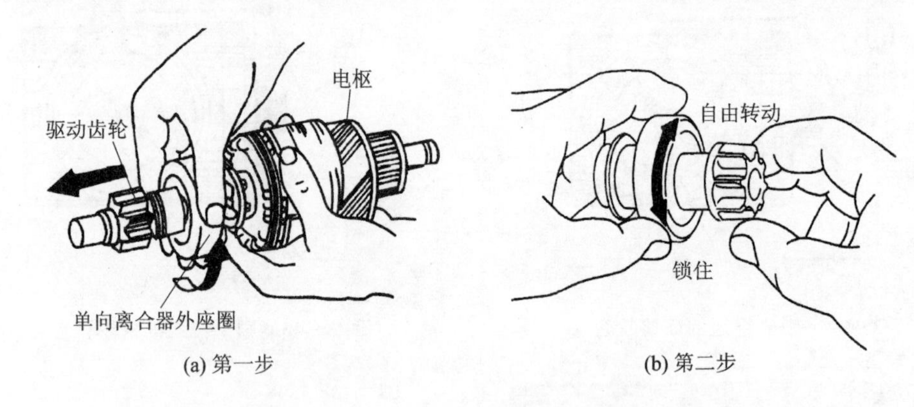

(a) 第一步　　(b) 第二步

图 3-38　单向离合器功能的检查

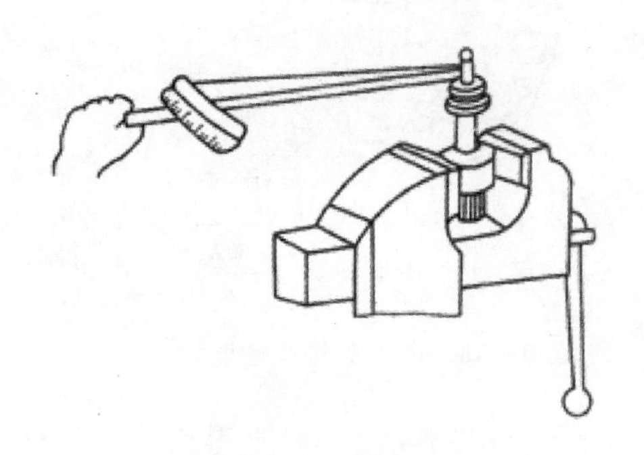

图 3-39　单向离合器制动力矩检查

单向离合器制动力矩的检查:将离合器夹在虎钳上(如图 3-39 所示),用扭力扳手沿顺时针方向转动时,应能承受制动试验时的最大转矩(单向离合器一般为 25 N·m)而不打滑。

2) 拨叉的检查

拨叉应无变形、断裂、松动等现象,回位弹簧应无锈蚀,弹力正常,否则应更换。

3) 驱动齿轮的检查

驱动齿轮的齿长不得小于全齿长的 2/3,观察驱动齿轮的外观应无断齿、裂痕,无齿面、齿端倒角磨损过度或扭曲变形等,否则应予以更换。

3.3　起动控制电路

3.3.1　带起动继电器的控制电路

一般起动机的控制都是由起动开关 ST 挡来控制的。但由于起动机的电磁开关工作电流较大(大于 20 A),若直接由起动开关控制起动机的电磁开关,则起动开关会经常因此而烧坏。为此目前的起动机控制电路中都加装了起动继电器,避免起动机电磁开关的电流直接通过起动开关,从而起到保护起动开关的作用。

带起动继电器的控制电路如图 3-40 所示。

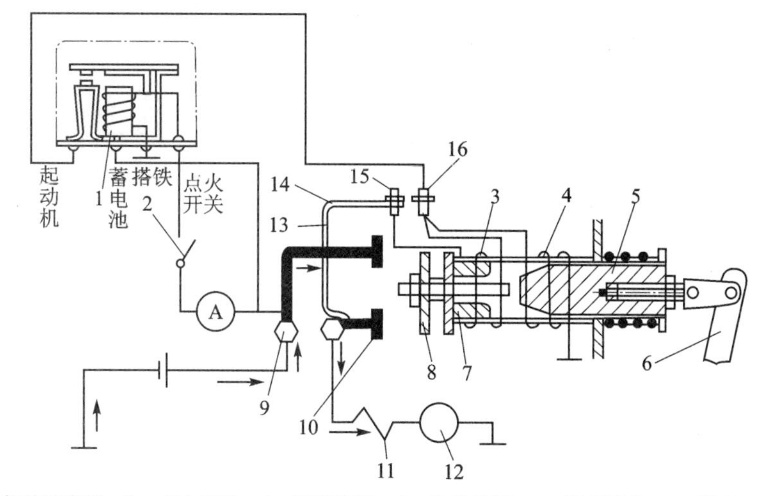

1—起动继电器；2—点火开关；3—吸引线圈；4—保持线圈；5—活动铁芯；6—拨叉；7—推杆；
8—接触盘；9—起动机主接线柱；10—电动机主接线柱；11—励磁绕组；12—电动机；
13—辅助接线柱；14—导电片；15—吸引线圈接线柱；16—电磁开关接线柱

图 3-40　带起动继电器的控制电路

带起动继电器的起动控制过程如下：

① 当起动开关置于起动挡位时，蓄电池给起动继电器线圈通电，其电流电路为：蓄电池正极→电流表→点火开关→起动机继电器"点火开关"接线柱→线圈→搭铁→蓄电池负极。

于是继电器铁芯产生较强电磁吸力，继电器触点闭合，接通起动机电磁开关控制回路。

② 起动机电磁开关控制回路为：蓄电池正极→起动机主接线柱 9→起动继电器"蓄电池"接线柱→继电器触点→继电器的"起动机"接线柱→起动机电磁开关接柱 16→

{保持线圈→搭铁→蓄电池负极。
吸引线圈→电动机主接线柱 10→起动机励磁绕组→电动机→搭铁→蓄电池负极。

吸引线圈和保持线圈通电后，产生较强电磁吸力，使活动铁芯左移，驱动齿轮与飞轮齿圈啮合。同时，由于电动机与吸引线圈串联导通，产生一个较小的转矩，使驱动齿轮与飞轮边转边啮合，避免了啮合冲击。

③ 当驱动齿轮与飞轮齿圈完全啮合时，接触盘短接起动机主接线柱和电动机主接线柱，起动机主电路导通。

电流回路为：蓄电池正极→起动机主接线柱 9→接触盘 8→电动机主接线柱 10→励磁绕组→电动机→搭铁→蓄电池负极。

由于吸引线圈被短路，电路电阻极小，电流可达几百安[培]（汽油机为 200～600 A，柴油机可达 800～1 000 A），故电动机产生较大电磁转矩起动发动机。

主电路接通时，保持线圈的电路继续接通，由保持线圈接通产生的磁力来维持铁芯的位置，保证主电路的接通时间，顺利起动发动机。

④ 起动完毕，点火开关旋钮松开，起动继电器线圈断电，触点打开，切断起动机电磁开关控制回路。

其控制电路为：蓄电池正极→起动机主接线柱 9→接触盘 8→电动机主接线柱 10→导电片→吸引线圈→电磁开关接线柱 16→保持线圈→搭铁→蓄电池负极。

保持线圈和吸引线圈在内部变为串联，形成一个电流回路。两线圈由于电流方向相反，产生相反方向磁场，相互抵消。活动铁芯在复位弹簧的作用下回位，驱动齿轮退出啮合。同时，起动机主电路断开，起动机停止工作。

3.3.2 带组合继电器的起动控制电路

带组合继电器的起动控制电路具有起动保护功能，可保证发动机起动后，起动机立刻自动停止工作，避免驱动齿轮随飞轮高速空转而增加磨损，而且还具有防止误操作的功能，即在发动机工作时起动开关调到 ST 挡，起动机不会工作，以免损坏驱动齿轮和飞轮齿圈。带组合继电器的起动控制电路如图 3－41 所示，组合继电器由起动继电器和保护继电器组成，起动继电器触电 K1 常开，保护继电器触点 K2 常闭。

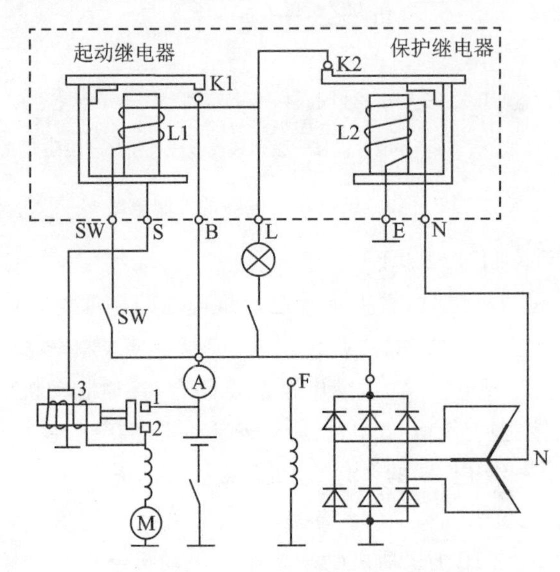

图 3－41　带组合继电器的控制电路

带组合继电器的起动控制过程如下：

① 当点火开关置于起动挡时，起动继电器线圈 L1 有电流通过，其回路为：蓄电池正极→电流表→点火开关 SW→起动继电器线圈 L1→保护继电器触点 K2→搭铁→蓄电池负极。起动继电器铁芯产生电磁吸力，起动继电器触点 K1 闭合，电流由蓄电池经起动继电器触点到达起动机电磁开关两个线圈，接通了电磁开关控制回路，起动机正常工作。

② 在发动机发动后，即使驾驶员没有及时松开点火开关钥匙，起动机也会停止工作。其原理如下：发动机起动后，发电机开始发电，其中性点 N 建立一定电压，并对保护继电器绕组 L2 供电。其电流回路为：发电机中性点 N→组合继电器接线柱 N→保护继电器绕组 L1→搭铁→发电机负极。由于发电机中性点电压已较高，使保护继电器铁芯产生电磁吸力保护继电器触点 K2 打开，起动线圈的电流被切断，起动机继电器触点打开，起动机即自动停止工作。

若发动机在正常运转，由于误操作或其他原因，点火开关被旋至起动挡，因发电机中性点电压始终使保护继电器绕组通电，其触点一直打开，起动继电器绕组无电流通过，因此起动机不会工作，从而有效地防止了齿轮的撞击，对起动机起到保护作用。

3.4　起动系统常见故障检查与排除

起动系统常见的故障主要有起动机不转、起动机运转无力、起动机空转、起动异响等故障。当起动系统出现故障时，故障的原因有设备故障和线路故障。设备故障即蓄电池、起动机、起动继电器、起动开关等起动机的组成部件损坏；线路故障即起动连接线路的断路、接触不良、搭铁不良等故障。在诊断故障时，要根据控制电路的不同情况来具体分析。下面以带起动继电器的控制电路为例来说明起动系统故障的诊断与排除方法。

1. 起动机不转的故障检测与排除

① 故障现象：起动开关旋至起动挡时，起动机不转。

② 故障原因：

a. 线路故障：导线断路、接触不良、搭铁不良或连接错误。

b. 设备故障：

- 蓄电池亏电或内部损坏。
- 点火开关或起动继电器有故障。
- 起动机控制装置故障：电磁开关触点烧蚀引起接触不良；电磁开关线圈断路、搭铁和短路。
- 起动机内部故障：电枢轴弯曲或轴承过紧；换向器脏污或烧坏；电刷磨损过短、弹簧过软、电刷在架内卡住与换向器不能接触；电枢绕组或励磁绕组短路、断路或搭铁。

③ 故障诊断与排除：

起动机不转的故障诊断流程如图3－42所示。

④ 故障部件检修包括起动机的整机测试和继电器检测。

第一步，起动机的整机测试。

电磁开关测试操作如下：

a. 先把励磁线圈的引线断开，按照图3－43(a)所示的方法连接蓄电池与电磁起动开关。驱动齿轮应能伸出，否则表明吸引线圈有故障。

b. 在驱动齿轮移出之后从接线柱C上拆下导线，如图3－43(b)所示。驱动齿轮仍能保留在伸出位置，否则表明保持线圈损坏或搭铁不正常。

c. 拆下蓄电池负极接外壳的接线夹后，驱动齿轮能迅速返回原始位置，说明驱动齿轮回位正常。

空载测试操作如下：

a. 固定起动机。

b. 按照图3－44所示的方法连接导线。

c. 检查起动机应平稳运转，同时驱动齿轮应移出。

d. 读取安培表的数值，应符合标准值。

e. 断开接线柱50后，起动机应立即停止转动，同时驱动齿轮缩回。

第二步，继电器检测。

起动继电器的检测包括起动继电器线圈阻值的静态检测和触点闭合的动态检测。起动继电器工作情况的检测如图3－45所示。

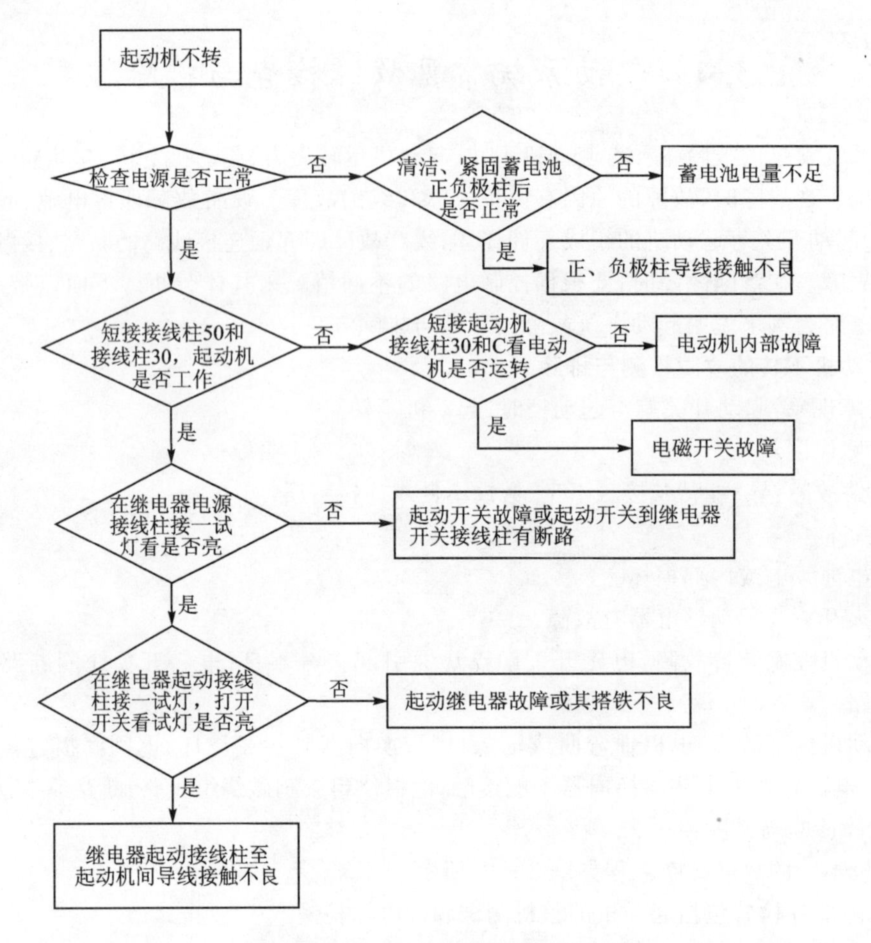

图 3-42　起动机不转的故障诊断流程

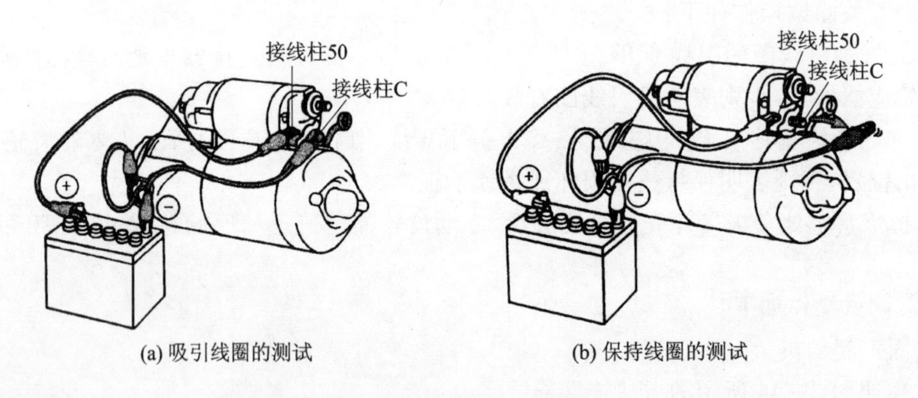

(a) 吸引线圈的测试　　(b) 保持线圈的测试

图 3-43　电磁开关测试

2. 起动机起动无力的故障检测与排除

① 故障现象：接通起动开关，起动机的驱动齿轮已经和飞轮啮合，但起动机转动缓慢或不能连续运转而不能起动发动机。

② 故障原因：起动机起动无力一般是由于电路中存在的潜在故障引起的，这些潜在故障引起额外的压降，使起动电流减小。

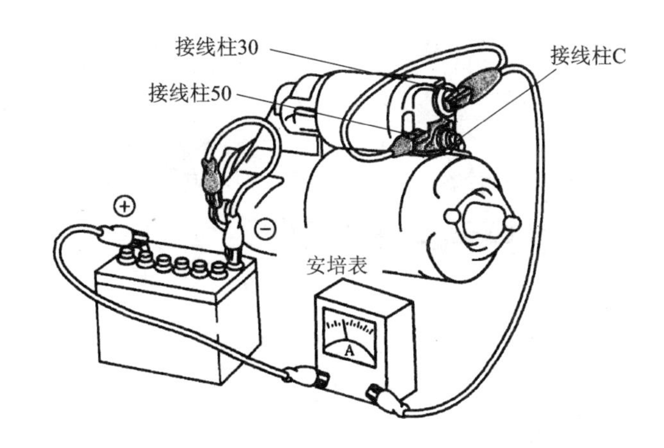

图3-44　起动机的空载测试

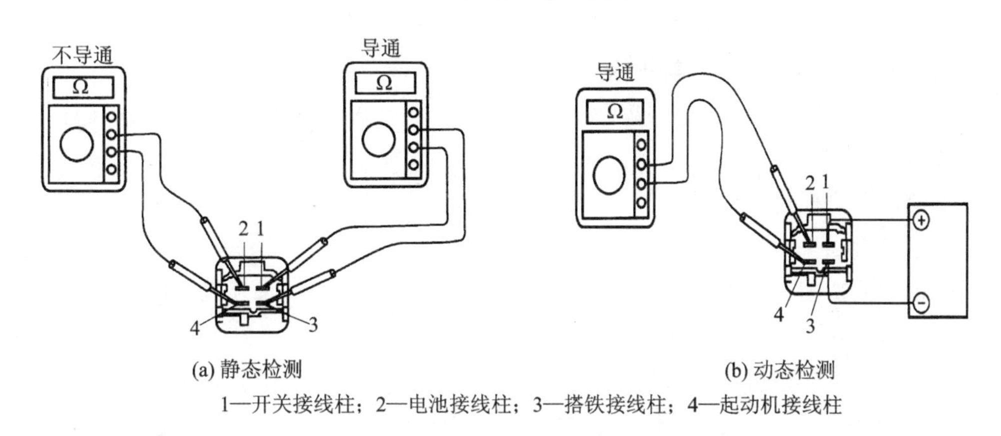

(a) 静态检测　　(b) 动态检测

1—开关接线柱；2—电池接线柱；3—搭铁接线柱；4—起动机接线柱

图3-45　起动继电器检测

a. 蓄电池和导线故障：蓄电池存电不足或起动机电路接头松动、脏污、接触不良引起。

b. 起动机故障：电枢绕组或励磁绕组局部短路，使起动机功率下降；电枢轴弯曲轴承间隙过大导致转子与定子擦碰；电刷磨损过多，弹簧过软，使电刷与换向器接触不良；换向器表面烧蚀、脏污；电磁开关主触点、接触盘烧蚀；电磁开关线圈局部短路；起动机轴承过紧，转动阻力过大。

③ 故障诊断与排除：

对于起动机起动无力的故障，可以通过测量起动电路电压降的方法确定故障的部位。起动电路压降的一般规律是：起动时，每根起动电缆线的压降不大于0.2 V，每个连接点的压降不大于0.1 V，电磁开关内接触盘的压降不大于0.3 V，起动机的工作电压不小于9 V，蓄电池的端电压不小于9.6 V，蓄电池负极接线柱到发动机缸体之间的电压不大于0.4 V，如图3-46所示。

在检测过程中，若已确定蓄电池的技术状态完好以及电缆线与极桩的连接完好，则当蓄电池的端电压大于9.6 V时，就可初步确定起动无力的故障部位在起动机；可再测量电磁开关两个主接线柱的压降，若大于0.3 V，则说明故障部位在电磁开关；若起动机的工作电压大于9 V，说明故障部位在电动机。

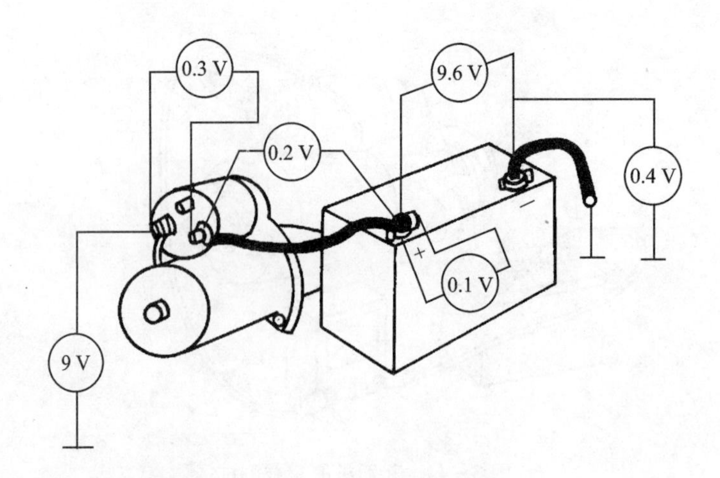

图 3－46　起动机工作时的电路压降测试

3. 起动机空转的故障检测与排除

① 故障现象：接通起动开关，起动机只是空转，不能啮入飞轮齿圈带动发动机运转。

② 故障原因主要有以下三方面：

a. 飞轮齿圈磨损过度或损坏。

b. 单向离合器失效打滑。

c. 电磁开关铁芯行程太短，驱动齿轮与飞轮齿圈不能啮合，拨叉连接处脱开。

③ 故障诊断与排除：

a. 检查起动机的接触盘的行程。若行程过小，则会使起动机提前转动，不能使飞轮齿圈啮合，而出现打齿现象。

b. 检查单向离合器是否打滑。

4. 起动异响的故障检测与排除

① 故障现象：接通起动开关，可听到“嘎、嘎”的齿轮撞击声。

② 故障原因主要有以下四方面：

a. 起动机齿轮或飞轮齿圈牙齿损坏。

b. 电磁开关行程调整不当，使起动机驱动齿轮未啮入飞轮齿圈之前，起动机主电路过早接通。

c. 起动机固定螺钉松动或离合器壳松动。

d. 电磁开关内部线路接触不良。

③ 故障诊断与排除：

a. 检查起动机固定螺钉有无松动或离合器外壳有无松动。

b. 检查啮合的齿轮副是否磨损过量，如飞轮齿圈损伤轻微的可将飞轮齿圈翻转过来，重新使用，损伤严重的则须更换。

c. 检查起动机控制开关主电路是否接通过早。

d. 检查电磁开关保持线圈是否短路、断路或接触不良。

3.5　起动系统设备的使用与维护

1. 起动机使用注意事项

① 起动前应将变速器挂上空挡，起动同时踩下离合器踏板。

② 每次接通起动机的时间不得超过 5 s，两次起动之间应间隔 15 s 以上。

③ 发动机起动后应立刻松开点火开关，切断 ST 挡，使起动机停止工作。

④ 经过三次起动，发动机仍没有起动着火，应停止起动并进行简单检查，否则蓄电池的容量将严重下降，发动机起动变得更加困难。

⑤ 在低温下起动发动机时，应先预热发动机后再起动。

⑥ 使用不具备自动保护功能的起动机时，应在发动机起动后迅速断开起动开关。在发动机正常运转时，切勿随便将起动开关拨至 ST 挡。

⑦ 应尽可能使蓄电池处于电量充足的状态，保证起动机正常工作时的电压和容量，缩短起动机重复工作时间。

⑧ 定期对起动机进行保养注油，清理电刷架上的铜粉污垢。

2. 起动机维修注意事项

① 在车上进行起动检测之前，一定要将变速器挂上空挡，并实施驻车制动。

② 在拆卸起动机之前，应先拆下蓄电池的搭铁电缆线。

③ 若起动机和法兰盘之间使用了多块薄垫片，在装配时应按原样装回。

第 4 章　汽油发动机点火系统

学习目标

- 能描述点火系统的作用与结构；
- 能描述点火系统的工作过程；
- 能认知点火系统的组成部件；
- 会诊断和排除点火系统的简单故障；
- 会进行点火系统的使用与维护。

4.1　概　述

农业机械中有一部分动力源采用的是汽油发动机，而汽油发动机混合气的着火方式是点燃式，所以在汽油发动机上设有点火系统。点火系统是汽油发动机的重要组成部分之一，它对发动机的动力性、经济性、起动性能和排放等均有一定的影响。

4.1.1　点火系统的作用与组成

1. 点火系统的作用

点火系统的作用是通过一整套电气设备和机件相互配合，将蓄电池或发电机的低压电转变为高压电，按照发动机的工作顺序和点火时间的要求，适时、准确地将高压电分配给各缸火花塞，使火花塞跳火，产生电火花，从而点燃气缸内的可燃混合气。

2. 点火系统的分类

农业机械中的点火系统按电源的不同分为蓄电池点火系统和磁电机点火系统，按储能方式的不同可分为电感储能点火系统和电容储能点火系统。

电感储能点火系统的火花能量以磁场的形式储存在点火线圈中，电容储能点火系统的火花能量以电场的形式储存在专门的储能电容中。相对于电容储能点火系统来说，电感储能点火系统的应用更为广泛，故本章主要介绍电感储能点火系统。

3. 点火系统的组成

点火系统主要由电源（蓄电池或发电机）、点火开关、点火线圈、火花塞、信号发生器、点火器、高低压导线等部件组成。插秧机发动机点火系统电路示意图如图 4 - 1 所示。

(1) 电　源

电源通常为蓄电池或发电机，其作用是给点火系统提供低压直流电。起动时由蓄电池供电，正常工作时由发电机供电。

(2) 点火开关

点火开关控制点火系统低压电路的通断以及发动机起动、工作和熄火。

(3) 点火线圈

点火线圈将电源提供的低压电转变成能击穿火花塞间隙所需的高压电。

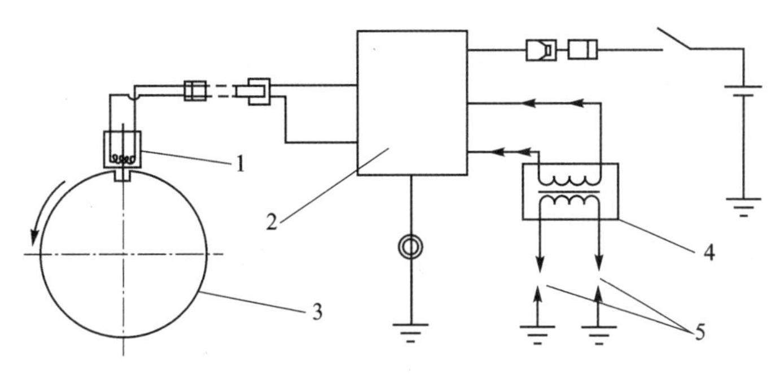

1—脉冲发生器；2—点火器；3—飞轮；4—点火线圈；5—火花塞

图 4－1　插秧机发动机点火系统电路

（4）信号发生器

信号发生器又叫点火信号传感器，其作用是产生对应气缸压缩终了的正时点火脉冲信号，输送给点火控制器。

（5）点火器

点火器又叫点火模块、点火控制器，其作用是接收信号发生器的信号，通过控制其内部的功率三极管的导通和截止，从而控制点火线圈低压电路的通断，完成高压电的控制。

（6）火花塞

火花塞将高压电引入气缸燃烧室，产生电火花点燃可燃混合气。

（7）高低压导线

高低压导线连接点火系统各高低压组成部件间的电路。

4.1.2　点火系统的基本工作原理

在点火系统中，一般将点火线圈的初级绕组所在的闭合电路称为初级电路，也叫低压电路；将点火线圈的次级绕组所在的闭合电路称为次级电路，也叫高压电路；流经初级绕组的电流称为初级电流。如图 4－1 所示，当点火开关关闭时，初级电流的流向为：蓄电池→点火开关→点火器→点火线圈初级绕组→点火器内功率三极管→搭铁→蓄电池负极。

初级绕组的通断由点火器内部的功率三极管的导通与截止来决定。当飞轮转动时，信号发生器产生了对应气缸压缩终了的正时点火脉冲信号。此脉冲信号经点火器放大信号、整流滤波后，控制串联在点火线圈初级回路的功率三极管的导通和截止。

三极管导通时，点火线圈初级电流形成回路，点火线圈储存一定的磁场能；在三极管由导通转变为截止的瞬间，点火线圈初级电流的骤然消失使得次级绕组感应高电压击穿火花塞间隙，产生电火花，点燃可燃混合气。

4.1.3　点火系统的要求

为保证在不同使用条件下均能可靠地点燃混合气，对点火系统的要求如下。

1. 能产生足够高的击穿电压

能够击穿火花塞电极间隙并产生电火花的电压称为击穿电压。可燃混合气在气缸内压缩时，火花很难穿过空气层，因此必须有足够高的击穿电压，才能使火花塞产生电火花。

影响击穿电压大小的因素很多，其中主要有以下四个方面。

(1) 火花塞电极间隙的大小和形状

火花塞电极间隙越大,气体中的电子和离子距离越大,受电场力的作用也就越小,故不易发生碰撞电离,因此需要较高的电压才能击穿跳火;火花塞电极的尖端棱角越分明,所需的击穿电压越低。火花塞击穿电压与火花塞间隙大小的关系如图 4-2 所示。

(2)气缸内混合气的压力和温度

击穿电压与混合气的压力、温度之间不存在直接关系,而是与混合气的密度有关。压力和温度的改变将直接影响到混合气的密度。混合气密度越大,单位体积中的气体分子数量越多,离子自由运动的距离越短,不易发生碰撞电离过程。需提高加在电极上的电压,增大作用在离子上的电场力,使离子加速才能发生碰撞电离使火花塞间隙击穿。因此,混合气的密度越大,击穿电压就要越高。

混合气的压力增大或混合气的温度降低时,混合气的密度会相应变大,火花塞击穿电压需越高;反之,火花塞击穿电压需越低。火花塞击穿电压与混合气压力的关系如图 4-3 所示。

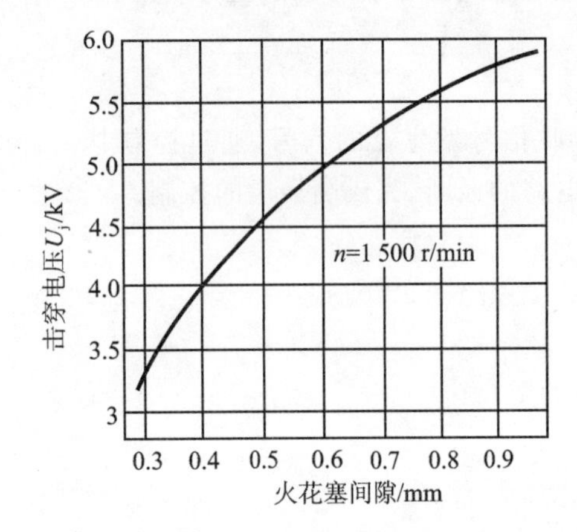

图 4-2 击穿电压与火花塞间隙的关系

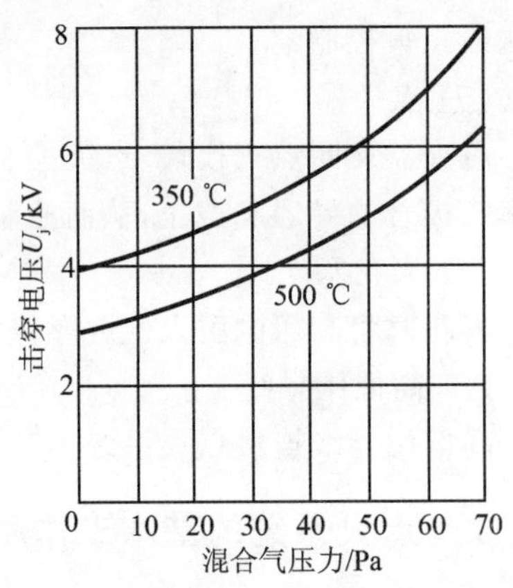

图 4-3 击穿电压与气缸内混合气的压力与温度的关系

(3)电极的温度和极性

当火花塞的电极温度超过混合气的温度时,火花塞电极的温度越高,包围在电极周围的气体密度越小,容易发生碰撞电离,所需击穿电压越低,会降低 30%~50%;当受热电极(中心电极)为负极时,火花塞的击穿电压会降低 20%左右。

火花塞击穿电压与火花塞电极温度和电极间隙的关系如图 4-4 所示。

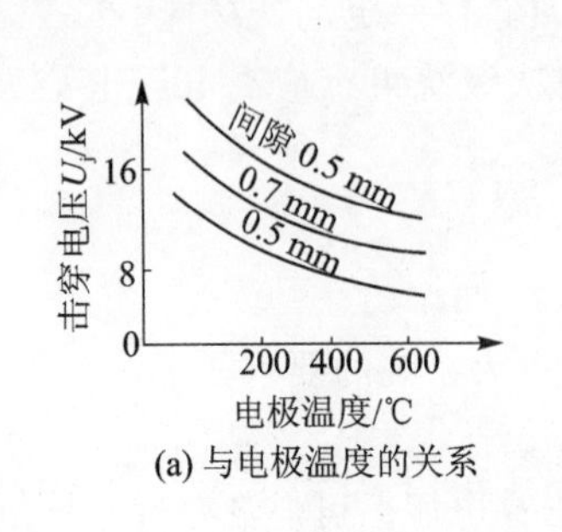

(a) 与电极温度的关系

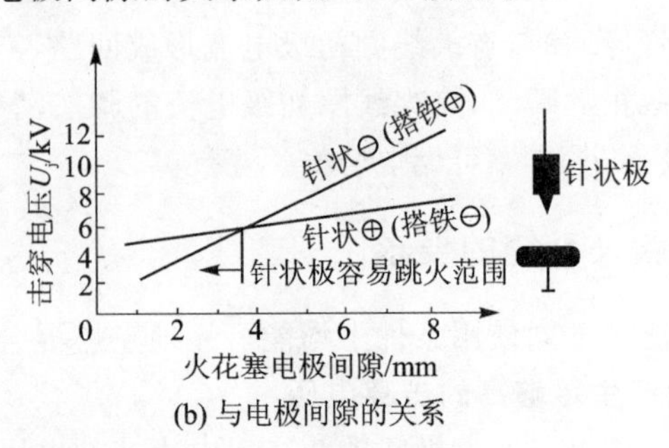

(b) 与电极间隙的关系

图 4-4 击穿电压与火花塞电极温度和电极间隙的关系

(4) 发动机的工况

发动机在不同工况时，火花塞的击穿电压将随发动机的转速、负荷、压缩比、点火提前角以及混合气浓度的变化而变化。

发动机刚起动时，由于气缸壁、活塞及火花塞的电极都处于冷态，吸入的混合气温度低、雾化效果差，故所需的火花塞击穿电压最高；发动机高速工作时，气缸内的温度升高，使气缸的充气量减小，致使气缸中压力减小，火花塞的击穿电压随转速升高而降低；加速时，大量冷的混合气被突然吸入气缸内，此时需要较高的火花塞击穿电压；发动机混合气浓度过小和过大时，火花塞击穿电压都会升高。火花塞击穿电压与发动机工作状态的关系如图 4-5 所示。

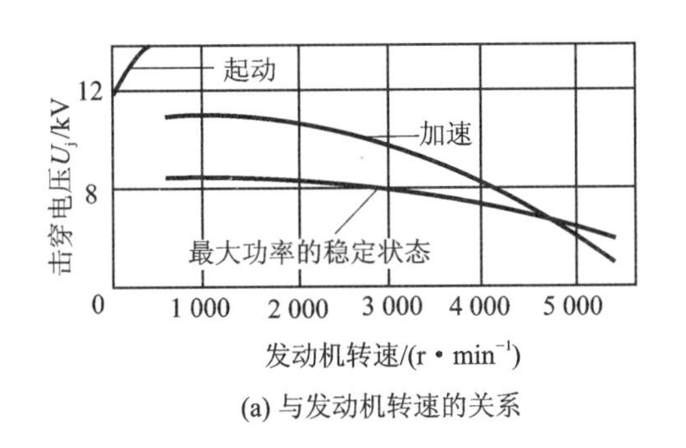

(a) 与发动机转速的关系

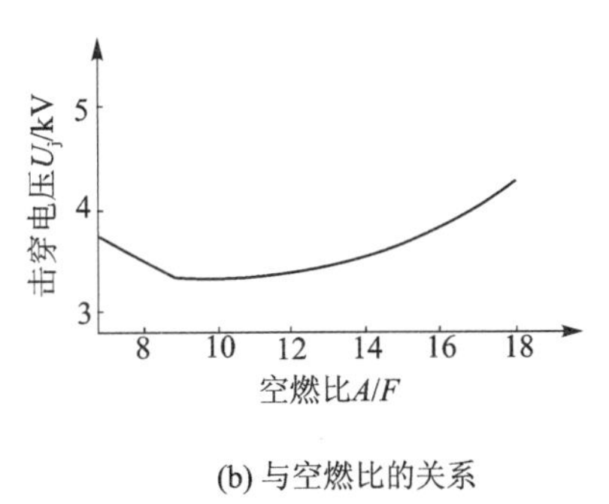

(b) 与空燃比的关系

图 4-5　击穿电压与发动机工作状态的关系

2. 火花塞产生的电火花应具有足够的能量

要使混合气可靠点燃，火花塞产生的电火花必须具有一定的能量。发动机正常工作时，由于混合气压缩终了的温度接近其自燃温度，故所需的点火能量很小，仅需要 3～5 mJ 的火花能量。但在混合气浓度过大或过小时，发动机起动、怠速及急加速时，需要较高的点火能量。

发动机在起动时，由于混合气雾化不良、废气稀释严重及电极温度低，故所需点火能量最高。另外，随着对发动机经济性及排放要求的提高，也需要有更高的火花能量。因此，为了保证可靠点火，高能电子点火系统一般应具有 80～100 mJ 的火花能量，起动时应能产生大于 100 mJ 的火花能量。

3. 点火时间应适应发动机的工作情况

除上述两个条件外，点火时刻对发动机工作性能的影响较大。发动机点火系统应按发动机的工作顺序进行点火。一般来说，六缸发动机的点火次序为 1→5→3→6→2→4，四缸发动机为 1→3→4→2。其次，对于每一个气缸而言，必须是在最有利的时刻点火，不应在压缩行程的上止点处点火，而应适当提前，使活塞到达上止点时，混合气已得到充分燃烧，使发动机产生的功率最大，油耗最小，排放污染最小。

点火时刻是用点火提前角来表示的。所谓点火提前角，是指从发出电火花开始至活塞到达上止点为止的一段时间内曲轴所转过的角度。

(1) 点火提前角过大、过小的危害

点火提前角的大小对发动机性能的影响很大。从火花塞点火到气缸内大部分可燃混合气燃烧直至产生很大的爆发力需要一定的时间，虽然曲轴转速很高，时间很短，但在这段时间内，曲轴转过的角度较大。若在压缩上止点点火，则在混合气燃烧的同时活塞下移而使气缸容积增大，导致燃烧压力降低，发动机功率也随之减小。因此要在接近压缩上止点前的一个角度点火，其燃烧质量及发动机输出功率最佳。

如果点火提前角过小，点火过晚，当活塞到达压缩上止点时才点火，则混合气的燃烧主要在活塞下行过程中完成，即燃烧过程在容积增大的过程中进行，使燃烧的气体与气缸壁的接触面积增加，一部分热量被冷却液带走，从而使转变为有效功的热量相对减小，气缸内最高燃烧压力降低，导致发动机过热，功率下降。

如果点火提前角过大，点火过早，则混合气的燃烧过程完全在压缩行程中进行，气缸内的燃烧压力急剧升高，在活塞到达压缩上止点之前压力即达到最大，从而使活塞受到反冲，发动机做负功，不仅使发动机的功率降低，有可能引起爆燃和运转不平稳的现象，而且会造成运动部件和轴承加速损坏。

实践证明：若点火时间适当，则燃烧最大压力出现在压缩上止点后10°～15°时，发动机的输出功率最大，此时所对应的点火提前角即可称为最佳点火提前角。

(2) 点火提前角的影响因素

影响最佳点火提前角的因素很多，最主要的因素是发动机的转速和负荷。

当发动机转速一定时，随着负荷的加大，节气门开度也随之加大，进入气缸的可燃混合气增多，压缩终了时的混合气温度和压力增高，同时上一循环残余废气在缸内混合气中所占比例减小，因而混合气燃烧速度加快，这时点火提前角应适当减小。反之，发动机负荷减小时，点火提前角则应适当加大。点火提前角与发动机负荷的关系如图4－6所示。

当发动机节气门开度一定时，随着转速的增高，燃烧过程所占曲轴转角也随之增大，此时应适当增大点火提前角，否则燃烧会延续到膨胀过程中去，造成功率和经济性下降。因此，点火提前角应随转速增高而适当增大，如图4－7所示。

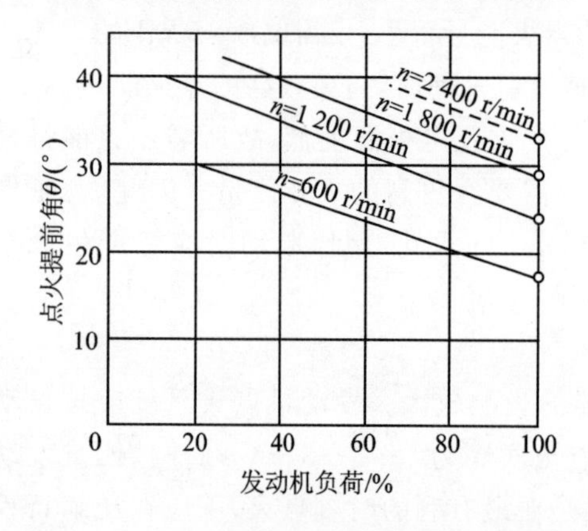

图4－6　点火提前角与发动机负荷的关系

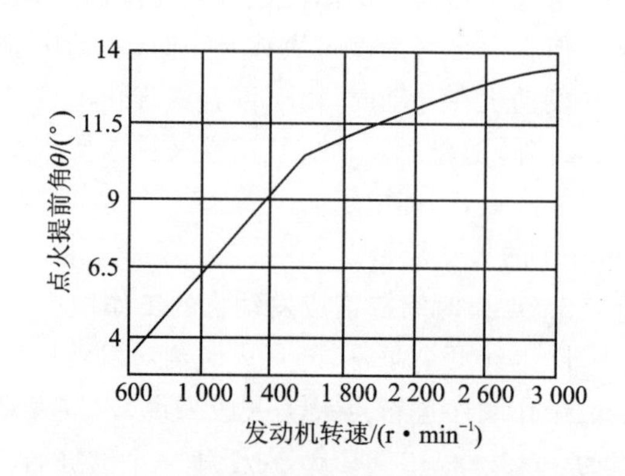

图4－7　点火提前角与发动机转速的关系

此外，影响点火提前角的因素还有汽油的抗爆性、混合气的浓度、发动机压缩比、发动机水温、进气压力及进气温度等。

4.2　点火系统的组成部件与检测

4.2.1　点火线圈

点火线圈是一个自耦变压器，能将电源提供的低压电转变成能击穿火花塞电极间隙的高压电。

1. 点火线圈的结构

点火线圈是利用电磁感应原理制成的。点火线圈一般由初级绕组(一次绕组)、次级绕组(二次绕组)以及铁芯等组成。初级绕组用较粗的漆包线,通常用 0.5～1 mm 的漆包线绕 200～500匝;次级绕组用较细的漆包线,通常用 0.1 mm 左右的漆包线绕 15 000～25 000 匝。

初级绕组一端通过点火开关与低压电源正极连接,另一端与点火器连接。次级绕组一端与初级绕组连接,另一端与高压线输出端连接输出高压电。点火线圈按照磁路不同分为开磁式及闭磁式两种。图 4-8 所示为开磁式点火线圈的结构。

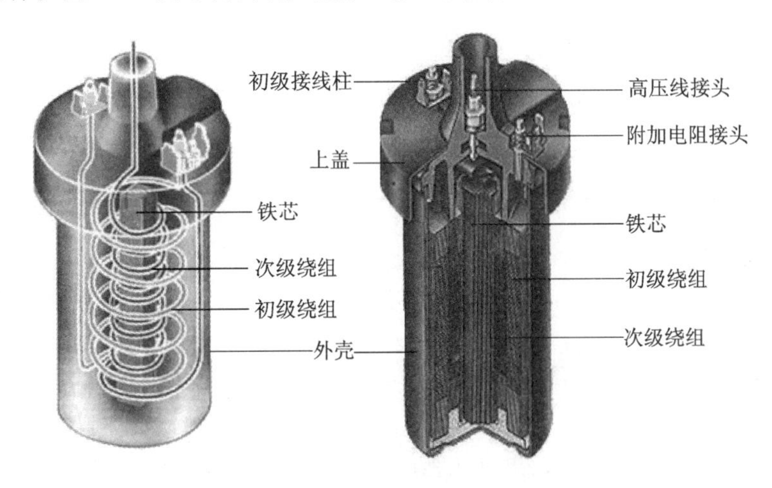

图 4-8　开磁式点火线圈的结构

2. 点火线圈的工作原理

当初级绕组接通电源时,随着初级电路中电流的增长,周围产生很强的磁场,铁芯用于储存磁场能;当开关装置使初级绕组电路迅速断开时,初级绕组的磁场随之迅速衰减,次级绕组就会感应出很高的电压。初级绕组的断开速度越快,两个线圈的匝比越大,则次级绕组感应出来的电压越高。点火线圈的工作原理如图 4-9 所示。

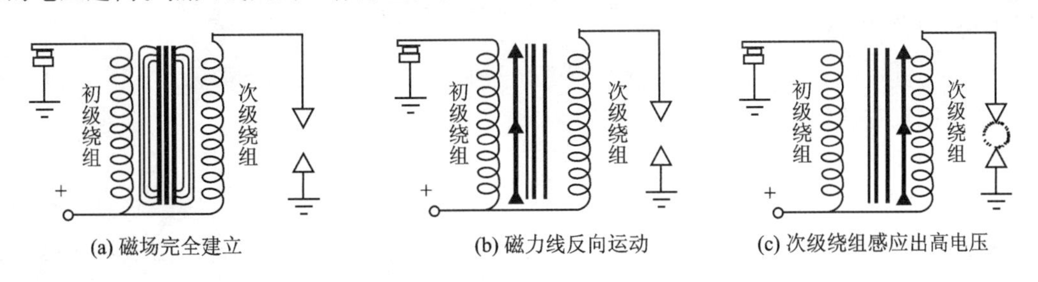

图 4-9　点火线圈的工作原理

3. 点火线圈的型号

根据 QC/T 73—1993《汽车电气设备产品型号编制方法》的规定,点火线圈的型号由以下 5 部分组成:

1	2	3	4	5

1——产品代号，DQ 为点火线圈，DQG 为干式点火线圈，DQD 为电子点火系统用点火线圈。

2——电压等级代号，1 代表 12 V，2 代表 24 V，6 代表 6 V。

3——用途代号，如表 4－1 所列。

表 4－1 用途代号

代 号	用 途	代 号	用 途
1	单、双缸发动机	6	八缸以上的发动机
2	四、六缸发动机	7	无触点分电器
3	四、六缸发动机（带附加电阻）	8	高能
4	六、八缸发动机（带附加电阻）	9	其他（包括三、五、七缸）
5	六、八缸发动机		

4——设计序号。

5——变形代号。

4. 点火线圈的检测

在发动机点火系统中，点火线圈是损坏率较高的部件，其常见故障主要有线圈短路、断路、发热及跳火能力低等。在进行修理前，必须对点火线圈进行检测，包括外壳的清洁检查，高低压线圈是否短路、断路、搭铁以及发出火花强度是否符合要求等。

（1）目测法

目测点火线圈的外表，查看外壳的清洁及完好程度，检查有无裂损或绝缘物溢出以及各接线柱连接情况是否良好。检查高压线插座孔是否完好，必要时予以修复。

（2）比较法

发动机工作时，点火线圈是否有故障也可根据其温度来判断。如果发现发动机的工作状况不良，则应考虑点火线圈的技术状况是否良好，可用手抚摸点火线圈，微热为良好，若是感到烫手则说明此线圈已经损坏。

此外，还可将被怀疑已损坏的点火线圈放在其他点火系统完好的发动机上，进行高压跳火试验，通过比较鉴别好坏。

（3）火花判断法

用导线将点火线圈初级绕组的接线柱“－”与蓄电池的负极接线柱相连接，将点火线圈次级高压输出导线的端头与蓄电池负极柱间保持约 1 mm 的击穿间隙。然后，将点火线圈初级绕组的另一接线柱与蓄电池正极柱相划碰，高压输出导线与蓄电池负极柱间应有高压火花产生，否则表明点火线圈性能不良或损坏。

火花判断法原理示意图如图 4－10 所示。

（4）万用表法

用万用表电阻挡测量点火线圈的初级绕组、次级绕组以及附加电阻的电阻值，应符合技术标准，否则说明有故障，应予以更换。

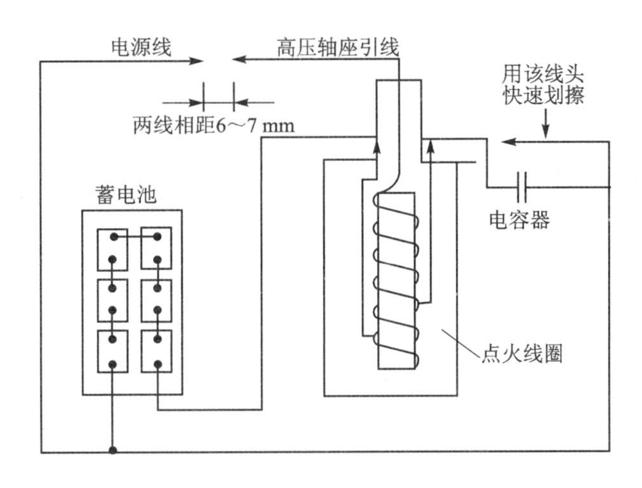

图 4-10　火花判断法原理示意图

4.2.2　火花塞

火花塞的功用是将点火线圈的脉冲高压电引入燃烧室，并在两个电极之间产生电火花，以点燃可燃混合气。

1. 火花塞的结构

火花塞主要由中心电极、侧电极、钢壳、绝缘体等组成，如图 4-11 所示。

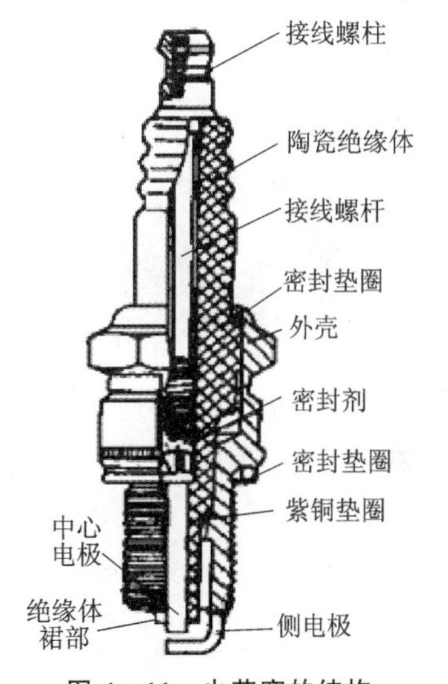

图 4-11　火花塞的结构

中心电极用镍铬合金制成，具有良好的耐高温、耐腐蚀性能，中心电极做成两段，中间加有导电玻璃。高压电经接线螺柱、接线螺杆引到中心电极，中心电极与螺杆之间的导电玻璃和瓷绝缘体的膨胀系数相近，故主要起到密封作用，防止气体泄漏；侧电极接在火花塞外壳上，通过火花塞的外壳进行壳体搭铁，陶瓷绝缘体固定于侧电极的螺纹和接线螺柱之间，有紫铜垫圈以及密封垫圈防止气体泄漏；火花塞外壳与气缸盖之间有密封垫圈防止气体泄漏。火花塞绝缘体紫铜垫圈以下的锥形部分被称为火花塞的绝缘体裙部，是吸热部分，所吸收的高温热量经紫铜垫圈传递给气缸盖。

火花塞的电极间隙一般为 0.7～0.9 mm。为适应发动机排气净化的要求，采用稀混合气燃烧，火花塞电极间隙有增大的趋势，增大的范围为 1.0～1.2 mm。

2. 火花塞的工作原理和热特性

(1) 火花塞的工作原理

随火花塞间隙电压的升高，电极间电场强度不断增大，当达到某一临界值时，电极间的间隙即形成放电通道而被击穿。在强电场的作用下，高速运动的电子及离子使放电通道形成炽热的气体发光体，即火花放电现象。这时，点火系统的其他部分则产生正时的高压电脉冲，形成电火花。

(2) 火花塞的热特性

火花塞的热特性是指火花塞裙部的温度特性。裙部温度对火花塞的工作有很大影响。当火花塞裙部温度保持在500～600 ℃时，落在绝缘体上的油滴能立即烧去，通常这个温度称为火花塞的自净温度。若裙部温度过低，粘上去的汽油或机油不能自行烧掉，容易形成积炭进而引起漏电，导致点火不良或不点火。若裙部温度过高则易产生炽热点火。

(3) 火花塞的检测

火花塞工作状况的好坏直接影响发动机的动力性、经济性和排放性。随时掌握火花塞的工作状况，可以更好地排除由火花塞引起的发动机故障。火花塞技术状况除用专用仪器进行密封点火试验以外，还可采取下述方法进行检测。

1) 就车试火检查法

旋下火花塞，放在气缸体上，使侧电极与缸体充分接触，进行高压试火。若火花微弱，则说明火花塞性能不良，两极间有漏电现象；若无火花，则说明火花塞两极间严重短路，无火花塞间隙；若火花不在火花塞中央，则说明火花塞积炭或油垢过多；若瓷体和缸盖之间跳火，则说明绝缘瓷体漏电。注意：使用此法应注意安全，防止引起火灾。

2) 外观检查法

拆下火花塞，查看火花塞绝缘体有无裂痕或破损，电极是否松脱、烧蚀，中心电极和瓷体内腔有无积炭、油垢等问题。

(4) 火花塞的常见故障

正常状态下，火花塞的绝缘体底部是灰白色和黄褐色的，电极的消耗比较少，如图 4-12 所示。

图 4-12 正常状态下的火花塞

在使用过程中火花塞会出现烧蚀或积炭等常见的故障，从而引起发动机工作不良甚至无法工作的现象。火花塞的常见故障如下：

1) 火花塞烧蚀

火花塞顶端起疤、破坏或电极熔化、烧蚀都表明火花塞已经毁坏，应立即更换。更换时应检查烧蚀的症状以及颜色的变化，以便分析故障原因。

① 电极熔化且绝缘体呈白色。若电极熔化、绝缘体被烤得很白，且附着着又黑又小的黑色物质，则表明燃烧室内温度过高，如图 4-13(a)所示。引起这种故障现象的原因有：燃烧室内积炭过多、排气门间隙过小等引起的排气门过热；火花塞没有按规定力矩拧紧；点火过早。

② 中心电极和侧电极烧坏。若中心电极和侧电极烧坏，且绝缘体底部呈颗粒状，附着一些金属颗粒，则说明是由于点火过早而造成温度过高，点火装置在点火之前即已燃烧造成的，如图 4-13(b)所示。

③ 绝缘体底部破损裂纹。这是由于过度异常燃烧造成的，如图 4-13(c)所示。

④ 安装螺纹部分破损。这是由于火花塞安装不正确造成的，如图 4-13(d)所示。

⑤ 点火尖端部分破损。若电极出现弯曲，绝缘体底部受损，电极上出现凹坑，则说明是由于火花塞的螺纹从发动机前面伸出过长或燃烧室内有异物（螺钉、螺母等）等原因造成的，如图 4-13(e)所示。

⑥ 绝缘体破损。多是由于拆装不正确（火花塞专用扳手的角度以及拧紧力矩不当）造成的，如图 4-13(f)所示。

⑦ 电极变圆且绝缘体结有疤痕。这是由于发动机早燃、点火时间过早或者汽油辛烷值低等原因造成的，如图 4－13(g)所示。

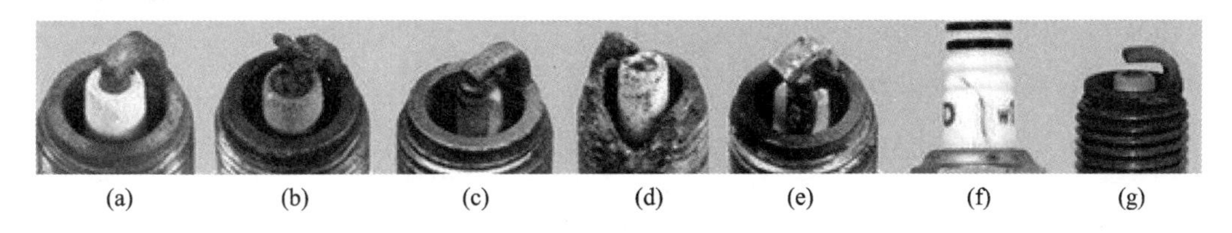
(a)　(b)　(c)　(d)　(e)　(f)　(g)

图 4－13　火花塞的各种严重烧蚀

2）火花塞有沉积物

火花塞绝缘体的顶端和电极间有时会粘有沉积物，严重时甚至会造成发动机不能工作，需及时清洁火花塞才可暂时得到补救，如图 4－14 所示。为保持良好的发动机性能，必须查明故障原因。

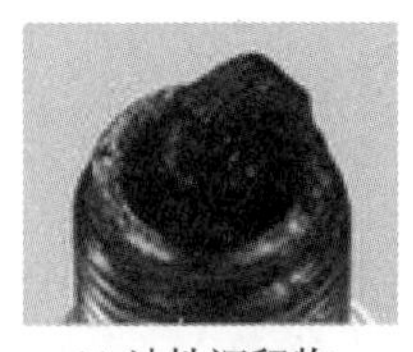
(a) 油性沉积物

(b) 黑色沉积物

(c) 黄色沉积物

图 4－14　火花塞有沉积物

① 油性沉积物——火花塞上有油性沉积物表明润滑油进入燃烧室内，可能是气缸窜油，应检查空气滤清器和通风装置是否堵塞。

② 黑色沉积物——火花塞电极和内部有黑色沉积物，是由于混合气浓度过大、燃烧不完全造成的，可以提高发动机运转速度，并持续几分钟，就可烧掉留在电极上的一层黑色煤烟层。

③ 黄色沉积物——若火花塞底部附着黄色或黄褐色的燃烧渣状沉积物，且表面有光泽，说明使用的汽油铅超标而造成了铅附着。

4.2.3　信号发生器

1. 信号发生器的结构

信号发生器又叫点火信号传感器，因其信号为脉冲波形，故又称为脉冲发生器。它的作用是产生与气缸数及曲轴位置相对应的电压信号，用来触发点火器，并按发动机各缸的点火需要及时通断点火线圈初级回路，使次级回路产生高压。信号发生器有不同的形式，常用的有磁感应式、霍尔式、光电式等几种。农业机械点火系统中常用的是磁感应式信号发生器。

磁感应式信号发生器由信号转子、永久磁铁、铁芯、传感线圈等组成，如图 4－15 所示。

2. 信号发生器的工作原理

下面以磁感应式信号发生器为例来进行说明，它是利用电磁感应原理制成的。当飞轮上的信号转子转动时，信号转子上的凸齿与铁芯的空气间隙发生变化，使通过传感线圈的磁通发生变化，因此传感线圈中便产生感应的交变电动势，该交变电动势作为点火信号以电压信号输入给点火器，以控制点火系统工作。其工作原理如图 4－16 所示。

当信号转子顺时针转动，信号转子的凸齿逐渐接近铁芯时，凸齿与铁芯之间的空气间隙越

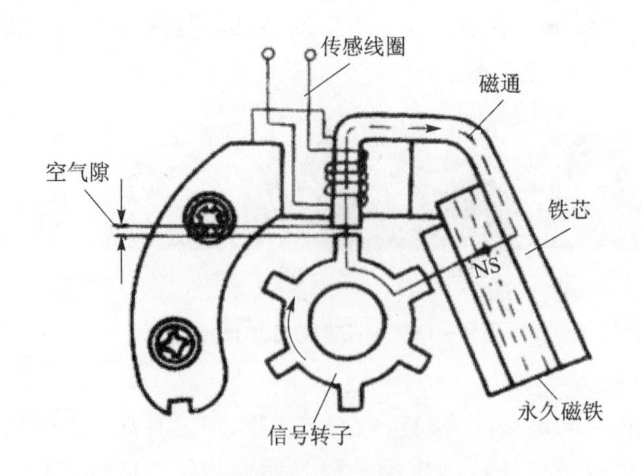

图 4-15　磁感应式点火信号发生器的结构

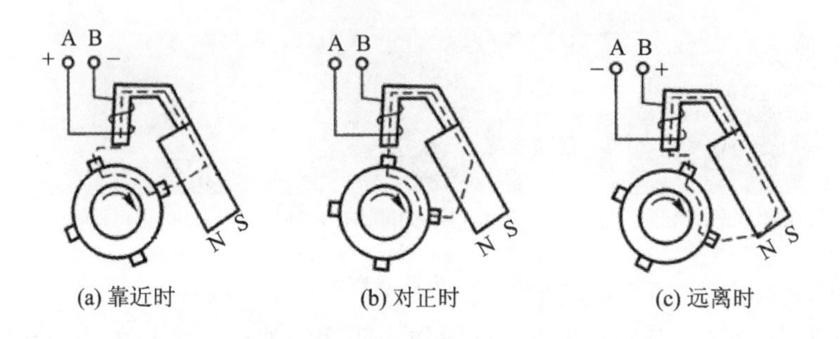

图 4-16　磁感应式信号发生器的工作原理

来越小，磁通量逐渐增大，此时感应线圈的磁通量和感应电动势的变化情况如图 4-17 所示。变化率逐渐增大而出现感应电动势。

当信号转子凸齿的齿角与铁芯边缘相接近时，磁通量急剧增加，磁通变化率最大，感应电动势为最大，在图 4-17 中的 *B* 位置；

当信号转子凸齿正对铁芯时，两者间的空气间隙最小，磁通量最大，但磁通变化率最小，感应电动势为 0，在图 4-17 中的 *C* 位置。

转子继续转动，空气间隙又逐渐变大，磁通量变小，当信号转子凸齿的齿角逐渐离开铁芯的边缘时，磁通量急剧减小，磁通变化率负向最大，感应电动势达负向最大值，在图 4-17 中的 *D* 位置。

3. 信号发生器的检测

(1) 检测信号发生器的间隙

转子凸齿与磁头间的空气间隙直接影响磁路磁阻的大小和传感线圈输出电压的高低，因此在使用中，转子凸齿与磁头间的空气间隙不能随意变动。空气间隙如有变化，则必须调整至规定范围内。信号转子与传感线圈铁芯之间的空气间隙范围一般为 0.2～0.4 mm。

(2) 检测信号发生器的感应线圈

用万用表放在电阻挡测量信号发生器的感应线圈的电阻值，应符合标准，其阻值应为(800±400) Ω。阻值为无穷大说明线圈断路，阻值过小说明线圈短路。无论断路还是短路，都应更换新件。

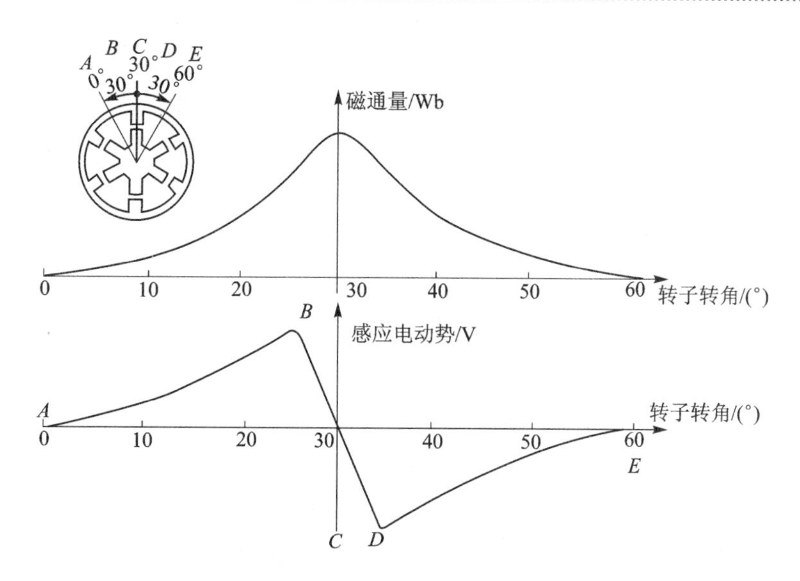

图 4-17　感应线圈的磁通量及感应电动势的变化情况

(3) 检测信号发生器技术状态

检测前,将点火高压线拆下,可靠搭铁,万用表放在交流电压挡进行检查。将万用表的两支表笔分别连接信号线圈两端引线,然后启动发动机,此时由于点火高压线被拆下,无法点火,但信号发生器的转子部分被带动转动,观察万用表读数,指示有 2 V 左右的电压则说明信号发生器良好,若万用表读数为 0 则说明信号发生器有故障,应予以修理。

4.2.4　点火器

点火器又称点火控制器、点火模块,其作用是接收信号发生器的电压信号,通过控制其内部功率三极管的导通和截止,从而实现控制点火线圈中低压电路电流的通断,最终完成点火工作。农业机械点火系统一般采用电子点火器。

1. 点火器的结构

点火器主要包括脉冲整形放大器(脉冲整形放大器)、晶体三极管、晶体二极管及电容等电路元件。电子点火器的基本结构如图 4-18 所示。

2. 点火器的工作原理

电子点火器通常都由以下四部分组成:脉冲整形电路、点火线圈初级电路通电时间控制电路、稳压电路和大功率输出电路。

(1) 脉冲整形电路

由于点火信号发生器输出的为交流非正弦脉冲信号,此信号输入晶体管点火器后,必须进行整形,将交流非正弦脉冲信号变为矩形波信号输出,从而形成数字脉冲。矩形波的宽度取决于脉冲信号输出的持续时间,矩形波的高度(即脉冲整形级的输出电流值)取决于发动机的转速。

(2) 点火线圈初级电路通电时间控制电路

点火线圈初级电路通电时间控制是通过改变点火线圈初级绕组通电开始的时刻来改变其通电周期的。如果通电周期缩短,那么点火线圈次级绕组的输出电压就会降低。应用这种控

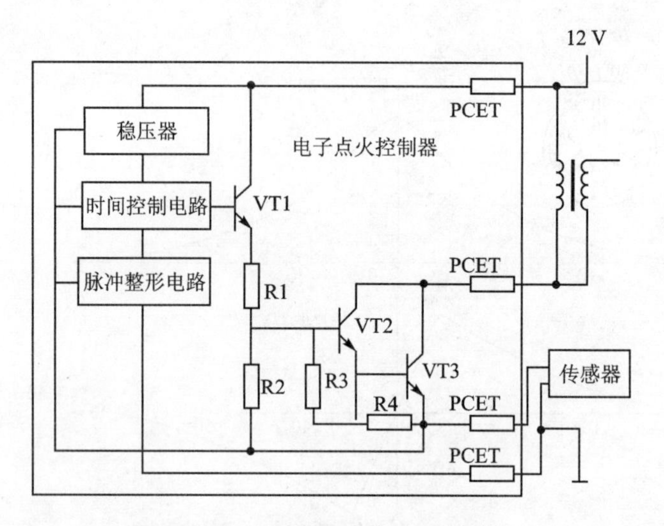

图 4-18　电子点火器的基本结构

制特性可以改变初级绕组的通电时间,以适应发动机转速变化的需要。

(3) 稳压电路

由于发动机充电输出和电能消耗的变化引起供给电子点火器的电压改变,致使点火时间控制得不准确,故设置一个稳压电路,以保证电压的稳定。

(4) 大功率输出电路

点火线圈初级电流的控制通常是由晶体管点火器中的输出级来完成的。此输出级是由大功率晶体管或复合晶体管组成的。输出级的输入信号来自初级电路通电时间控制级,此信号控制大功率晶体管或复合管的导通与截止,而大功率晶体管又控制点火线圈初级电路的通断,起着开关的作用。同时,三极管不仅能实现开关的功能,而且由于晶体管本身具有放大功能,它还能以大功率输出,可增大初级电路的断开电流,以提高次级电路的输出电压。

3. 点火器的检测

(1) 一般检测

一般检测的内容包括外观检查、输入端电阻测量及初级电流测量等。

① 外观检查——将点火器从分电器(或点火线圈)上拆下后,松开连接线或插接器,仔细检查各引出端导线是否良好。

② 点火器输入端子电阻的测量——由信号发生器接入点火器是通过两个端子,这两端子间的阻值应在规定范围内,即应为(800±400) Ω。若阻值过大,则应检查插接器的各焊点是否良好,其屏蔽线有无断路。若阻值偏小,则应检查电路的各个部分,看是否有搭铁、元件击穿等造成的短路。

③ 初级电流的测量——用万用表测量初级绕组工作时的电流,万用表指针应在 0～8 A 范围内摆动,若在 0 位不动则说明有断路,若在 8 A 左右无摆动则为短路故障。

(2) 模拟信号检测

利用 1.5 V 的干电池来模拟点火信号发生器的点火信号,取高压线跳火或检查初级绕组"－"端电压,可检查点火器的好坏。具体操作如下:将干电池的正、负极分别接到点火器的两输入端上(如图 4-19 所示),接通点火开关,注意接通时间不超过 5 s,用万用表测量点火线圈接线柱与搭铁接线柱之间的电压值，应在 1～2 V 之间；拿下干电池或将电池立刻反接，接通时间同样不超过 5 s，点火线圈负极接柱电压应为 12 V 左右。在正反交换时，取高压线距缸体 3～5 mm跳火，应有火花跳火。若上述试验符合要求，则说明点火器正常，否则应予以更换。

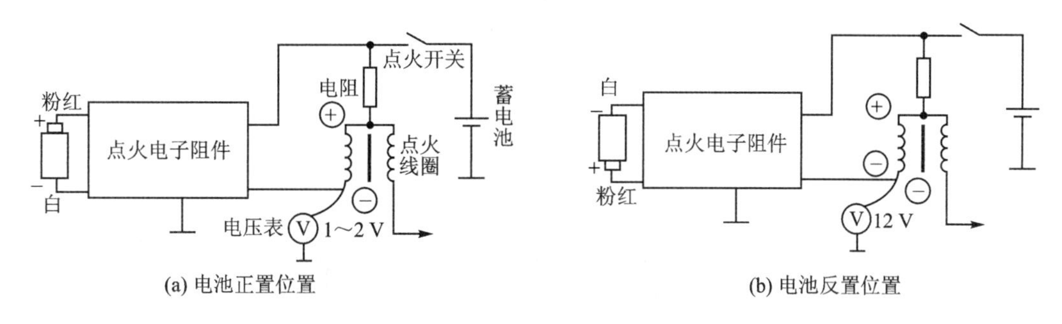

(a) 电池正置位置　　(b) 电池反置位置

图 4－19　模拟信号检测法

4.3　点火系统电路分析

1. 久保田 48C 插秧机点火系统电路分析

久保田 48C 插秧机点火系统采用磁电机点火系统是利用半导体开关特性的无触点点火装置。该系统由带永久磁铁的飞轮、晶体管磁铁装置（TCI）、火花塞以及停止开关构成，其电路如图 4－20 所示。

当开关接通时，飞轮随曲轴旋转，嵌入在飞轮中的永久磁铁的磁力线穿过晶体管磁铁装置，使晶体管磁铁装置周围的磁场发生变化，从而使晶体管磁铁装置（TCI）内部产生一次电流，并通过内部电子电路形成回路。

信号电路接收一次绕组的交变电压信号，根据信号的变化情况计算出点火时刻，使晶体管处于截止状态。点火线圈一次绕组侧所产生的电流被急速切断，从而在点火线圈二次绕组侧产生高电压，击穿火花塞间隙，产生高压火花，最终点燃可燃混合气。

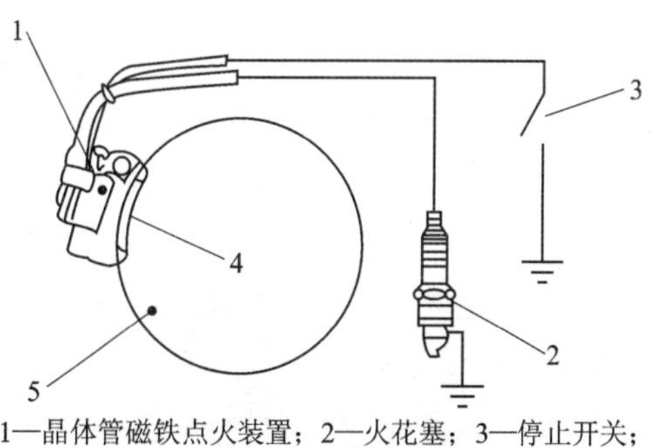

1—晶体管磁铁点火装置；2—火花塞；3—停止开关；4—永久磁铁；5—飞轮；6—熄火开关

图 4－20　久保田 48C 插秧机点火系统电路图

2. 久保田 68CM 插秧机点火系统电路分析

久保田 68CM 插秧机点火系统电路如图 4－21 所示。当开关处于 ON 位置时，电流流向为：蓄电池正极→慢熔熔丝→开关 4 号端子→开关 3 号端子→10 A 熔丝→点火线圈一次绕组→点火器中功率三极管→搭铁→蓄电池负极。

信号发生器根据飞轮的位置变化，信号不断变化。点火器内部的功率三极管接收信号发生器发出的信号，找到压缩上止点前的点火位置，功率三极管截止，初级电路断路，点火线圈感应出高电压，火花塞点火。

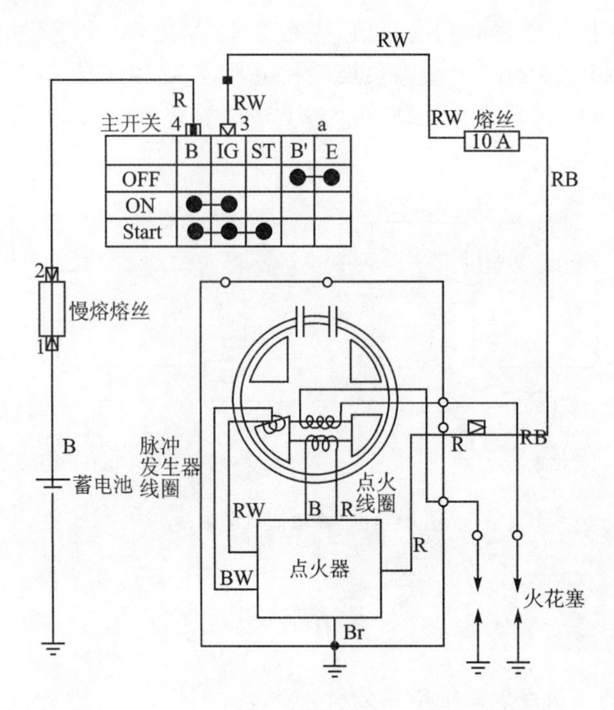

图 4-21 久保田 68CM 插秧机点火系统电路图

4.4 点火系统常见故障诊断

4.4.1 故障诊断方法

故障诊断方法很多，应根据不同车型、不同故障选择最适宜的诊断方法。

1. 目视法

目视法就是用仪表和直观感觉，根据故障现象找出故障原因，并迅速准确地排除故障。

2. 简单试验法

简单试验法就是利用试灯、导线等进行简单的测试，以确定故障部位，具体方法如下。

(1) 低压试灯法

将低压试灯并联或串联在电路中，根据试灯的工作情况判断故障发生的原因及部位。

(2) 换件比较法

用相同或相近的部件代替可能有故障的部件，若故障消失则说明原部件已损坏。

(3) 拆线比较法

将电器引线暂时拆除，与拆前结果比较，从而得出结论的方法。

(4) 高压跳火法

取高压线进行搭铁跳火来判断高压部件绝缘性能的好坏及高压电强弱的方法。跳火法只适合于传统的蓄电池点火系统。

(5) 搭铁试火法

用一根导线的一端连接用电设备的某一接线柱，另一端与搭铁部位试火。依次逐段试火，若某处试火无火花则说明该处有断路故障。

3. 仪器检测法

仪器检测法就是利用万用表、点火正时灯、故障诊断仪、解码仪或示波器等来确定故障部位,或通过相应的点火波形分析以确定故障部位的方法。由于该方法具有安全性和准确性高等优点,现在被广泛采用。

4.4.2　常见故障与分析

1. 常见故障

(1) 低压电路的常见故障

低压电路若发生断路或短路故障将导致无法产生高压,从而使发动机不能起动。

低压电路常见故障部位及原因有:蓄电池存电量不足;蓄电池搭铁不良;接线连接不良或错乱;点火开关损坏或接线不良;信号发生器损坏;点火器损坏或接线不良。

低压电路故障的诊断方法大多采用简单试验法逐段检查来排除故障点。

(2) 高压电路的常见故障

高压电路的常见故障现象有高压无火、高压弱火、点火不正时等,其常见故障部位及原因有:高压线路绝缘不良、漏电;高压线路接触不良;点火线圈内部短路、断路;火花塞脏污、积炭、油污、破裂及间隙调整不当等。

2. 故障分析

(1) 发动机不能起动

起动发动机时,若运转正常,经检查燃油供应、起动系统、电源系统都是好的,则故障可能在点火系统,可能的原因有:

① 低压线路断路、短路。

② 点火线圈初、次级绕组断路或短路。

③ 点火器、信号发生器损坏。

④ 高压总线折断。

⑤ 各高压分线或火花塞损坏。

⑥ 点火时间过早或过迟。

(2) 高压断火

发动机工作过程中有明显的抖动现象,排气管冒黑烟,并发出有节奏的“突、突”声,甚至放炮,动力下降,燃油消耗升高。故障原因有以下几种:

① 个别气缸火花塞积炭过多、电极间隙不当或绝缘体破裂。

② 高压分线脱落、漏电或电阻过大。

③ 点火线圈老化导致次级电压偏低。

④ 点火器内部接触不良。

4.5　点火系统设备的使用与维护

1. 火花塞的清洁

火花塞如果结污则有可能导致以下故障:点火正时延迟;燃烧室中有机油;火花塞间隙不

当;火花塞热值太高;发动机以过低的怠速运转;点火线圈或火花塞高压线老化等。因此,火花塞要保持清洁。

若火花塞上有积炭、积油等,可用汽油或煤油、丙酮溶剂浸泡,待积炭软化后,用非金属刷刷净电极上以及瓷芯与壳体空腔内的积炭,用压缩空气吹干。切不可用刀刮、砂纸打磨或蘸汽油烧,以防损坏电极和瓷质绝缘体。

火花塞的清洁还可采用火花塞清洗试验器(如图 4-22 所示)进行。

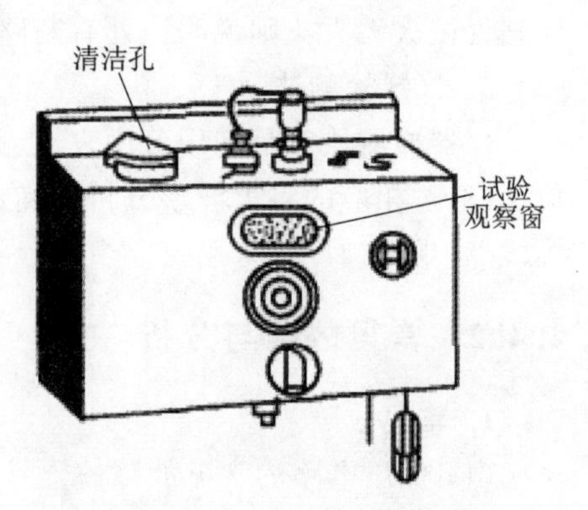

图 4-22 火花塞清洗试验器

2. 火花塞间隙的检查调整

(1) 间隙测量

为保证点火能量充足,而又不损坏绝缘体,火花塞的间隙必须符合规定,可用专用量规或厚薄规检查。

(2) 间隙调整

若间隙值不符合规定,则应用专用工具扳动侧电极来调整,切勿扳动或敲击中心电极。

注意:调整多极性火花塞间隙时,应尽可能使各侧电极与中心电极的间隙一致。各缸火花塞间隙应基本保持一致。

3. 火花塞拆装注意事项

① 拔下高压线接头时应轻柔,操作时不可用力摇晃火花塞绝缘体,否则会破坏火花塞密封性能。

② 待发动机冷却后方可拆卸。旋松所要拆卸的火花塞后,用一根细软管逐一吹净火花塞周围的污物,以防火花塞旋出后污物落入燃烧室内。

③ 螺钉周围、火花塞电极和密封垫必须保持清洁,干燥无油污,否则会引发漏电、漏气、火花减弱等故障。

④ 安装时,先用套筒将火花塞对准螺孔,用手轻轻拧入,拧到约为螺纹全长的 1/2 后,再用加力杠杆紧固。若拧动时手感不畅则应退出,检查是否对正螺口或螺纹中有无夹带杂质,切不可盲目加力紧固,以免损伤螺孔,殃及缸盖,特别是铝合金缸盖。

⑤ 应按要求力矩拧紧,过松会造成漏气,过紧会使密封垫失去弹性,同样也会造成漏气。锥座型火花塞由于不用密封垫,故遵守拧紧力矩尤为重要。

4. 火花塞的合理使用

在实际运行中除了正确选择合适的火花塞之外,还有一些措施可以有效控制各种积污,充分发挥火花塞的作用。比如:避免长时间低速、低负荷运行;避免超高速、超负荷运行;燃油要保持一定的纯净度。

只有有效地控制火花塞的各种积污的形成,延长火花塞的使用寿命,才能提高发动机的工作效率。

第 5 章　照明系统和信号系统

学习目标

- 能描述农业机械照明系统、信号系统电路的作用；
- 能描述照明系统、信号系统的工作过程；
- 能认知照明系统、信号系统的组成部件；
- 会诊断和排除照明系统、信号系统的简单故障。

5.1　照明系统

5.1.1　照明系统概述

农机照明系统主要用于夜间或能见度较低时（如雨天、雾天）的照明安全行驶，工作时照亮车的前后方、标示车体宽度、车内照明、仪表照明和夜间检修照明等。农机照明系统主要由电源、控制部分和照明部分组成，其中控制部分包括各种灯光开关、继电器等。照明系统分为外部照明、内部照明和工作照明三种类型。

外部照明系统包括前照灯、倒车灯、工作灯、卸粮灯、示宽灯、小灯、牌照灯等。内部照明系统包括仪表灯和顶灯等。工作照明系统用于夜间作业部位的照明。图 5 - 1 所示为清拖 750P 外部照明系统电路。

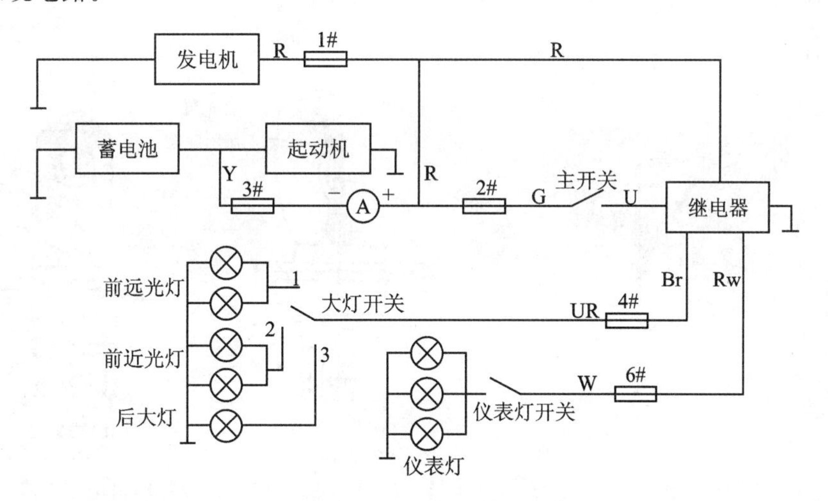

图 5 - 1　清拖 750P 外部照明系统电路

为保证农业机械在夜间及能见度低的情况下安全行驶，对照明设备有如下要求。

（1）行进时的道路照明

行进时的道路照明是农业机械夜间安全行车的必备条件。要求照明设备能提供车前

100 m以上的明亮均匀的道路照明。同时应具有防止眩目的系统，确保夜间相遇时，不使对方驾驶员因眩目而造成事故。随着乡村道路状况的改善以及农机车辆行驶速度的不断提高，要求道路照明的距离也在相应增加。

（2）倒车时的照明

倒车场地的照明让驾驶员在夜间倒车时能看清车后的情况。

（3）工作灯照明

工作灯照明让驾驶员在夜间工作时能看清农业机械工作场地，以防事故发生。

（4）车内照明

车内照明包括仪表照明、驾驶室照明、车厢和车门的照明等，这些都是现代农业机械夜间行车不可缺少的。

5.1.2 照明系统基本部件

1. 前照灯

（1）前照灯的结构

前照灯的光学系统由灯泡、反射镜、配光镜三部分组成，如图 5-2 所示。

1）灯　泡

农业机械前照灯灯泡由功率大的远光灯丝和功率较小的近光灯丝组成。前照灯用的灯泡有普通灯泡（白炽灯泡）和卤钨灯泡两种，如图 5-3 所示。这两种灯泡的灯丝均用熔点高、发光强的钨制成螺旋状，以缩小灯丝的尺寸，有利于光束的聚合。为了保证安装时使远光灯丝位于反射镜的焦点上，使近光灯丝位于焦点的上方，故将灯泡的插头制成插片式。插头的凸缘上有半圆形开口，与灯头上的半圆形凸起配合定位。三个插片插入灯头距离不等的三个插孔中，保证其可靠连接。这种插片式灯泡的优点是结构简单，拆装方便，接触性能可靠，且能与全封闭式前照灯通用，因此国内生产的前照灯灯泡多采用这种结构。

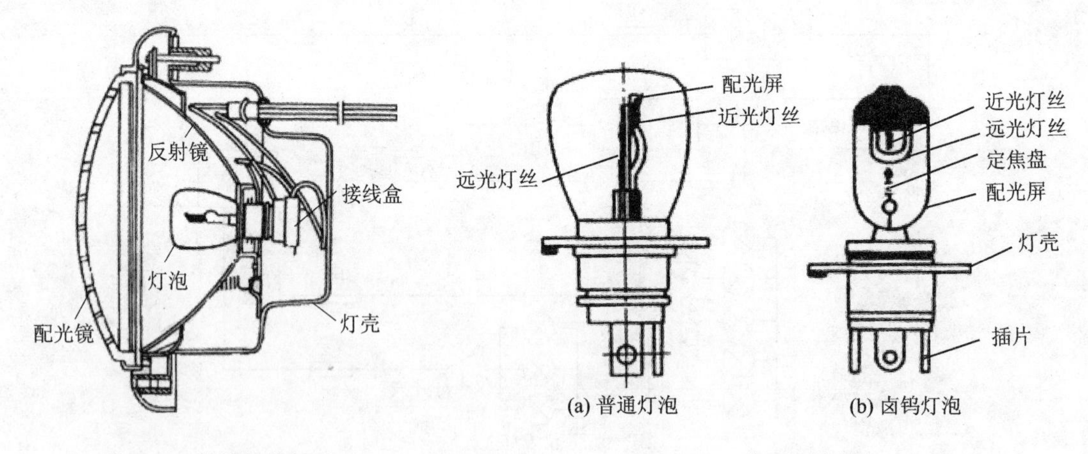

图 5-2　前照灯的组成　　**图 5-3　前照灯的灯泡**

● 普通灯泡

前照灯的灯泡是充气灯泡，即把玻璃泡内的空气抽出后，再充满惰性混合气体。一般充入的惰性气体为 96%的氩气和 4%的氮气。充入灯泡的惰性气体可以在灯丝受热时膨胀，增大压力，减少钨的蒸发，提高灯丝的温度和发光效率，节约电能，延长灯泡的使用寿命。虽然充气灯泡的周围充满了惰性气体，但是灯丝的钨仍然要蒸发使灯丝损耗，而蒸发出来的钨沉积在灯泡上使灯泡发黑。为避免这一现象的发生，国内外目前已普遍使用了新型的卤钨灯泡（即在灯泡内充的惰性气体中掺入某种卤族元素）来替代它。

● 卤钨灯泡

卤钨灯泡是在惰性气体中加入了一定量的卤族元素。卤族元素是指碘、溴、氯、氟等元素。现在灯泡使用的卤族元素一般为碘或溴，叫作碘钨灯泡或溴钨灯泡。

卤钨灯泡是利用卤钨再生循环反应的原理制成的。卤钨再生循环的基本反应过程如下：从灯丝蒸发出来的气态钨与卤族气体反应生成了一种挥发性的卤化钨，它扩散到灯丝附近的高温区又受热分解，使钨重新回到灯丝上，被释放出来的卤素继续扩散并参与下一次循环反应，如此周而复始地循环下去，从而防止了钨的蒸发和灯泡发黑现象的发生。

H1、H3、H7、HB3 和 HB4 卤钨灯泡只有一根灯丝，这类灯泡用于近光前照灯和雾灯。H4 卤钨灯泡是双丝灯泡，可以交替点亮，称为近光灯和远光灯。一只额定功率为 60 W/55 W 的 H4 卤钨灯泡，辐射光大致是 45 W/40 W 双丝灯泡的 2 倍，而且内表面不会生雾，在其寿命期内保持透明。充入的卤钨气体（碘和溴）可以使灯丝温度接近钨的熔点，相当于发光功率的高水平。靠近灯泡热表面的钨整齐地与周围的卤素相结合，形成一种半透明的气体（卤化钨），在 200～1 400 ℃的温度范围内保持稳定。靠近灯丝的卤化钨粒子由于扩散到局部高温区发生分解反应，又形成一层坚固的钨层。由于灯泡外部温度需要达到约 300 ℃才能维持这一循环，所以石英泡壁与灯丝之间的距离必须非常小。

卤钨灯泡尺寸小，灯壳是用耐高温、机械强度较高的石英玻璃制成的，充入惰性气体的压力较高。因工作温度高，灯内的工作气压将比其他灯泡高得多，故钨的蒸发也受到更为有力的抑制，使用寿命更长，故而目前在农机上得到广泛应用。

2）反射镜

反射镜又称为反光镜或反光罩，它是前照灯的主要光学器件。由于前照灯灯泡灯丝发出的光度有限，功率为 20～60 W，若无反射镜则只能照清车前 6 m 左右的路面。反射镜的作用是将灯泡的散射（直射）光反射成平行光束，使照明效果大大增强，可增强几百倍乃至上千倍，从而保证车辆前方 150～400 m 范围内的照明。经反射镜反射后，尚有少量的散射光线，散射向侧方和下方的光线则有助于车前 5～10 m 的路面及两侧的照明。

反射镜光路如图 5 - 4 所示。

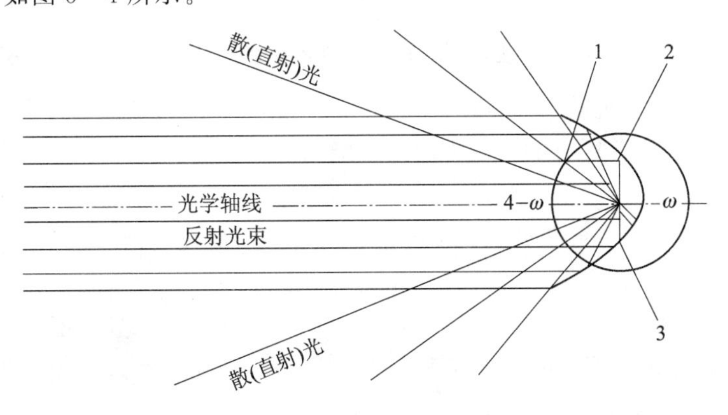

图 5 - 4　反射镜光路原理

反射镜一般用 0.6～0.8 mm 的薄钢板冲压而成，反射镜的表面形状呈旋转抛物面，如图 5-5所示。其内表面镀银或镀铝，然后抛光。由于镀铝后的反射系数可以达到 94%以上，其机械强度也较好，所以现在一般采用真空镀铝。

3）配光镜

配光镜又称散光玻璃，是用透光玻璃压制而成的，是多块特殊的棱镜和透镜的组合体。配光镜的外表面平滑，内侧精心设计成由多块特殊的凸透镜和棱镜组成的组合体，其几何形状比较复杂，外形一般为圆形和矩形。配光镜的结构如图 5-6 所示。

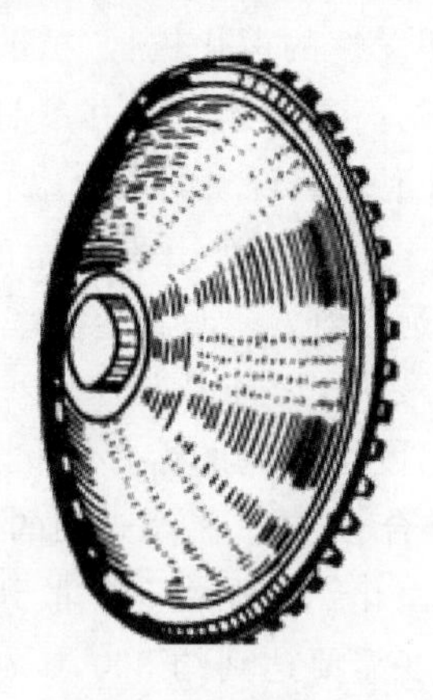

图 5-5 反射镜外观

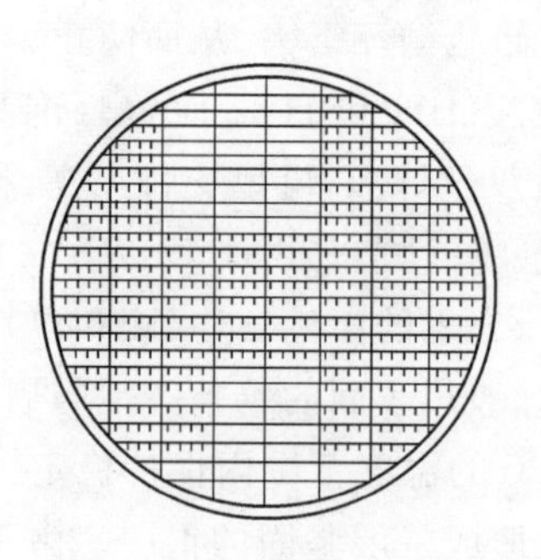

图 5-6 配光镜的结构

配光镜的作用是将反射镜反射出的平行光束进行折射，以扩大光线照射的范围，使车前路面有良好且均匀的照明，而且使反射光束重新分布，这样可取得更好的道路照明总体效果，使前照灯前面 100 m 以内的路面及两侧均有较好的照明效果。配光镜的光路原理如图 5-7 所示。

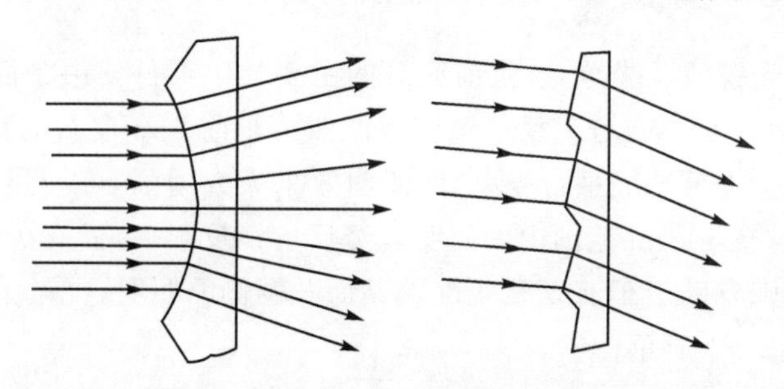

图 5-7 配光镜的光路原理

配光镜可以弥补反射镜的前照灯因为光束太窄、照明不良的缺点。许多前照灯现在都采用透明配光镜，这就意味着所有的光线方向都受配光镜的控制。

(2) 前照灯的分类

按照安装方式的不同可分为外装式前照灯和内装式前照灯。前者整个灯具在车辆上外露安装；后者灯壳嵌装于车辆车身内，装饰圈、配光镜裸露在外。

- 按照灯的配光镜形状不同可分为圆形前照灯、矩形前照灯和异形前照灯三类。
- 按照发射的光束类型不同可分为远光前照灯、近光前照灯和远近光前照灯三类。
- 按前照灯光学组件的结构不同，可将其分为可拆式前照灯、半封闭式前照灯和封闭式前照灯三种。

1）可拆式前照灯

可拆式前照灯的配光镜靠反射镜边缘上的卡簧与反射镜组合在一起。反射镜和配光镜分别安装而构成组件。该灯气密性差，反射镜易受湿气和尘埃污染而降低反射能力，严重影响照明效果，目前已很少采用。

2）半封闭式前照灯

半封闭式前照灯的结构如图 5－8 所示。其配光镜靠卷曲反射镜边缘上的锯齿而紧固在反射镜上，二者之间垫有橡皮密封圈，灯泡只能从反射镜后端装入。当需要更换损坏的配光镜时应拨开反射镜外缘的锯齿，安上新的配光镜后再将锯齿复原。由于这种灯具减少了对光学组件的影响因素，维修方便，因此得到广泛使用。

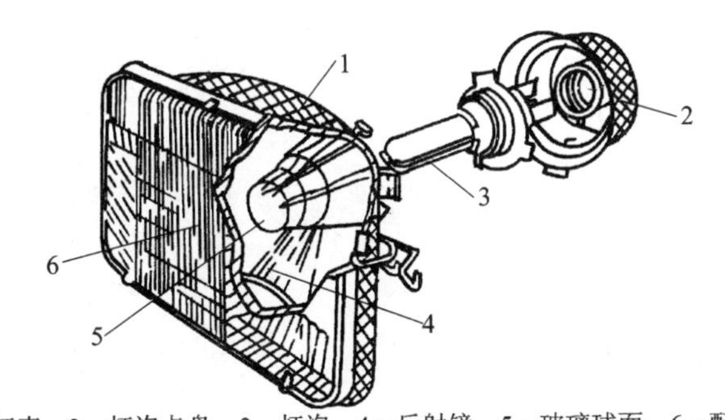

1—灯壳；2—灯泡卡盘；3—灯泡；4—反射镜；5—玻璃球面；6—配光镜

图 5－8　半封闭式前照灯的结构

3）封闭式前照灯

封闭式前照灯没有分开的灯泡，其反射镜和配光镜用玻璃制成一体，其整个总成本身形成一个灯泡，里面充以惰性气体。灯丝焊在反射镜底座上，反射镜的反射面经真空镀铝。其结构如图 5－9 所示。

安装灯芯时，应注意配光镜上的标记（箭头或字符），不可出现倒置或偏斜现象。封闭式前照灯完全避免了反射镜被污染或遭受大气的影响，因此其反射效率高，照明效果好，使用寿命长。但灯丝烧断后，需要更换整个总成，因此使用成本高，从而限制了它的使用范围。

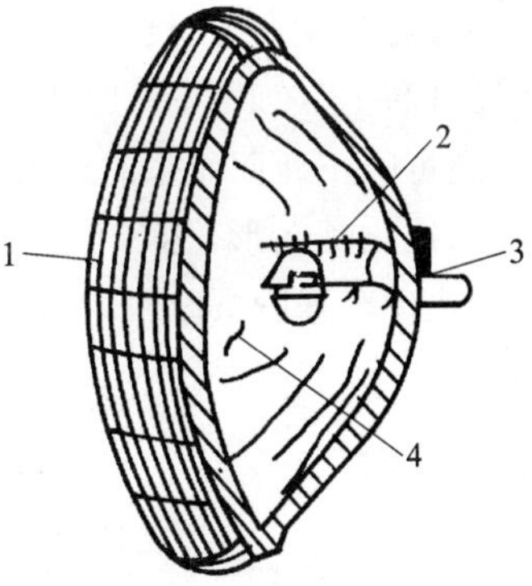

（3）前照灯的防眩目功能

前照灯射出的强光会使迎面来车的驾驶员或前方工作人员眩目。所谓眩目是指人的眼睛突然受强光照射，由于视觉神经受刺激而失去对眼睛的控制，本能地闭上眼睛，或只能看到亮光而看不清暗处物体的生理现象。这种现象很容易导致交通事故。

1—配光镜；2—灯丝；3—插片；4—反射镜

图 5－9　封闭式前照灯的结构

为了避免前照灯的眩目现象，保证农业机械夜间行车的安全，一般在农业机械上都采用双灯丝、带遮光罩的双丝灯泡等方法来实现防眩目的目的。

1）采用双丝灯泡

灯泡的两根灯丝分别为远光灯和近光灯，远光灯丝位于反射镜的焦点上，功率为 45～60 W；近光灯丝位于反射镜焦点前上方，功率为 20～50 W。这样夜间行车时，当对面无来车时，使用远光灯，可照亮车前方150 m左右的路面；当对面来车时，使用近光灯，由于光线较弱，经反射后的光线大部分射向车前的下方，所以可以避免使对面驾驶员眩目。双丝灯泡的光路原理如图5－10所示。

2）采用带遮光罩的双丝灯泡

上述双丝灯泡中，近光灯丝射向反射下部的光线经反射后，将射向斜上方，仍会使对面的驾驶员产生轻微眩目。为了克服这一缺陷，在近光灯丝下方安装有遮光罩，如图5－11所示。远光灯丝位于反射镜的焦点上，近光灯丝位于焦点前方，稍高出光学轴线，下方装有金属遮光罩。当使用近光灯时，近光灯丝射向反射镜上部的光线，反射后照向路面，而遮光罩能将近光灯丝射向反射镜下部的光线遮挡住而无法反射，故消除了能引起眩目的光线，提高防眩目效果。

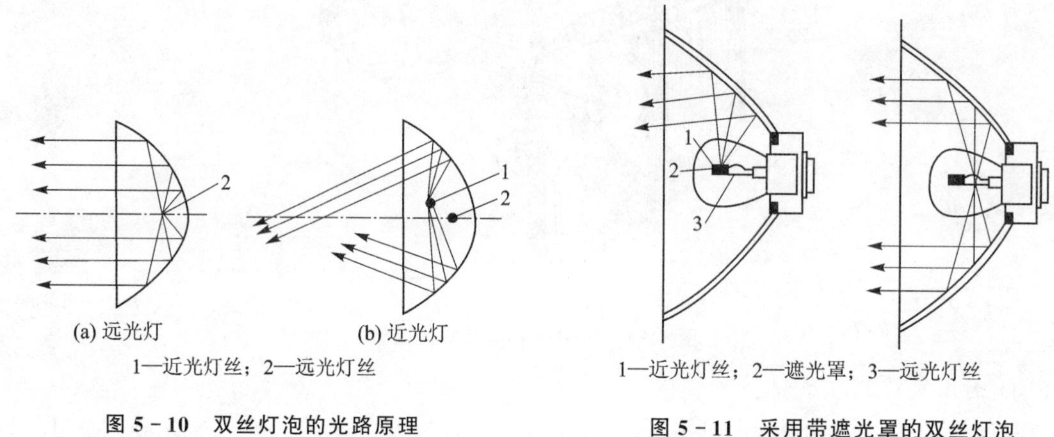

图5－10 双丝灯泡的光路原理

图5－11 采用带遮光罩的双丝灯泡

3）采用非对称光形

采用前照灯配光光形如图5－12所示。一般配光光形分布基本是对称的，如图5－12(a)所示。遮光罩在安装时也可偏转一定的角度，使其近光的光形分布不对称，将近光灯右侧光线倾斜度升高15°(如图5－12(b)所示)，形成一条明显的明暗截止线，这样不仅可以防止驾驶员眩目，还可防止迎面而来的行人眩目，保证夜间行车安全。现在市场上又出现一种更优良的光形，明暗截止呈Z形，称Z形配光。不仅可以防止驾驶者眩目，同时还可以防止迎面而来的行人和非机动车驾驶员眩目，从而进一步保证了行车安全，如图5－12(c)所示。

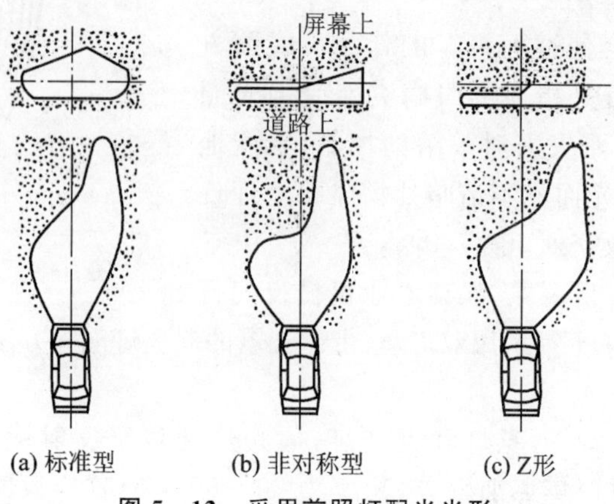

图5－12 采用前照灯配光光形

(4) 前照灯的型号

前照灯的型号由以下6部分组成：

1	2	3	4	–	5	6

1——产品代号，按产品的名称顺序适当选取两个单字，并以这两个单字的汉语拼音的首字母组成，见表5-1。

表5-1　前照灯产品代号的组成

产品名称	外装式前照灯	内装式前照灯	四制灯	组合式前照灯
代　号	WD	ND	SD	HD

2——透光尺寸，圆形灯以透光直径表示，方形灯以透光面长×宽表示。

3——结构代号，结构代号分为半封闭式和全封闭式两种，全封闭式用“封”字汉语拼音的第一个字母“F”表示，半封闭式不加标注。

4——分类号代号，前照灯按其适用车型分类如拖拉机用“T”表示，摩托车用“M”表示，而车辆前照灯不加标注。

5——设计序号，按产品设计的先后顺序，用阿拉伯数字表示。

6——变型代号，前照灯兼作雾灯使用时，其代号用“雾”字汉语拼音的第一个字母“W”表示。

例如：ND228×148-2表示为车内装式前照灯，方形灯的透光面长为228 m，宽为148 m，灯光组为半封闭式，第二次设计。

2. 开　关

农业机械前照灯灯光开关有拉钮式、旋转式、组合式。

(1) 拉钮式灯光开关

拉钮式灯光开关通常有3个挡位、4个接线柱，分别控制前照灯、位灯和尾灯，如图5-13所示。当开关手柄位于Ⅰ位置时，接通电源接线柱4与仪表灯接线柱3给仪表灯供电；当开关手柄位于Ⅱ位置时，接通电源接线柱4与前照灯接线柱2给前照灯供电。

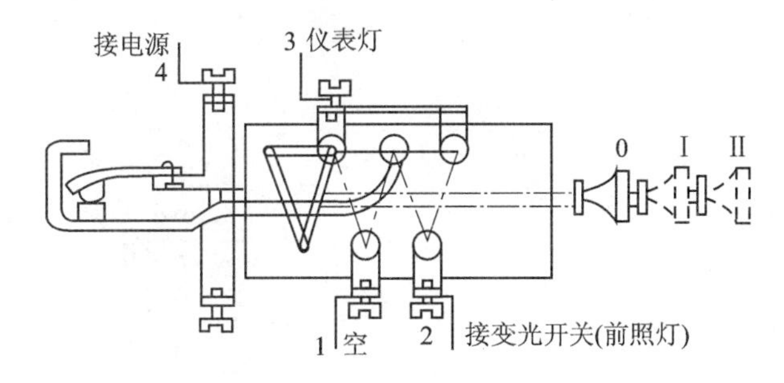

图5-13　拉钮式灯光开关

(2) 旋转式灯光开关

旋转式灯光开关一般设有4个挡位，分别控制前照灯近光灯、远光灯、工作灯、仪表灯，如图5-14所示。

旋动手柄使电源接线柱1与前照灯接线柱5接通，前照灯的近光灯亮；旋动手柄使电源接线柱1与前照灯接线柱4接通，前照灯的远光灯亮；旋动手柄使电源接线柱1与前照灯接线柱

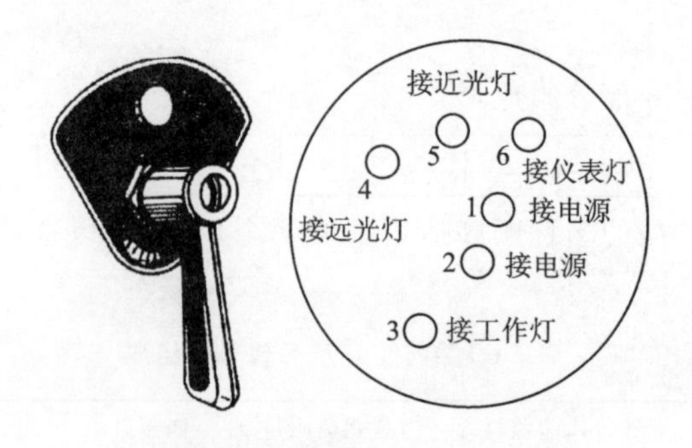

图 5-14　旋转式灯光开关

3 接通，工作灯亮，旋动手柄使电源接线柱 2 与前照灯接线柱 6 接通，仪表灯亮。

(3) 组合式灯光开关

图 5-15 所示为久保田拖拉机上常见的组合式灯光开关。

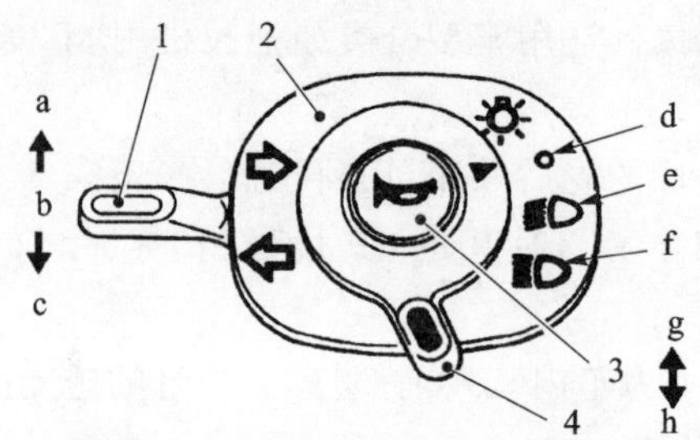

1—转向信号开关；2—组合开关整体；3—喇叭开关；4—车灯开关；
a—右转位置；b—关闭位置；c—左转位置；d—车辆关闭；
e—前照灯近光；f—前照灯远光；g—释放；h—按下

图 5-15　久保田拖拉机的组合式灯光开关

3. 继电器

照明系统的工作电流大，若用车灯开关直接控制照明灯，车灯开关易因电流过大而烧坏，因此在灯光电路中设有继电器，通常有触点常开型和触点常闭型两种。JD 系列灯光继电器结构与外形如图 5-16 所示。

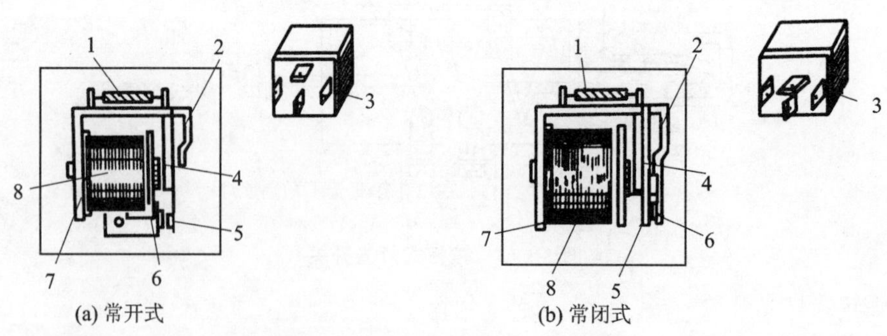

(a) 常开式　(b) 常闭式

1—弹簧；2—限位卡；3—外形；4—衔铁；5—动触点；6—静触点；7—支架；8—线圈

图 5-16　JD 系列灯光继电器结构与外形

图 5-17 所示为触点常开式照明系统继电器的结构和引线端子。端子 SW 与主开关相

连，端子 E 搭铁，端子 B 与电源相连，端子 L 与灯光开关相连。接通主开关后，继电器线圈通电，铁芯被磁化而产生吸力，触点闭合，通过灯光开关向各照明灯供电。

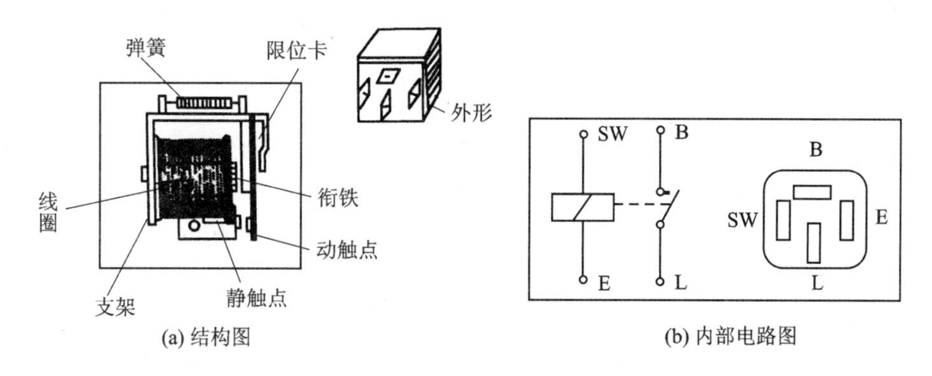

(a) 结构图　(b) 内部电路图

图 5－17　照明灯电源继电器

4. 其他照明灯

牌照灯：用于照亮车辆牌照，要求夜间在车后 20 m 处能看清牌照号码。牌照灯装在车尾部牌照上方，灯光光色为白色，灯泡功率为 8～20 W。

倒车灯：是车辆倒车时为驾驶员观察后方障碍物和显示倒车信号而设计的灯具，受其形状限制，一般倒车灯开关置于变速器上。当变速器置于倒挡时，此开关接通。

卸粮灯：一般安装于粮仓附近，用于粮仓处操作照明。

工作灯：主要用于满足不同工作位置的照明需要。

内部照明灯：包括顶灯、仪表照明灯等，主要是为驾驶员、乘客提供方便。灯光光色为白色，灯光功率为 2～20 W。

5.1.3　照明系统控制电路

照明系统电路一般由电源、熔丝、主开关、电源继电器、灯光开关等元件组成。

传统照明系统的控制电路是并行结构，即一个用电器配一根电源线和一个开关，开关置于驾驶员旁，由驾驶员控制开关通断，控制灯及其他用电器的工作。

前照灯控制电路的方式有控制火线式和控制搭铁线式之分，如图 5－18 所示。当灯泡的功率较小时，灯泡的电流直接受灯光总开关控制；当灯泡的数量多、功率大时，为减小开关的热负荷，降低线路压降，采用继电器控制。

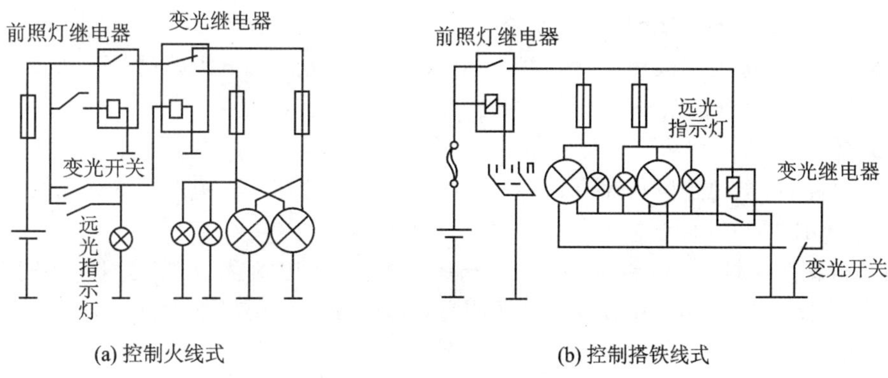

(a) 控制火线式　(b) 控制搭铁线式

图 5－18　前照灯控制电路

1. 清拖 750P 拖拉机照明电路分析

图 5-1 所示为清拖 750P 拖拉机照明电路,其工作过程如下。

(1) 大灯电路

前远光灯电路:蓄电池正极→3#保险丝→电流表→2#保险丝→主开关→继电器→4#保险丝→大灯开关→接线柱 1→前远光灯灯泡→搭铁→蓄电池负极。

前近光灯电路:蓄电池正极→3#保险丝→电流表→2#保险丝→主开关→继电器→4#保险丝→大灯开关→接线柱 2→前近光灯灯泡→搭铁→蓄电池负极。

后大灯电路:蓄电池正极→3#保险丝→电流表→2#保险丝→主开关→继电器→4#保险丝→大灯开关→接线柱 3→后大灯灯泡→搭铁→蓄电池负极。

(2) 仪表灯电路

仪表灯电路:蓄电池正极→3#保险丝→电流表→2#保险丝→主开关→继电器→6#保险丝→仪表灯开关→仪表灯灯泡→搭铁→蓄电池负极。

2. 迪尔佳联 C230 联合收割机照明电路分析

图 5-19 所示为迪尔佳联 C230 联合收割机的照明电路,其工作过程如下。

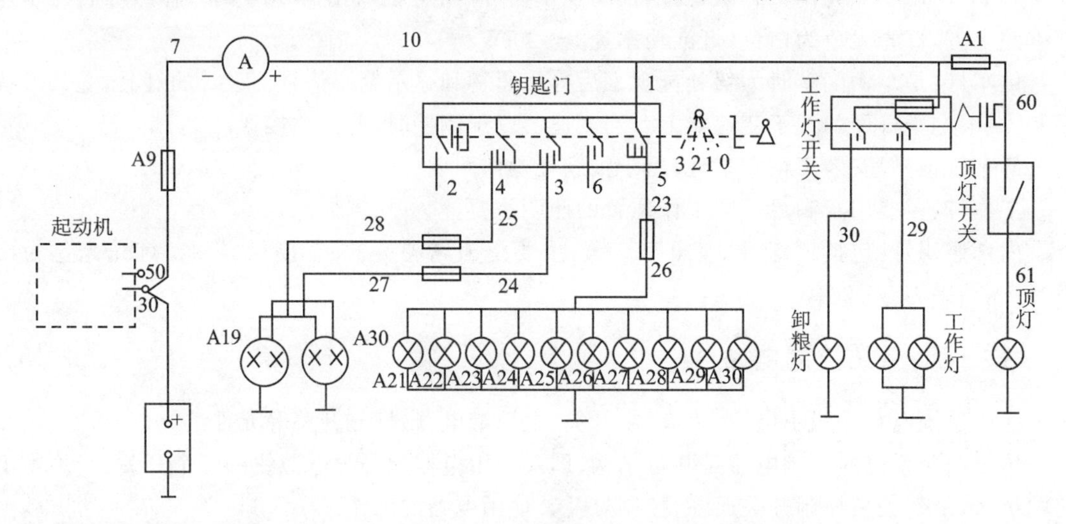

图 5-19　迪尔佳联 C230 联合收割机照明电路图

(1) 前照灯电路

远光灯电路:蓄电池正极→A9 保险丝→电流表→钥匙门 1→钥匙门 3→导线 24→保险丝→导线 27→远光灯→搭铁→蓄电池负极。

近光灯电路:蓄电池正极→A9 保险丝→电流表→钥匙门 1→钥匙门 4→导线 25→保险丝→导线 28→近光灯→搭铁→蓄电池负极。

(2) 示宽灯、仪表及粮箱照明灯电路

示宽灯电路:蓄电池正极→A9 保险丝→电流表→钥匙门 1→钥匙门 5→导线 23→保险丝→导线 26→示宽灯(A21～A24)→搭铁→蓄电池负极。

仪表及粮箱照明灯电路:蓄电池正极→A9 保险丝→电流表→钥匙门 1→钥匙门 5→导线 23→保险丝→导线 26→仪表及粮箱照明灯(A21～A24)→搭铁→蓄电池负极。

(3) 卸粮灯电路

卸粮灯电路:蓄电池正极→A9 保险丝→电流表→工作灯开关→导线 30→卸粮灯→搭

铁→蓄电池负极。

(4) 工作灯电路

工作灯电路:蓄电池正极→A9 保险丝→电流表→工作灯开关→导线 29→工作灯→搭铁→蓄电池负极。

(5) 顶灯电路

顶灯电路:蓄电池正极→A9 保险丝→电流表→A1 保险丝→导线 60→顶灯开关→导线 61→顶灯→搭铁→蓄电池负极。

5.1.4 照明系统常见故障检查与排除

1. 前照灯的检测与调整

前照灯明亮均匀的照明效果和良好的防眩目功能是夜间行车安全的重要保障。为了保证车辆在夜间行驶时的行车安全,应定期检查前照灯的照明情况,必要时应根据车辆使用说明书的要求予以调整。

(1) 国家标准对前照灯的有关规定

我国对前照灯的检测与调整主要依据 GB 7258—2004《机动车运行安全技术条件》的规定。

1) 基本要求

① 车辆轮胎气压符合标准。

② 车辆空载,车身水平正直。

③ 车辆灯具应安装牢靠,灯泡要有保护系统,不得因车辆振动而松脱、损坏、失去作用或改变光照方向,所有灯光开关安装牢固,开关自如,不得因车辆振动而自行开关。开关位置应适当,便于驾驶员操作。

④ 装有前照灯的机动车应装有远、近光变换系统,并且当远光变近光时,所有远光应能同时熄灭。

2) 光束照射位置

① 机动车在检验前照灯的近光束照射位置时,注意仅允许乘坐一名驾驶员。前照灯在距离屏幕 10 m 处,光束明暗截止线转角或中点的高度 H_2 应为 $0.7H \sim 0.9H$(H 为前照灯中心高度),其水平方向位置向左偏 $V_{左}$ 不得大于 170 mm,向右偏 $V_{右}$ 不得大于 350 mm,如图 5-20 所示。

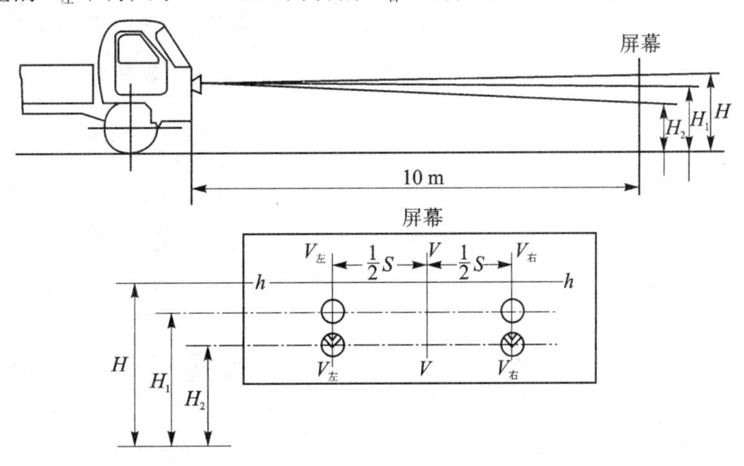

图 5-20　前照灯的光束照射位置

② 机动车装有远光和近光双光束灯时，应以调整近光光束为主。对于只能调整远光光束的灯，调整远光单光束。

3）发光强度

机动车每只前照灯的发光强度的要求，如表 5－2 所列。测试时，其电源系统应该处于充电状态。

表 5－2　机动车前照灯的发光强度的要求

单位：cd

车辆类型＼检查项目		新注册车			在用车		
		一灯制	两灯制	四灯制	一灯制	两灯制	四灯制
最高时速小于 70 km/h 车辆			10 000	8 000		8 000	6 000
其他车辆		—	18 000	15 000	—	15 000	12 000
三轮车辆		8 000	6 000	—	6 000	5 000	—
摩托车		10 000	8 000	—	8 000	6 000	—
轻便摩托车		4 000	—	—	3 000	—	—
运输用拖拉机	标定功率＞18 kW	—	8 000	—	—	6 000	—
	标定功率≤18 kW	6 000	6 000	—	5 000	5 000	—

（2）前照灯的调整

前照灯的调整方法有屏幕测试法、专用检测仪测试法。

1）屏幕测试法

将车辆停在平坦的路面上，在离车头照灯 S 处挂一块幕布（或利用白墙壁），在屏幕上画出两条水平线，一条离地距离为 H，另一条比它低 D。再画一条车辆的垂直中心线，在它两侧距中心线 $A/2$ 处再画两条垂直线，与离地 H 处线的相交点即为前照灯中心点，与较低线的相交点即为光点中心，A 为两灯中心距，前照灯光轴方向偏斜时，应进行调整，调整部位一般分为外侧调整式和内侧调整式两种。前照灯屏幕测试法如图 5－21 所示。

调整时，按需要转动灯座上面的左右及上下调整螺钉（或旋钮），使光轴方向符合标准。起动发动机，使转速约为发动机转速的 60％旋转，即在蓄电池不放电的情况下点亮前照灯远光。调整左侧前照灯时，先遮住右侧的车头照灯，接通远光灯丝；然后调整左侧前照灯，在垂直方向上调整垂直方向调整螺栓，在水平方向上调整水平方向调整螺栓，使射出的光束中心对准屏幕上前照灯光点中心。然后以同样的方法调整右侧前照灯。左、右前照明灯的调整部位示意如图 5－22 所示。

2）专用检测仪测试法

国产 QD－2 型号前照灯检验仪主要用于非对称前照灯车辆检验，也可兼作对称式前照灯车辆的检验。检验仪前端装有透镜，前照灯光束通过透镜投射到仪器内的屏幕上成像，再通过仪器箱上方的观察窗，目视其在屏幕上光束照射方向是否符合规定值，与此同时读出光束表的指示值。

国产 QD－2 型前照灯检验仪的由车架、行走部分、仪器箱部分、仪器升降调节系统和对正器等组成，如图 5－23 所示。该仪器的仪器箱升降高度的调节范围为 50～130 cm，能够检验车辆前照灯照射到距离 10 cm 的屏幕上光束偏移范围为 0～130 cm，能够检验车辆前照灯的发光强度范围为 0～40 000 cd。

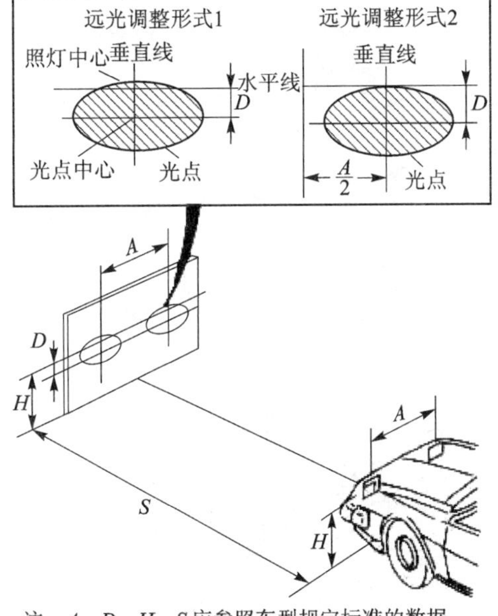

注：A、D、H、S 应参照车型规定标准的数据。

图 5－21　前照灯屏幕测试方法

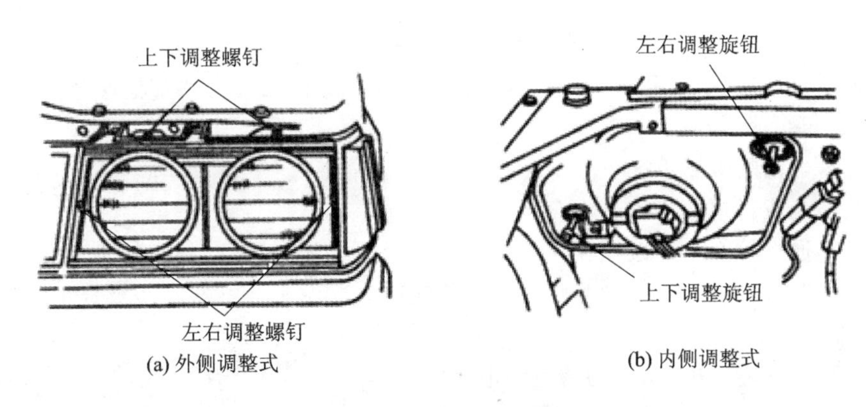

(a) 外侧调整式　　(b) 内侧调整式

图 5－22　前照灯的调整

国产 QD－2 型前照灯检验仪的行走部分装有 3 个固定车轮，它可以沿水平地面直线行驶，以便在检验完其中一盏前照灯后，平移至另一盏前照灯前。仪器箱是该仪器的主要检验部分，其上装有前照灯光束照射方向选择指示旋钮和屏幕，前端装有透镜，前照灯光束通过窗口，目视其在屏幕上成像，再通过仪器箱上方的观察窗口，目视其屏幕上光束照射方向是否符合检测要求。转动仪器的升降手轮，可在 50～130 cm 范围内任意调节仪器箱的中心高度，由副立柱上的刻线读数和高度指示标指示其高度值。检验仪器箱的中心高度值应与被检测车辆前照灯的安装中心高度保持一致。在仪器箱的后端顶盖上装有对正器，用以观察仪器与被检车辆的相对正确位置。

2. 照明系统常见故障诊断与排除

(1) 检查程序

检查照明系统电路的过程大致如下：

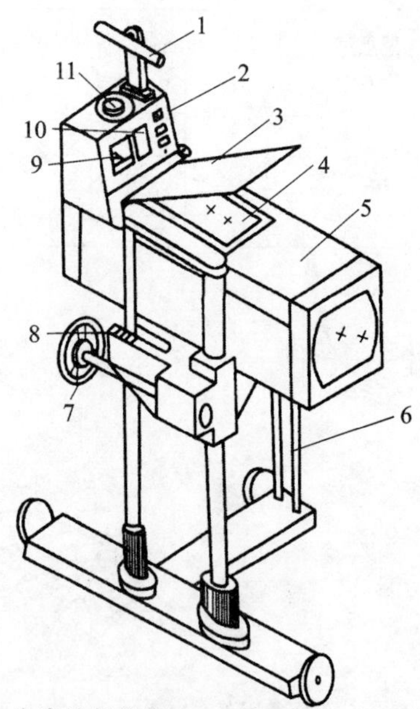

1—对正器；2—光度选择按钮；3—观察窗盖；4—观察窗；5—仪器箱；
6—仪器移动手柄；7—仪器箱升降手轮；8—仪器箱高度指示标；
9—光度计；10—光束照射方向参考表；11—光束照射方向选择指示旋钮

图 5－23　国产 QD－2 型前照灯检验仪

① 直观检查，即用眼睛和手检查导线有无松动，开关有无松动和其他明显的故障。接头要清洁并要连接可靠。

② 检查蓄电池的电量不能少于 70％。

③ 用欧姆表或目视法检查灯泡。

④ 熔丝连通性检查。一般用仪表或试灯来测量两端的电压，以判断其通断与否。

⑤ 当通电时，继电器会发出“咔嗒、咔嗒”的响声。这说明继电器已经吸合工作，但不一定代表接触。

⑥ 检查开关的输入电压，应为蓄电池电压。

⑦ 检查继电器输出的电压，应为蓄电池电压。

⑧ 检查继电器的供电电压，应为蓄电池电压。

⑨ 检查从开关出来的电压，应为蓄电池电压。

⑩ 检查车灯的供电电压，与蓄电池的电压差小于 0.5 V。

⑪检查搭铁电路，电阻应为 0 Ω，或者电压为 10 V。

(2) 常见故障诊断与排除

1) 前大灯不亮

① 故障现象：在蓄电池或发电机处于正常工作状态下，接通主开关，打开前大灯开关，前大灯近光灯、远光灯均不亮。

② 故障原因：

a. 蓄电池(发电机)至灯光开关间电路断路；

b. 熔丝烧断；

c. 灯光开关损坏；

d. 灯泡损坏。

③ 故障诊断：

前大灯不亮的故障诊断与排除流程如图 5－24 所示。

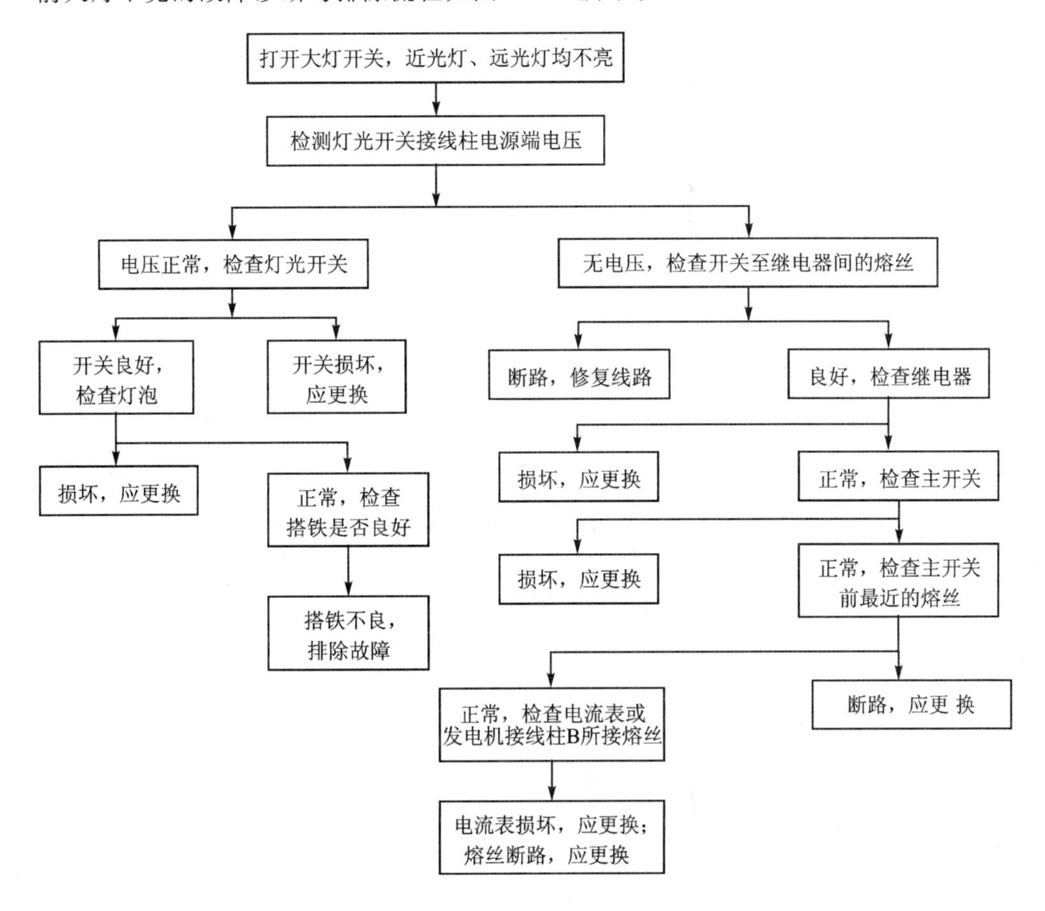

图 5－24　前照灯不亮的故障诊断与排除流程

2）照明系统其他故障

除前照灯不亮以外，照明系统还存在很多其他的故障，例如大灯灯光暗淡、灯泡经常性烧坏、变光时一盏大灯亮而另一盏大灯不亮、工作灯不亮等。针对这些故障现象，表 5－3 列举了照明系统的常见故障及故障原因和排除方法。

表 5－3　照明系统电路常见故障及故障原因和排除方法

故障现象	故障原因	排除方法
接通灯的开关，保险立即跳开，或保险丝立即熔断	线路中有短路、搭铁处	找出搭铁处加以绝缘
灯泡经常性烧坏	① 电压调节器调整不当或失调使电压过高； ② 灯泡功率不符（过小）	① 重新调节或更换电压调节器； ② 检查灯泡功率
大灯灯光暗淡	① 电源电压过低； ② 配光镜或反射镜上积有灰尘； ③ 接头松动或锈蚀使电阻增大	① 对蓄电池充电、检修发电机； ② 对大灯进行内部清洁； ③ 拧紧松动处，清除锈蚀

续表 5-3

故障现象	故障原因	排除方法
变光时有一盏大灯不亮	① 灯丝烧断； ② 接线板到灯泡的导线断路； ③ 灯泡与灯座接触不良	① 更换灯泡； ② 检查并接好； ③ 清除污垢，使接触良好
接通大灯远光灯或近光灯时，一盏大灯亮而另一盏大灯明显发暗	① 暗的大灯搭铁不良； ② 暗的大灯配光镜或反射镜上积有灰尘； ③ 暗的大灯灯泡玻璃表面发黑； ④ 暗的大灯接头松动或锈蚀使电阻增大	① 使搭铁良好； ② 拆开大灯进行清洁； ③ 更换大灯； ④ 拧紧松动处，清除锈蚀
示宽灯均不亮	① 车灯开关到示宽灯接线板的导线断路； ② 灯丝烧断	① 重新接好； ② 更换灯泡
一盏示宽灯不亮	① 该示宽灯的导线断路； ② 灯丝烧断； ③ 搭铁不良	① 重新接好； ② 更换灯泡； ③ 检修
工作灯不亮	① 线路中有断路处； ② 灯丝烧断； ③ 搭铁不良	① 重新接好； ② 更换灯泡； ③ 使搭铁良好

5.2 信号系统

5.2.1 信号系统概述

信号系统是农业机械电气系统的重要组成部分，其作用是通过声响和灯光向其他车辆的驾驶员和行人发出警告以引起其注意，确保车辆行驶的安全。农业机械信号系统由声音信号系统和灯光信号系统组成。图 5-25 所示为清拖 750P 拖拉机信号系统电路图，主要包括转向信号系统、制动信号系统、喇叭系统，而有些农业机械上会装有倒车信号系统。

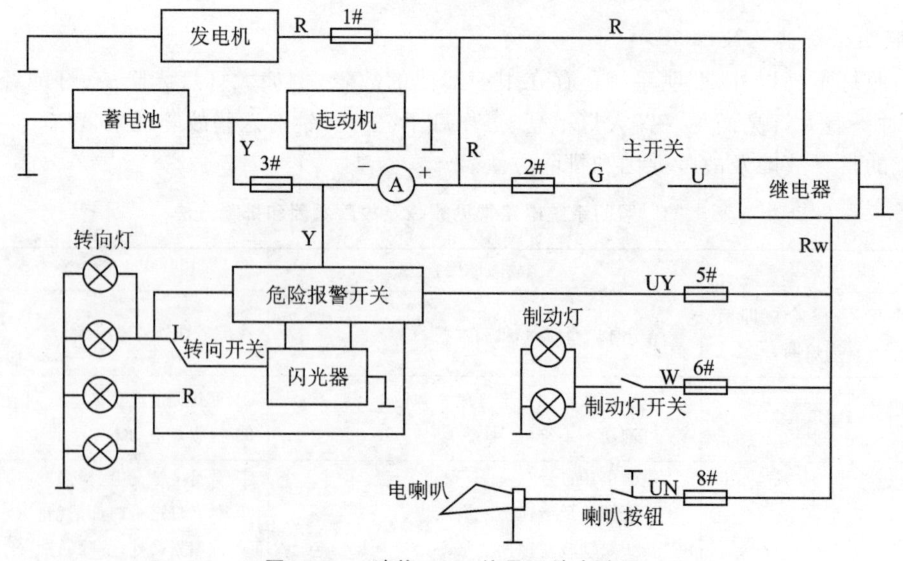

图 5-25 清拖 750P 信号系统电路图

(1) 转向信号系统

农业机械转向信号系统主要用来指示车辆行驶方向,其灯光发出明暗交替的闪光信号用来指示车辆左转或右转,以引起其他车辆和行人的注意,提高车辆的安全性。闪光信号一般为橙色,无论白天黑夜,能见距离不小于 35 m;转向灯的闪光频率应在 50～110 次/min 范围内,一般取 60～95 次/min。

(2) 制动信号系统

由制动灯的亮灭来向后面发出制动信号。制动灯要求采用红色,两个制动灯的安装位置应与车辆纵轴线对称,并在同一高度。

(3) 倒车信号系统

部分农业机械安装有倒车信号系统。在挂上倒挡时,该系统向驾驶员本人及周边的行人和其他车辆发出信号,注意及时避让,保证行车安全。

(4) 喇叭信号系统

由电喇叭产生声音信号,提醒周围人员注意避让。

5.2.2　信号系统主要部件与工作原理

1. 转向信号系统

(1) 转向信号系统的组成

转向及危险报警灯信号电路一般由转向灯、转向灯开关、危险报警灯开关、闪光器等组成。如图 5－25 所示,在主开关接通的情况下,拨动转向灯开关,可接通左/右转向灯电路,使左/右转向灯闪烁;当按下危险报警开关时,将同时接通左、右转向灯电路,使左、右转向灯同时闪烁。转向信号灯的闪烁是由闪光器控制的。

闪光器按结构和工作原理的不同可分为电热丝式、电容式、翼片式、电子式等多种。电热丝式闪光器结构简单,但寿命短,闪光频率不稳定,亮暗变化不够明显,目前很少使用。翼片式闪光器结构简单,体积小,闪光频率稳定,工作时伴有响声;电容式闪光器闪光频率比较稳定;电子式闪光器具有性能稳定、可靠等优点,故被广泛使用。

(2) 闪光器的结构及工作原理

1) 电容式闪光器

图 5－26 所示为电容式闪光器的结构。

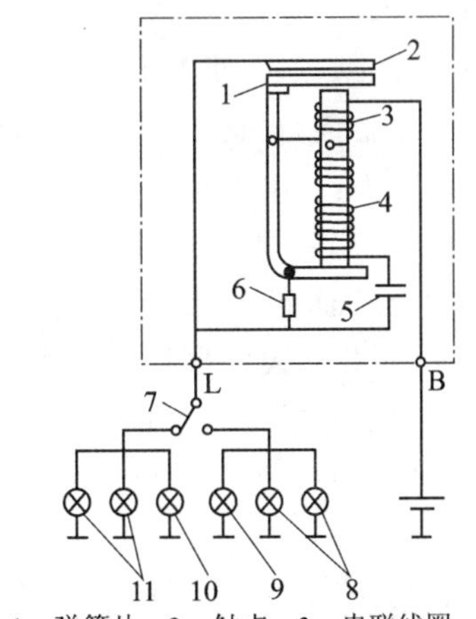

1—弹簧片；2—触点；3—串联线圈；4—并联线圈；5—电容；6—灭弧电阻；7—转向灯开关；8—右转向信号灯；9—右转向指示灯；10—左转向指示灯；11—左转向信号灯

图 5－26　电容式闪光器

电容式闪光器主要由一个继电器和一个电容组成。在继电器的铁芯上绕有串联线圈和并联线圈,电容采用大容量的电解电容。电容式闪光器是利用电容充、放电延时特性,使继电器的两个线圈产生的电磁力时而相加,时而相减,使触点周期性打开或关闭,形成转向信号灯闪烁。

当车辆向左转弯时,接通转向灯开关,左转向信号灯 9 被串入电路中。电流流向为:蓄电池正极→串联线圈 3→触点 1→

转向灯开关8→左转向信号灯9与左转向指示灯→搭铁→蓄电池负极，形成回路。此时，并联线圈4、电容7及灭弧电阻5被触点1短路，而电流通过串联线圈3产生的电磁吸力大于弹簧片2的作用力，触点1被迅速打开，因此，左转向信号灯9处于暗的状态。

触点1打开后，蓄电池经串联线圈3、并联线圈4及左转向灯向电容7充电，充电电流流向为：蓄电池正极→串联线圈3→并联线圈4→电容7→转向灯开关8→左转向信号灯9与左转向指示灯→搭铁→蓄电池负极，形成回路。由于并联线圈4的电阻值较大，电路电流很小，故左转向灯信号仍处于暗的状态。同时由于充电电流通过串联线圈3、并联线圈4所产生的电磁吸力的方向相同，触点1仍保持打开的状态。随着电容7的充电，电容7两端电压升高，其充电电流逐渐减小，两线圈的电磁力也减小，于是触点1又重新闭合。

触点1闭合后，通过左转向信号灯9的电流增大，左转向信号灯9及左转向指示灯变亮，电流流向为：蓄电池正极→串联线圈3→触点1→转向灯开关8→左转向信号灯9与左转向指示灯→搭铁→蓄电池负极，形成回路。与此同时，电容7通过并联线圈4和触点1放电，其放电电流通过并联线圈4所产生的磁场方向与串联线圈3的磁场方向相反，电磁吸力相互抵消，触点1继续闭合，左转向信号灯9仍发亮。随着放电电流的逐渐减小，并联线圈4产生的磁场逐渐减弱。当两线圈的电磁力总和大于弹簧片的弹力时，触点1打开，灯光又变暗。

如此反复，触点1不断打开、闭合，使左转向灯和左转向指示灯发出闪光。灭弧电阻5与触点1并联，用来减小触点1火花。

2）翼片式闪光器

翼片式闪光器是利用电流的热效应，以热胀条的热胀冷缩为动力，使翼片产生突变动作，从而接通和断开触点，使转向信号灯闪烁。根据热胀条受热情况的不同，可分为直热翼片式闪光器和旁热翼片式闪光器两种。

● 直热翼片式闪光器

直热翼片式闪光器主要由翼片、热胀条、活动触点、固定触点及支架等组成，如图5-27所示。翼片为弹性钢片，平时靠热胀条绷紧成弓形。热胀条由膨胀系数较大的合金钢条制成，在其中间焊有活动触点，在活动触点的对面安装有固定触点，整个弹跳组件被焊在支架上，支架的另一端伸出底板外部作为另一接线柱B。固定触点焊在支架上，支架伸出底板外部作为另一接线柱L。热胀条在冷态时，使上下触点闭合。

车辆转向时，接通转向灯开关，蓄电池即向转向信号灯供电，转向信号灯立即发亮。如图5-27所示，其通路为：蓄电池正极→闪光器接线柱B→翼片2→热胀条3→动触点4→静触点5→闪光器接线柱L→转向灯开关7→转向信号灯→搭铁→蓄电池负极，转向信号灯变亮。这时，热胀条因通电受热而伸长，当热胀条伸长至一定长度时，翼片突然绷直，活动触点和固定触点分开，切断电流，于是转向信号灯熄灭。在通过转向信号灯的电流被切断后，热胀条开始冷却收缩，又使翼片突然弯成弓形，活动触点和固定触点再次接触，接通电路，转向信号灯再次发光，如此反复变化使转向信号灯闪烁。

● 旁热翼片式闪光器

旁热翼片式闪光器的主要功能零件是不锈钢制成的翼片。翼片上固定有热胀条，热胀条上绕有电阻丝。电阻丝的一端与热胀条相连，另一端与静触点相连。翼片靠热胀条绷成弓形。动触点固定在翼片上，整个弹跳组件焊在支架上，将支架伸出底板外部的部分用作接线柱，静触点与该接线柱相连。闪光器不工作时，上下触点处于分开的状态。其电路如图5-28所示。

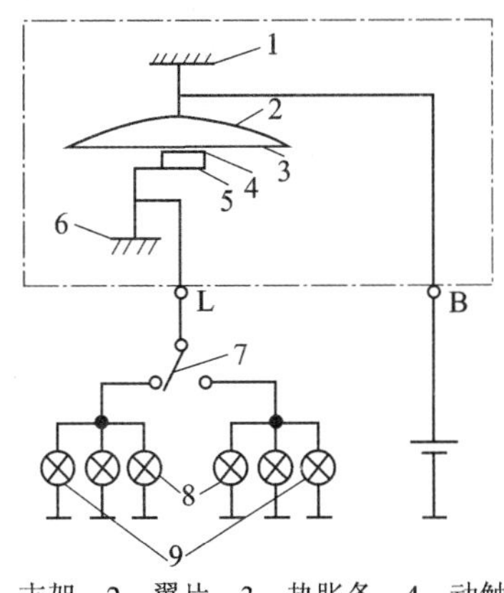

1、6—支架；2—翼片；3—热胀条；4—动触点；
5—静触点；7—转向灯开关；8—转向指示灯；9—转向信号灯

图 5-27 直热翼片式闪光器

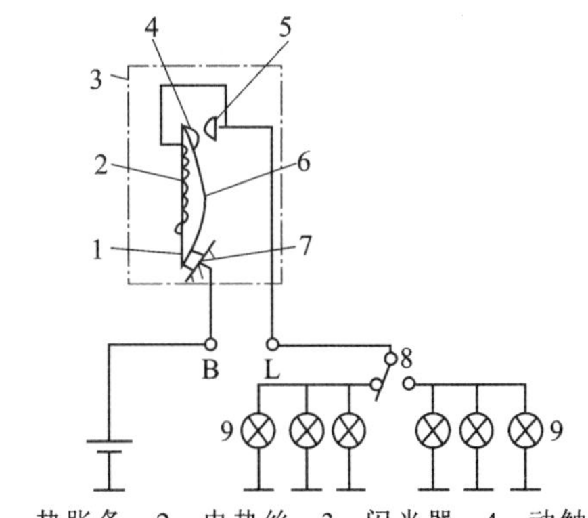

1—热胀条；2—电热丝；3—闪光器；4—动触点；
5—静触点；6—翼片；7—支架；8—转向灯开关；
9—转向信号灯及转向指示灯

图 5-28 旁热翼片式闪光器

当车辆向左转弯时，接通转向灯开关，转向信号灯变亮如图 5-29 所示。转向信号灯的电路为：蓄电池正极→闪光器接线柱 B→电热丝 2→闪光器接线柱 L→转向灯开关 8→转向信号灯 9→搭铁→蓄电池负极。这时信号灯虽然有电流通过，但由于电热丝的电阻较大，电路中电流较小，此时转向灯较暗。

电热丝加热热胀条，使热胀条受热伸长，于是翼片依靠自身弹性使上下触点闭合。转向信号灯的电路为：蓄电池正极→闪光器接线柱 B→翼片 6→动触点 4→静触点 5→闪光器接线柱 L→转向灯开关 8→转向信号灯 9→搭铁→蓄电池负极。电热丝 2 被触点短路，电路中电流增大，转向灯变亮。同时，由于电热丝 2 被短路，热胀条 1 逐渐冷却收缩，拉紧翼片 6，使上、下触点再次分开，转向信号灯变暗。如此反复变化，使转向信号灯 9 闪烁。

3）电子式闪光器

电子式闪光器的结构形式较多，按有无机械触点可分为无触点电子式闪光器和由电子元件与小型继电器组成的有触点电子式闪光器；按电子元件的结构形式，可分为分立元件电子式闪光器和集成电路电子式闪光器。常用的是有触点集成电路电子式闪光器。

● 有触点电子式闪光器

有触点电子式闪光器主要由一个三极管的开关电路和一个继电器组成，如图 5-29 所示。

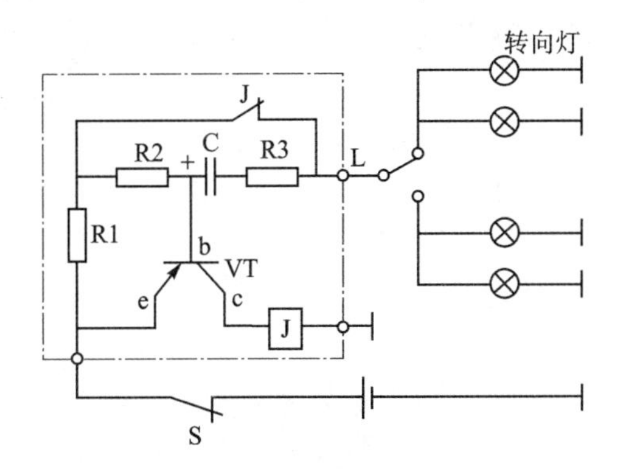

图 5-29 带继电器的有触点电子式闪光器

当车辆向左转弯时，接通电源开关 SW 和转向灯开关 K，电流流向为：蓄电池正极→电源开关 SW→闪光器接线柱 B→电阻 R1→继电器 J 的常闭触点→闪光器接线柱 S→转向开关 K→左转向信号灯→搭铁→蓄电池负极，左转向信号灯亮。

当电流通过 R1 时，在 R1 上产生电压降，三极管 VT 因正向偏压而导通，集电极电流 I_C 通过继电器 J 的线圈，使继电器常闭触点立即断开。三极管 VT 导通的同时，蓄电池经电阻、晶体管基极向电容充电，电流流向为：蓄电池正极→电源开关 SW→闪光器接线柱 B→电阻 R1→电阻 R2→电容 C→电阻 R3→转向开关 K→左转向信号灯→搭铁→蓄电池负极。由于充电电流很小，故转向信号灯很暗。

随着电容 C 充电的进行，三极管 VT 的基极电位逐渐提高，当三极管 VT 发射极两端电压小于三极管 VT 导通所需的正向偏置电压时，三极管 VT 逐渐趋向截止，通过继电器 J 线圈的电流减小。当此电流不足以维持衔铁的吸合而释放时，继电器 J 的常闭触点 J 又重新闭合，转向信号灯又重新变亮。

此时电容 C 通过电阻 R2、继电器的常闭触点 J、电阻 R3 放电，放电电流在 R2 上产生的电压降又为 VT 提供正向偏压使其导通。

随着电容 C 不断地充电、放电，三极管 VT 不断地导通、截止，使转向信号灯闪烁。

● 无触点电子式闪光器

无触点电子式闪光器即把闪光器中触点式继电器改换成无触点功率晶体管，如图 5-30 所示。它是利用电容放电延时的特性及三极管的导通和截止来实现对转向信号灯的闪烁控制。

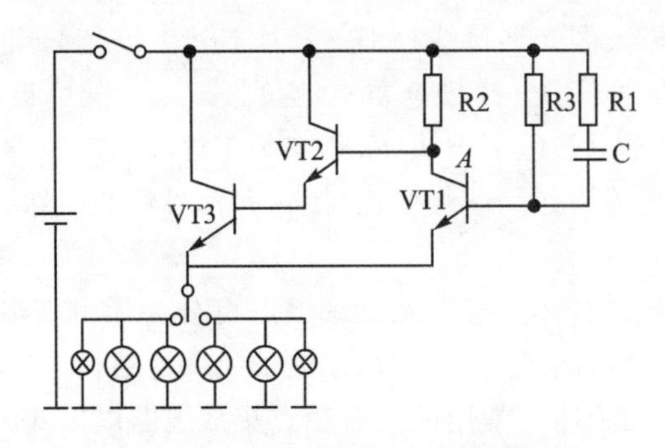

图 5-30　无触点电子闪光器

其工作过程如下：

接通转向开关后，三极管 VT1 的基极电流由两路提供，一路经电阻 R2，另一路经电阻 R1 和电容 C，三极管 VT1 通过 R2 得到正向偏置电压而导通饱和，三极管 VT2 和 VT3 组成的复合管处于截止状态。由于三极管 VT1 的导通电流很小，故转向信号灯暗。同时，电源通过 R1 对电容 C 充电，随着电容 C 两端电压的升高，充电电流减小，三极管 VT1 的基极电流减小，使三极管 VT1 由导通变成截止。这时 A 点电位升高，直至三极管 VT2 和 VT3 导通，于是转向信号灯亮。此时电容 C 经过 R1 和 R2 放电，使三极管 VT1 仍保持截止，转向信号灯继续发亮。

随着电容 C 放电电流减小，三极管 VT1 基极电位又逐渐升高，当高于其正向导通电压时三极管 VT1 又导通，三极管 VT2 和 VT3 截止，转向信号灯又变暗。随着电容 C 的充电、放电，三极管 VT3 不断的导通、截止，如此反复，使转向信号灯闪烁。改变 R1 和 R2 的电阻值、C 的电容值以及三极管 VT1 的 β 值，即可改变闪光频率。

● 集成电路电子式闪光器

集成电路电子式闪光器体积较小，外接元器件少，闪光频率稳定，工作可靠性高，通用性强，使用寿命长。图 5-31 所示为无触点集成电路电子式闪光器。它在原闪光器的基础上增加了蜂鸣功能，构成声光并用的转向信号系统，以引起人们对农业机械车辆转弯安全性的高度重视。

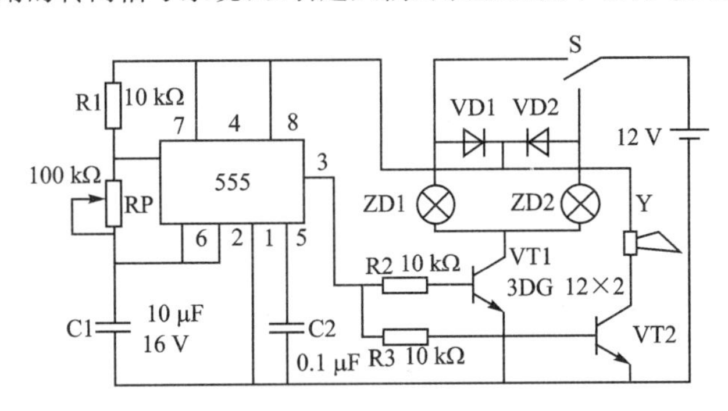

图 5-31　无触点集成电路电子式闪光器

(3) 转向闪光器的检测方法

1) 加压检测法

对转向闪光器进行检测时，若是电热式或电容式闪光器，应将闪光器的电源接线柱 B 接蓄电池的正极，将闪光器的开关接线柱 L 接一只 50～60 kW 的车辆灯泡的一端，闪光器的外壳与蓄电池的负极及灯泡的另一端相连。

若是晶体管式闪光器，在接线试验时，则把晶体管式闪光器的搭铁接线柱 E 与蓄电池负极及灯泡的一端相连，而将闪光器的接线柱 B 接蓄电池的正极，接线柱 L 接灯泡的另一端。

电路接好后，接通电源，灯泡应闪亮，且闪光频率为 70～90 次/min。若灯泡不亮或灯泡常亮不闪，说明闪光器失效，应予以分解检查或更换。

2) 测阻判断法

电子式闪光器多为 3 引脚方式。因此，当怀疑其不良时，可通过开路测其各引脚之间的电阻来判断。表 5-4、表 5-5 分别列出了华轻牌 JSG141(24 V)、JSG241(12 V)两种闪光器开路实测电阻，供判断故障时参考。

表 5-4　华轻牌 JSG141(24 V、120 W)型闪光器开路实测电阻

红表笔所接的引脚	L	B	L	E	B	E
黑表笔所接的引脚	B	L	E	L	E	B
测得的电阻值	160 kΩ	无穷大	150 kΩ	无穷大	9.5 kΩ	10 MΩ

表 5-5　华轻牌 JSG241(12 V)型闪光器开路实测电阻

红表笔所接的引脚	L	B	L	E	B	E
黑表笔所接的引脚	B	L	E	L	E	B
测得的电阻值	165 kΩ	无穷大	155 kΩ	无穷大	8.9 kΩ	无穷大

3) 检测和使用闪光器时应注意的问题

● 闪光器代换

闪光器损坏后，若无同样型号的闪光器更换，可找同样功率等级的其他型号闪光器代替。

选用闪光器时，应严格按其额定电压和额定功率来考虑，其额定功率的选择，应按车辆所有转向灯和仪表板上的转向指示灯功率的总和来选。

● 注意极性和引脚

电容式闪光器和电子式闪光器的使用应注意其正、负极的区别。一般闪光器上标有“L”或“信号灯”的接线柱应与转向灯开关相连；标有“B”或“电源”的接线柱应与电源正极相连；标有“P”或“指示灯”的接线柱应与仪表板指示灯相连。

● 检测方面

在检修转向灯电路时，不允许用搭铁试火的方法来检验闪光器及有关电路，以免闪光器烧坏。

(4) 危险报警信号电路

危险报警电路一般由左、右转向灯以及闪光器、危险报警开关等组成(如图 5－32 所示)。

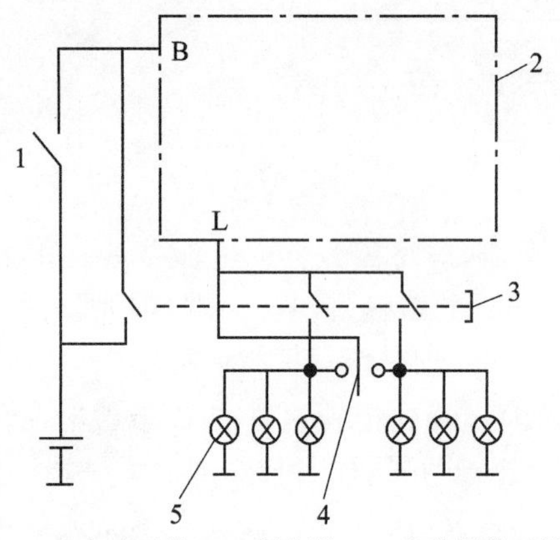

图 5－32 危险报警信号电路

当危险报警开关闭合时，左、右转向灯同时闪烁。当危险报警开关闭合时，危险报警信号电路为：蓄电池正极→点火开关 1→闪光器 2→危险报警开关 3→转向信号灯及转向指示灯 5→搭铁→蓄电池负极。这样，转向信号灯及仪表盘上的转向指示灯同时闪烁。

2. 制动信号系统

(1) 制动信号系统的组成

制动信号灯安装在车辆的尾部，当车辆制动时，红色信号灯亮，给尾随其后的车辆发出制动信号，以避免造成追尾事故。

制动信号系统电路由电源、制动灯开关和制动灯组成，如图 5－33 所示。在主开关接通的情况下，制动灯开关闭合，接通制动灯电路，制动灯亮。

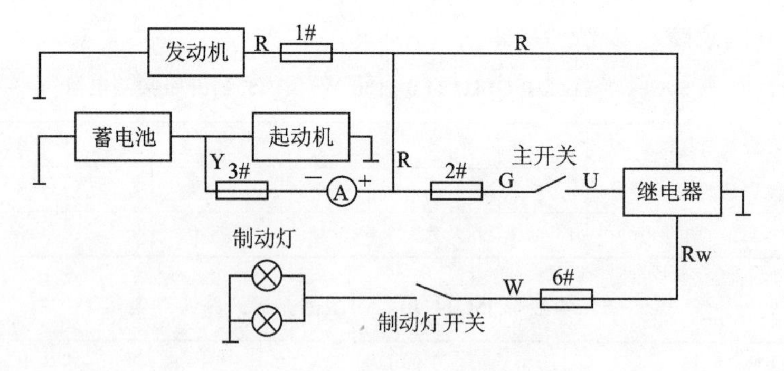

图 5－33 制动信号系统电路图

(2) 制动信号灯开关

制动信号灯由制动信号开关控制。图 5－34 所示为几种常见的制动信号开关实物图。

常见的制动信号灯开关有以下几种情况。

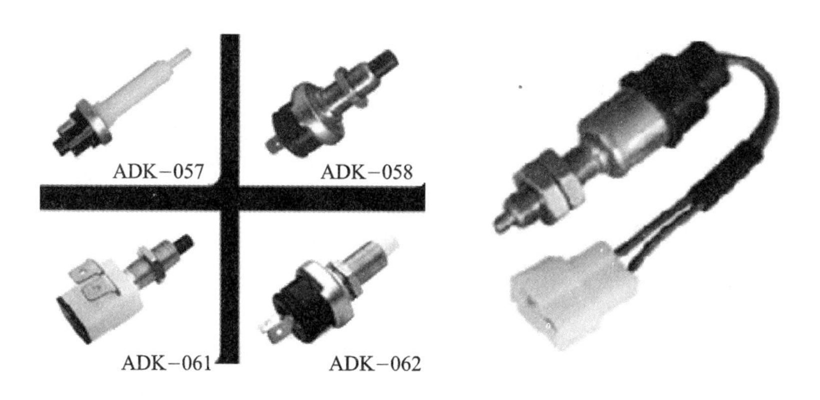

图 5－34　制动信号灯开关

1）液压式制动信号灯开关

液压式制动信号灯开关结构如图 5－35 所示，安装在液压制动主缸的前端或制动管路中。其工作过程是：当踩制动踏板时，制动系统的压力增大，膜片向上弯曲，从而推动动触片接通接线柱，制动信号灯通电发光；当松开制动踏板时，系统压力下降，动触片在回位弹簧的作用下复位，制动灯电路被切断而熄灭。

2）气压式制动信号灯开关

气压式制动信号灯开关结构如图 5－36 所示，通常被安装在制动系统的气压管路中。其工作过程是：当踩制动踏板时，制动压缩空气推动橡胶膜片向上弯曲，使触点闭合，接通制动信号灯电路。

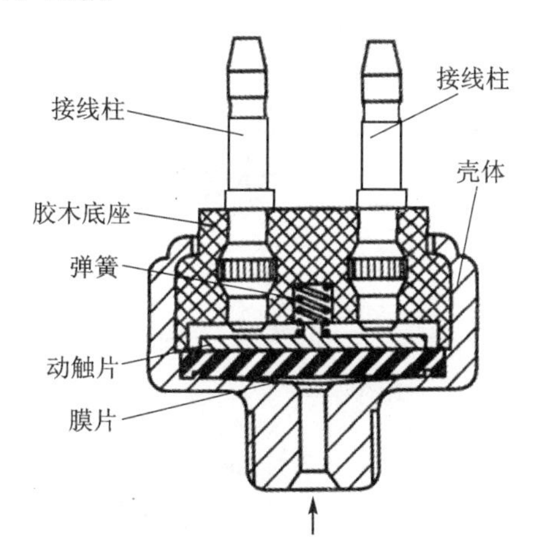

图 5－35　液压式制动信号灯开关

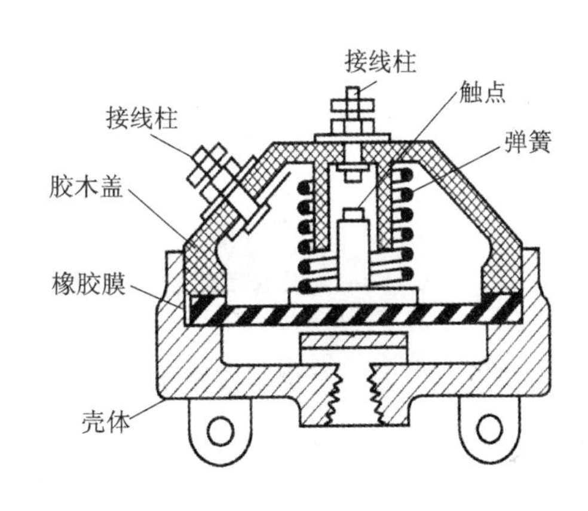

图 5－36　气压式制动信号灯开关

3）弹簧式制动信号灯开关

弹簧式制动信号灯开关结构如图 5－37 所示，安装在制动踏板的后面。其工作过程是：当踏下制动踏板 1 向左运动时，开关推杆 2 在弹簧 6 的作用下，接触板 5 接通触点 4、7，制动信号电路通电，制动信号灯点亮。

3. 倒车信号系统

（1）倒车信号系统的组成

倒车信号灯安装在车辆的尾部。当倒车时，倒车信号灯亮，为驾驶员提供照明，使其能够

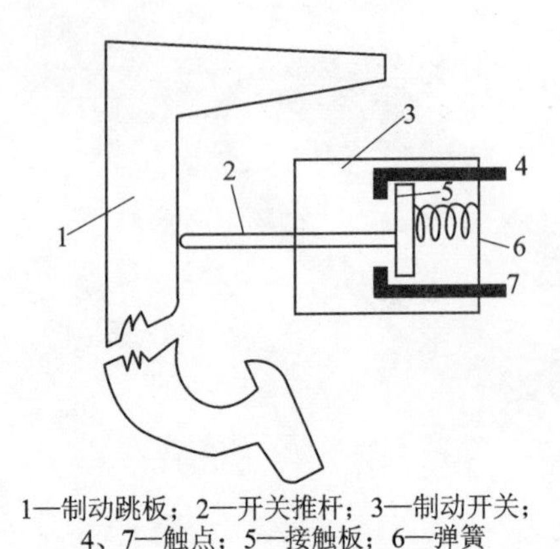

1—制动跳板；2—开关推杆；3—制动开关；
4、7—触点；5—接触板；6—弹簧

图 5－37　弹簧式制动信号灯开关

在夜间倒车时看清农业机械的后部，同时也警告后面的车辆，驾驶员准备倒车或正在倒车。

倒车信号系统电路由电源、倒车灯开关和倒车灯、倒车蜂鸣器等部件组成，如图 5－38 所示。其工作过程是：当驾驶员挂倒挡时，变速器杆被推入倒挡位置，在拨叉轴的作用下，倒挡开关接通倒车报警器和倒车灯电路，倒车灯亮，倒车蜂鸣器发出声响信号。

(2) 倒车灯开关

倒车信号系统由倒车灯开关控制。倒车信号开关的结构如图 5－39 所示。钢球 8 平时被顶起，当变速杆拨至倒车挡时，钢球被松开，在弹簧 4 的作用下，触点 5 闭合，将倒车信号电路接通。

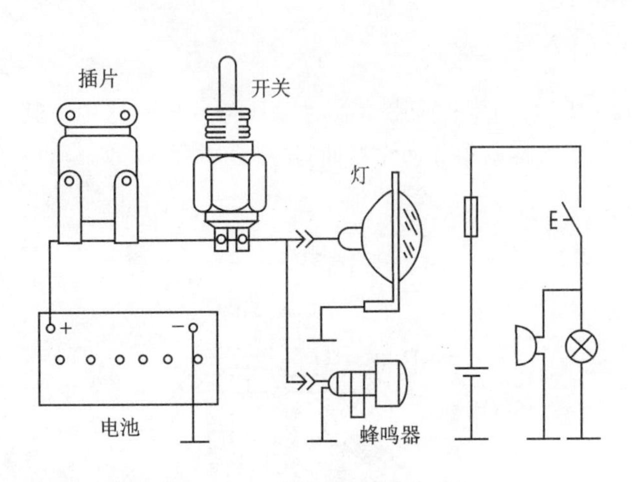

图 5－38　倒车信号系统电路图

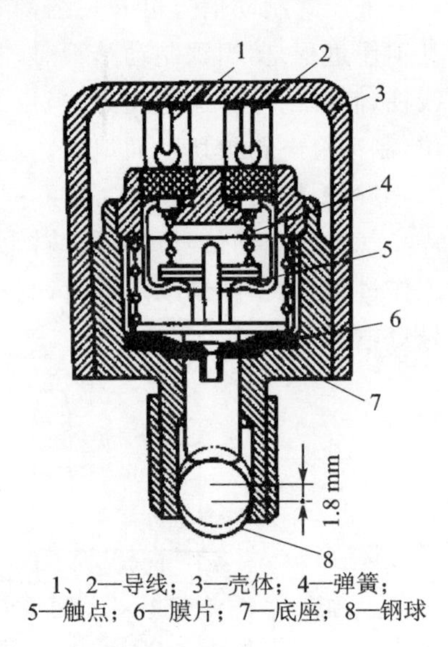

1、2—导线；3—壳体；4—弹簧；
5—触点；6—膜片；7—底座；8—钢球

图 5－39　倒车灯开关

(3) 倒车蜂鸣器

当车辆倒车时，为了警告车后的行人和车辆驾驶员而设置的报警系统即倒车报警器。倒车报警器和倒车信号灯都由倒车信号灯开关控制，倒车报警器设置了蜂鸣器。倒车报警器的电路如图 5－40 所示。倒车信号灯开关接通，倒车信号灯亮，同时电流流经继电器触点 4 至蜂鸣器 5，而蜂鸣器的间歇发声是由 N1、N2 线圈通电产生磁性来控制继电器触点的闭合与断开。

农业机械上所使用的倒车蜂鸣器主要是利用多谐振荡器控制三极管的导通与截止，为蜂鸣器提供间歇电流产生断续发声，其电路如图 5－41 所示。这类无触点倒车蜂鸣器电子控制器已广泛应用在各类农业机械的倒车系统上。

4. 喇叭信号系统

(1) 喇叭信号系统的组成

喇叭主要用于警告行人和其他车辆，以引起注意，保证行车安全。

喇叭按发音动力分为气喇叭和电喇叭；按外形分为螺旋形、筒形和盆形喇叭，如图5-42

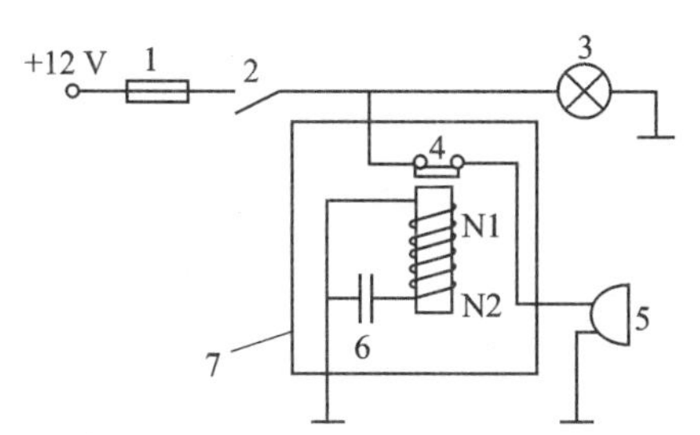

1—熔丝；2—倒车灯开关；3—倒车灯；4—继电器触点；
5—蜂鸣器；6—电容；7—倒车发声控制器

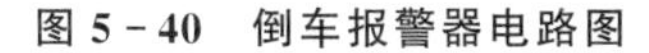

图 5－40　倒车报警器电路图

图 5－41　多谐振荡器式倒车蜂鸣器

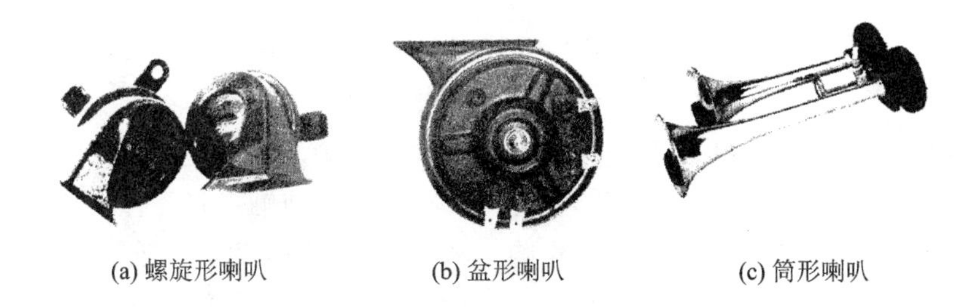

(a) 螺旋形喇叭　　(b) 盆形喇叭　　(c) 筒形喇叭

图 5－42　喇叭类型

所示；按声频分为高音和低音；按接线方式分为单线制和双线制。

喇叭信号系统主要由电源、喇叭按钮、电喇叭等组成，如图 5－43 所示。主开关接通后，按下喇叭按钮，喇叭电路就会接通，电喇叭工作而断续发声，达到警告行人的目的。

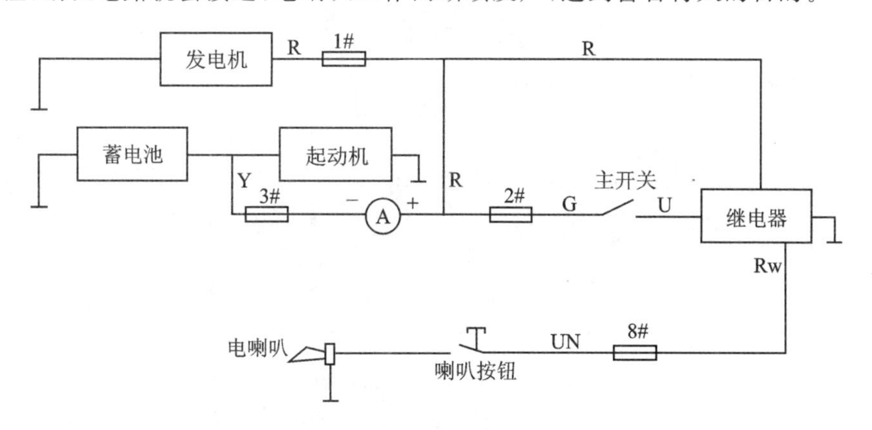

图 5－43　喇叭信号系统电路

（2）电喇叭

目前农业机械上所用的电喇叭多为盆形电喇叭，其具有体积小、质量轻、操作方便、结构简单、检修容易、声音悦耳、噪声小等优点。

盆形电喇叭的结构如图 5－44 所示，由膜片、共鸣板、铁芯线圈等组成。其基本工作原理是线圈通电产生吸力，将铁芯吸下，膜片被拉动变形，产生声音。

工作过程如下：按下喇叭按钮，电流流向为蓄电池正极→线圈 2→活动触点臂 6→固定触

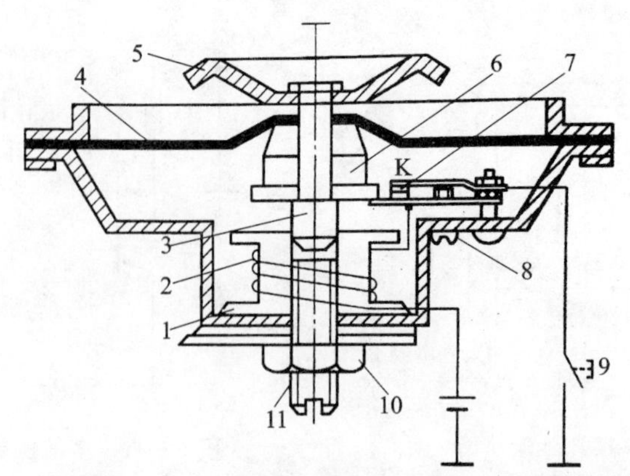

1—固定铁芯；2—线圈；3—导杆；4—膜片；5—共鸣板；
6—活动铁芯；7—固定触点；8—音量调整螺钉；9—喇叭按钮；
10—锁紧螺母；11—音调调整螺钉

图 5-44　盆形电喇叭的结构

点 7→喇叭按钮 9→搭铁→蓄电池负极。线圈通电产生磁场，铁芯被磁化，吸引上铁芯下移，拉动膜片变形，产生响声。由于上铁芯下移，压迫活动触点臂，使触点张开，线圈断电，磁场消失，衔铁连同膜片回位，于是膜片产生第二次声响。如此反复，使膜片产生连续振动，从而形成警示音。

(3) 电喇叭继电器

农业机械上一般使用双喇叭，使得电流消耗过大；如果直接用喇叭按钮操控，按钮易烧坏。为了克服这个缺点，可采用喇叭继电器。其结构及接线方式如图 5-45 所示。

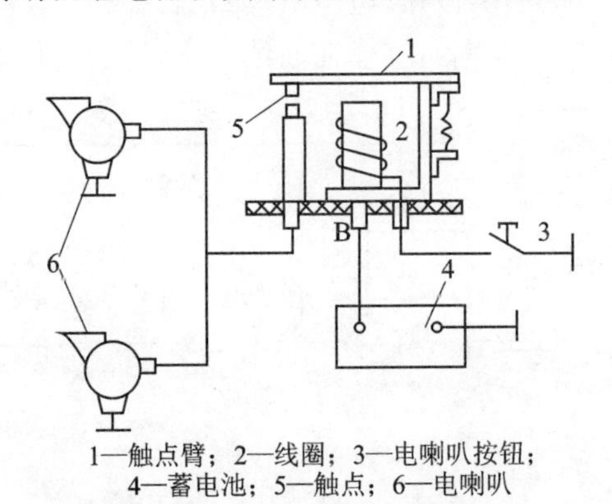

1—触点臂；2—线圈；3—电喇叭按钮；
4—蓄电池；5—触点；6—电喇叭

图 5-45　电喇叭继电器电路

其工作过程如下：按下喇叭按钮，电流流向为蓄电池正极→喇叭继电器 B 接线柱→线圈 2→喇叭按钮 3→搭铁→蓄电池负极。此时，线圈 2 中有电流流过，产生电磁力使触点臂 1 向下运动，触点 5 闭合，接通电喇叭电路使电喇叭发声。电喇叭控制电路为：蓄电池正极→喇叭继电器接线柱 B→触点臂 1→触点 5→电喇叭→蓄电池负极。

5.2.3　信号系统控制电路

信号系统电路由转向信号系统电路、制动信号系统电路、喇叭信号系统等组成。各电路一般由电源、熔丝、开关、继电器、信号灯等元件组成。

1. 清拖 750P 拖拉机信号系统电路分析

参照图 5-25 所示的清拖 750P 拖拉机信号系统电路，分析其工作过程如下。

(1) 转向信号系统电路

左转向电路：蓄电池正极→3＃保险丝→电流表→2＃保险丝→主开关→继电器→5＃保险丝→危险报警开关→闪光器→转向开关→接线柱 L→左转向灯灯泡→搭铁→蓄电池负极。

右转向电路：蓄电池正极→3＃保险丝→电流表→2＃保险丝→主开关→继电器→5＃保险丝→危险报警开关→闪光器→转向开关→接线柱 R→右转向灯灯泡→搭铁→蓄电池负极。

危险报警电路：蓄电池正极→3＃保险丝→接线柱 L、R→左、右转向灯灯泡→搭铁→蓄电池负极。

(2) 制动信号系统电路

制动信号系统电路：蓄电池正极→3＃保险丝→电流表→2＃保险丝→主开关→继电器→6＃保险丝→制动灯开关→制动灯灯泡→搭铁→蓄电池负极。

(3) 喇叭信号系统电路

喇叭信号系统电路：蓄电池正极→3＃保险丝→电流表→2＃保险丝→主开关→继电器→8＃保险丝→电喇叭按钮→电喇叭→搭铁→蓄电池负极。

2. 迪尔佳联 C230 联合收割机信号系统电路分析

图 5-46 所示为迪尔佳联 C230 联合收割机的信号系统电路，其工作过程如下。

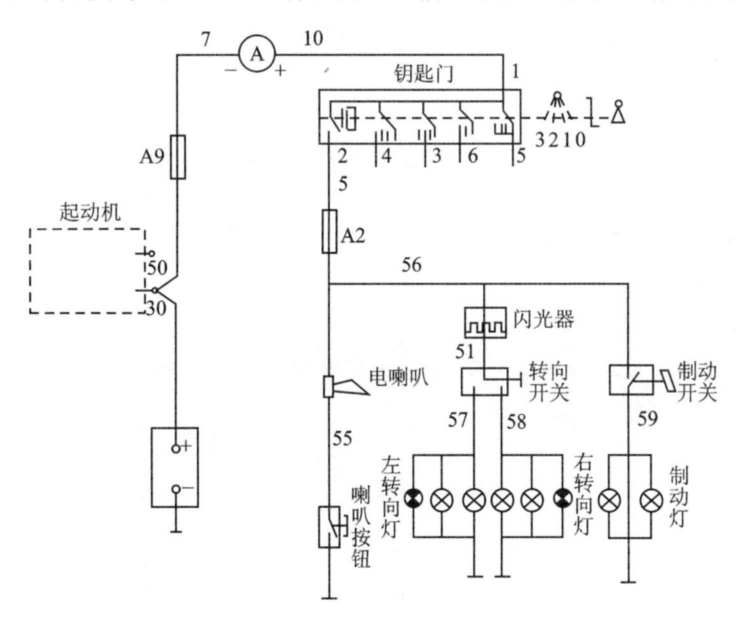

图 5-46　迪尔佳联 C230 联合收割机信号系统电路

(1) 转向信号系统电路

左转向电路：蓄电池正极→A9 保险丝→电流表→钥匙门 1→钥匙门 2→A2 保险丝→导线 56→闪光器→转向开关→导线 57→左转向灯灯泡→搭铁→蓄电池负极。

右转向电路：蓄电池正极→A9 保险丝→电流表→钥匙门 1→钥匙门 2→A2 保险丝→导线 56→闪光器→转向开关→导线 58→右转向灯灯泡→搭铁→蓄电池负极。

(2) 制动信号系统电路

制动信号系统电路:蓄电池正极→A9保险丝→电流表→钥匙门1→钥匙门2→A2保险丝→导线56→制动开关→导线59→制动灯灯泡→搭铁→蓄电池负极。

(3) 喇叭信号系统电路

喇叭信号系统电路:蓄电池正极→A9保险丝→电流表→钥匙门1→钥匙门2→A2保险丝→喇叭→导线55→喇叭按钮→搭铁→蓄电池负极。

5.2.4 信号系统常见故障诊断与排除

1. 转向信号系统故障诊断与排除

(1) 闪光器的检测

1) 闪光继电器的就车检查

点火开关置于ON挡时,转向灯开关打开,观察转向灯的闪烁情况:如果闪光器正常,那么相应的转向指示灯及转向灯应随之闪烁;如果转向灯不闪烁,则为闪光继电器自身故障或线路故障。

点火开关置于ON挡,用万用表检测闪光继电器电源接线柱B与蓄电池搭铁之间的电压,正常值为电源电压;如果无电压或电压过小,则为闪光器电源线路故障。用万用表检测闪光器的搭铁接线柱E与蓄电池正极之间的电压,正常值为电源电压;如果无电压或电压过小,则为闪光器搭铁线路故障。

在闪光器接线柱L与搭铁之间接入一个二极管试灯,正常情况下灯泡应闪烁,否则为闪光器内部晶体管元件故障。

2) 闪光器的独立检测

将稳压电源、闪光器、试灯接入试验电路,检测闪光继电器工作情况。

将稳压电源的输出电压调至12 V,接通试验电路,观察灯泡的闪烁情况。如果灯泡能够正常闪烁,则闪光器完好;如果灯泡不亮,则表明闪光器损坏。

(2) 常见故障诊断与排除

1) 所有转向灯不亮

① 故障现象:在蓄电池或发电机处于正常工作状态下,接通左转向开关,左转向灯不亮,接通右转向开关,右转向灯不亮。

② 故障原因:

a. 电源线路断路;

b. 熔丝烧断;

c. 闪光器损坏;

d. 转向开关损坏;

e. 转向灯损坏。

③故障诊断:

所有转向灯不亮故障诊断与排除流程如图5-47所示。

2) 转向系统其他故障

除所有转向灯不亮以外,转向系统还可能存在很多其他的故障,例如:左、右转向灯一侧不亮、亮起来的频率不对、转向灯常亮等。表5-6列举了转向系统的常见故障及故障原因和检

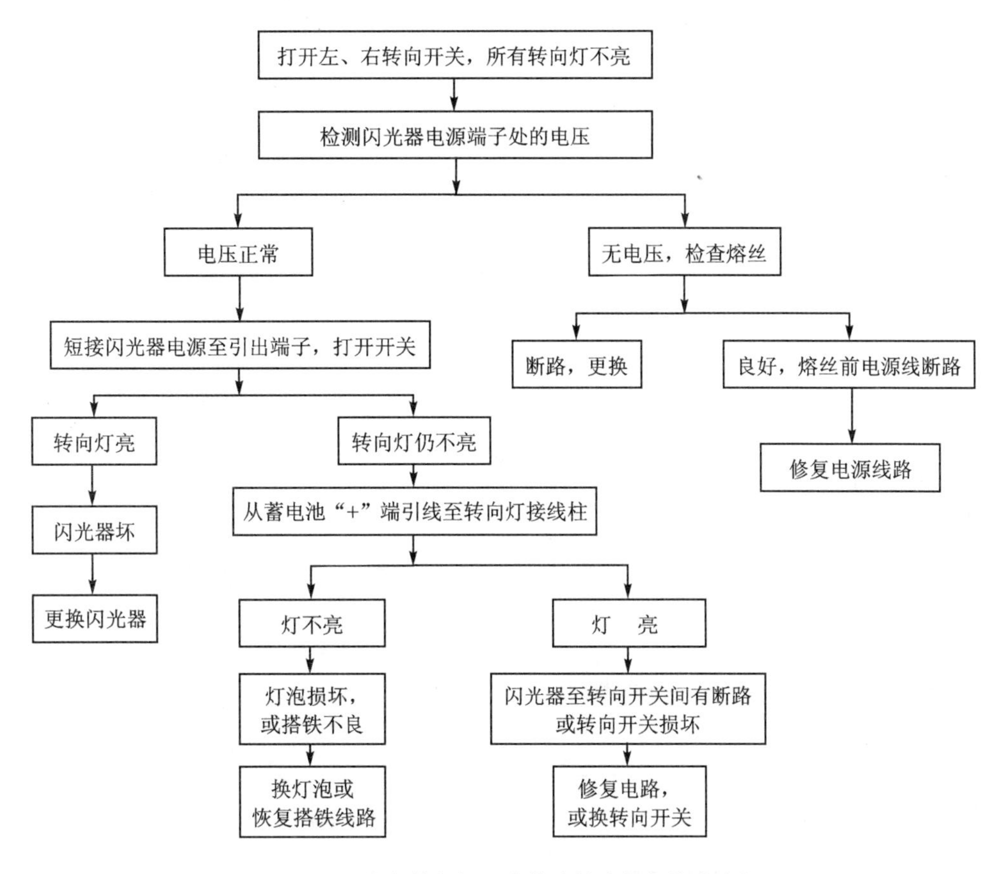

图 5－47　所有转向灯不亮故障的诊断与排除流程

修方法。

表 5－6　转向系统电路常见故障及故障原因和检修方法

故障现象	故障原因	检修方法
左、右转向灯一侧不亮	① 不亮侧灯泡坏； ② 不亮侧分线路断路； ③ 转向开关损坏	① 更换灯泡； ② 修理配线； ③ 更换开关
亮灭频率较慢	① 电源电压过低； ② 使用了比规定功率大的灯泡； ③ 闪光器损坏	① 给蓄电池充电； ② 更换成标准功率灯泡； ③ 更换闪光器
亮灭频率较快	① 使用了比规定功率小的灯泡； ② 闪光器损坏	① 更换成标准功率灯泡； ② 更换闪光器
左、右转向灯的亮灭频率不一样，或其中有一个不工作	① 转向灯灯丝烧断； ② 两灯泡功率不同； ③ 某一灯泡接地不良； ④ 线路中有接触不良	① 更换灯泡； ② 更换成标准功率的灯泡； ③ 维修或更换； ④ 修理接触部位
转向灯常亮	① 闪光器故障； ② 转向开关故障； ③ 短路故障	① 更换闪光器； ② 维修或更换转向开关； ③ 修理短路处

续表 5-6

故障现象	故障原因	检修方法
间歇性工作,或受到振动才工作	① 导线接触不良或断路; ② 闪光器损坏	① 修理或更换配线; ② 更换闪光器
转向灯电路的保险丝易烧	① 有短路现象; ② 闪光器损坏	① 修理短路处; ② 更换闪光器

2. 制动信号系统故障诊断与排除

(1) 制动灯不亮故障诊断与排除

① 故障现象:在蓄电池或发电机处于正常工作状态下,踩下制动踏板,制动灯不亮。

② 故障原因:

a. 熔丝烧断;

b. 制动灯开关损坏;

c. 灯泡损坏;

d. 搭铁不良。

③ 故障分析:

制动灯不亮的故障诊断与排除流程如图 5-48 所示。

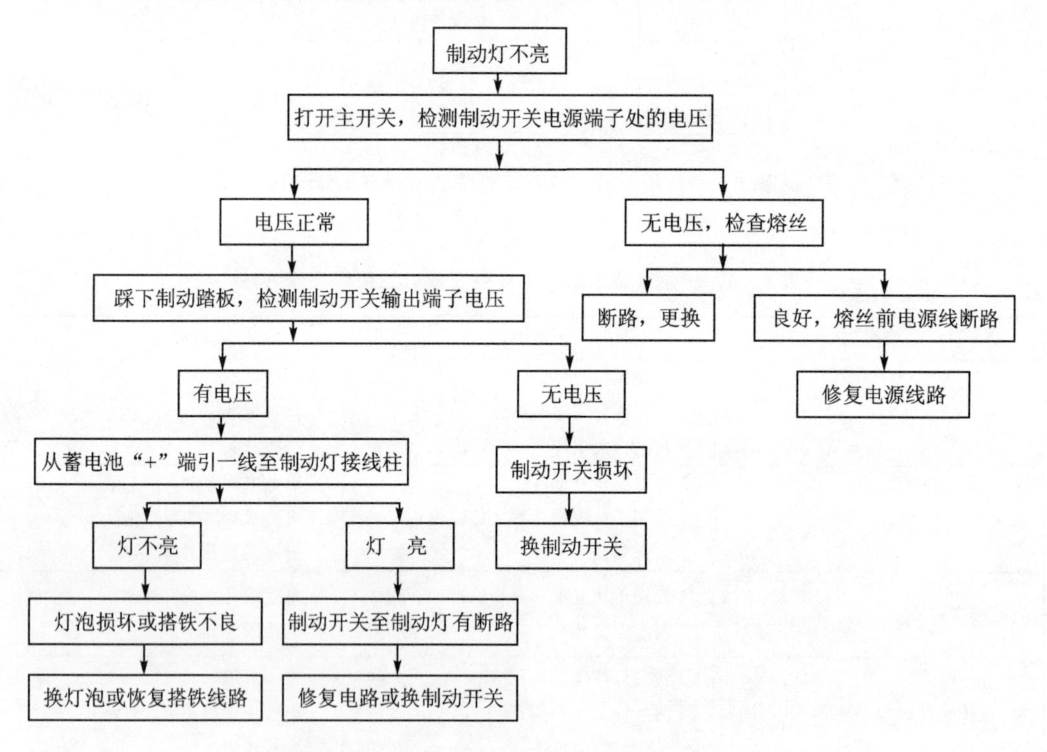

图 5-48　制动灯不亮的故障诊断与排除流程

(2) 制动信号系统其他故障

除制动灯不亮以外,制动系统还可能存在很多其他的故障,例如左、右制动灯一侧不亮或制动灯常亮等。表 5-7 列举了制动系统的常见故障及故障原因和检修方法。

表 5-7　制动系统电路常见故障及故障原因和检修方法

故障现象	故障原因	检修方法
左、右制动灯一侧不亮	① 不亮侧灯泡坏； ② 不亮侧分线路断路	① 更换灯泡； ② 修理配线
制动灯常亮	① 制动开关故障； ② 短路故障	① 维修或更换制动开关； ② 修理短路处
间歇性工作，或受到振动才工作	① 导线接触不良或断路； ② 制动开关触点松动	① 修理或更换配线； ② 更换制动开关

3. 倒车信号系统故障诊断与排除

(1) 倒车灯不亮故障诊断与排除

① 故障现象：在蓄电池或发电机处于正常工作状态下，挂上倒挡，倒车灯不亮。

② 故障原因：

a. 熔丝烧断；

b. 倒车灯开关损坏；

c. 灯泡损坏；

d. 搭铁不良。

③ 故障分析：

倒车灯不亮的故障诊断与排除流程如图 5-49 所示。

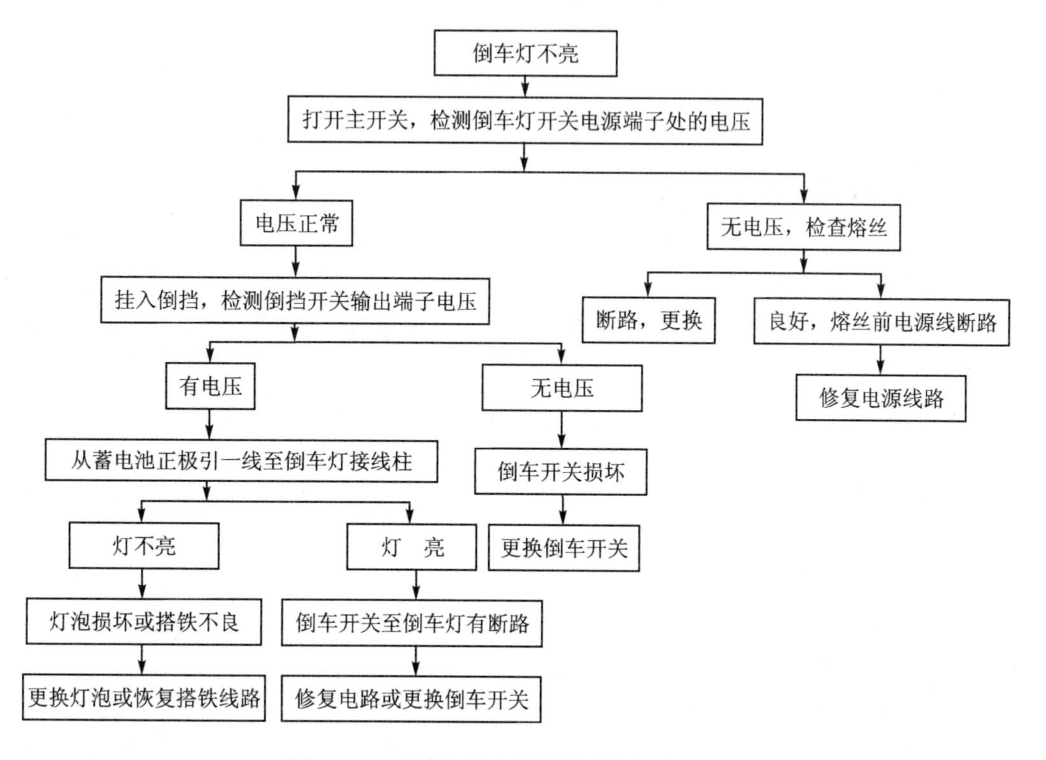

图 5-49　倒车灯不亮的故障诊断与排除流程

(2) 倒车信号系统其他故障

倒车信号系统中除倒车灯不亮以外,还存在很多其他的故障,例如左、右倒车灯一侧不亮或倒车灯常亮等。这些故障现象的故障原因及故障排除方法与制动信号系统相同。

4. 喇叭信号系统故障诊断与排除

(1) 电喇叭的检查

① 喇叭筒和盖有凹陷或变形时,应予以修整。

② 检查喇叭内的各个接头连接是否牢固,如有断裂或脱落则用烙铁焊牢。

③ 检查触点接触情况:触点应平整,上、下触点应相互重合,其中心线的偏移应不超过0.25 mm,接触面积不应小于80%,否则应予以修整。

④ 检查喇叭消耗电流的大小:将喇叭接到蓄电池上,并在电路中串接一只电流表。检查喇叭在正常蓄电池供电情况下的发音和耗电情况。发音应清脆洪亮,无沙哑声音,消耗电流不应大于规定值。当喇叭耗电量过大或声音不正常时,应予以调整。

(2) 电喇叭的调整

一般电喇叭在使用一段时间后,常常会出现声音小或者声音沙哑的故障,这对行车安全构成很大威胁,因此要对电喇叭进行调整。

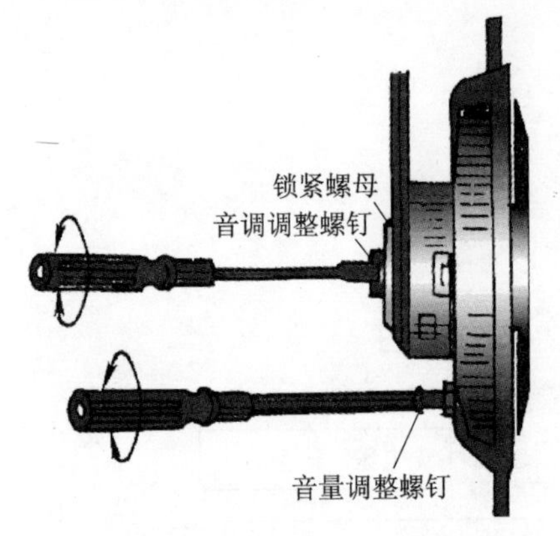

图 5-50 电喇叭的调整

电喇叭的调整主要是音调的调整和音量的调整,如图 5-50 所示。

电喇叭音调的高低取决于膜片振动的频率,可通过改变铁芯间隙来改变膜片的振动频率,从而改变音调;用工具松开锁紧螺母,旋转铁芯,调至合适音调时,再旋紧锁紧螺母即可。调整时,间隙减小则音调升高,间隙增大则音调降低。

电喇叭音量的大小取决于通过线圈的电流大小。通过电流越大,喇叭发出的音量就越大。通过改变喇叭触点的接触压力来调整线圈通过电流的大小,压力增大则通过线圈的电流增大,喇叭音量也增大;反之,音量则减小。

(3) 常见故障诊断与排除

1) 电喇叭不响

① 故障现象:在蓄电池或发电机处于正常工作状态下,按下喇叭按钮,电喇叭不响。

② 故障原因:

a. 蓄电池电量不足;

b. 喇叭继电器损坏;

c. 电喇叭损坏;

d. 电喇叭调整不当;

e. 电喇叭固定螺钉松动;

f. 喇叭按钮损坏。

③ 故障诊断：

电喇叭不响的故障诊断与排除流程如图 5－51 所示。

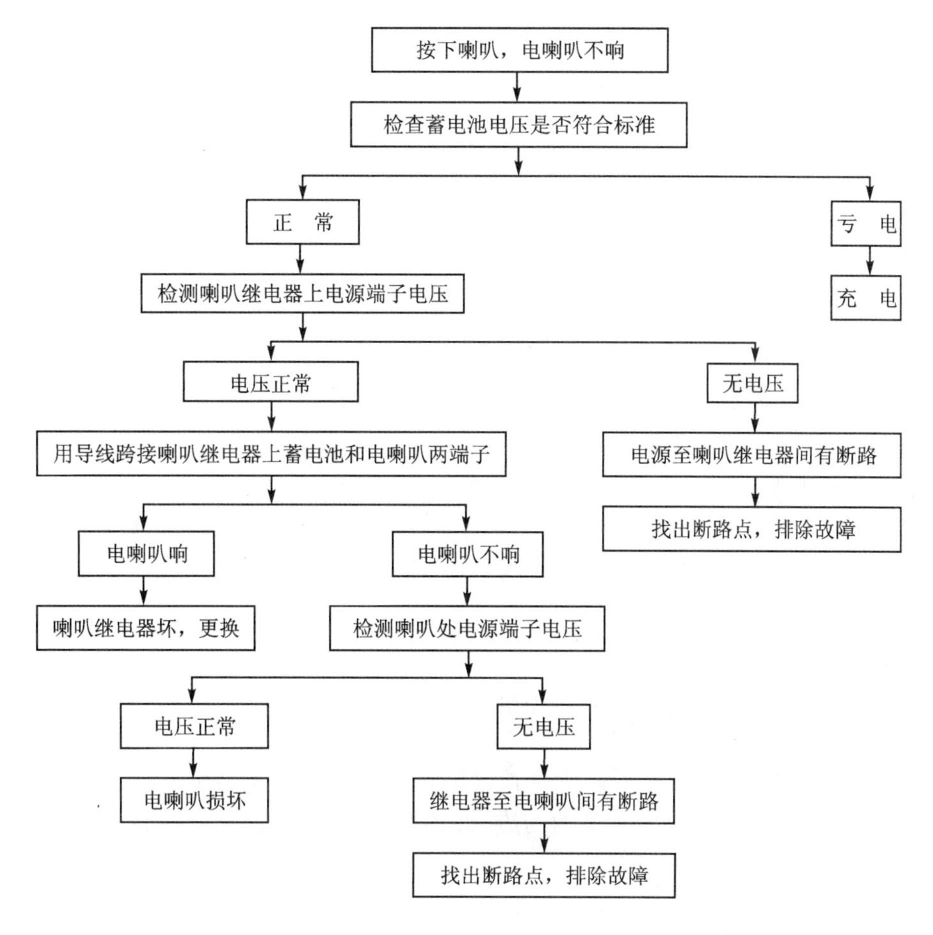

图 5－51 电喇叭不响的故障诊断与排除流程

2）喇叭信号系统其他故障

喇叭信号系统中除电喇叭不响外，还存在很多其他的故障，例如：喇叭声音沙哑、喇叭长鸣等。针对这些故障现象，表 5－8 列举了喇叭信号系统的常见故障及故障原因和排除方法。

表 5－8 喇叭信号系统电路常见故障及故障原因与排除方法

故障现象	故障原因	排除方法
喇叭声音沙哑	① 蓄电池亏电； ② 喇叭触点烧蚀接触不良； ③ 膜片破裂	① 充电； ② 清洁打磨触点； ③ 更换
喇叭长鸣	① 按钮卡死； ② 继电器触点烧结不能张开； ③ 喇叭控制导线短路	① 维修或更换按钮； ② 更换继电器； ③ 修理配线
按下按钮，喇叭不响，只发出“嗒”的一声，但耗电量过大	① 调整不当，使喇叭触点不能打开； ② 喇叭触点间短路； ③ 电容或灭弧电阻短路	① 重新调整； ② 更换绝缘使其正常； ③ 更换

5.3 照明设备与信号的维护

1. 前照灯的维护

- 安装前照灯时，应根据记号安装，不得倾斜放置。
- 若半封闭式前照灯反射镜、散光玻璃上有尘污，则应用压缩空气吹干净。
- 若压缩空气吹不干净，则可根据镀层材料采取适当方法擦净，如镀银或镀铝的只能用清洁棉花蘸热水擦。注意要从镜面的中心向外围呈螺旋形地轻轻擦拭或清洗。
- 有些反射镜表面由制造厂预涂了一层薄而透明的保护膜，清洁时注意不要破坏。
- 前照灯的接线应保持良好状态。
- 在换用真空灯时应注意搭铁的极性，通过灯罩可以看到两根灯丝共同连接的灯脚为搭铁脚，粗灯丝为远光，细灯丝为近光。注意不能装错，否则灯泡不能正常发光。
- 普通灯泡和卤钨灯泡不能互换使用。
- 调换灯泡时，应先将该灯泡的电源开关关断，再进行操作。
- 安装前照灯灯泡时，应带上干净的手套进行操作，不可用手直接进行灯泡的安装。
- 配光镜和反射镜之间的密封垫圈应固定好，从而保持其良好的密封性。如果损坏应及时更换。

2. 电喇叭的维护

- 注意单线制电喇叭与双线制电喇叭的接线方法，双线制电喇叭按钮控制其搭铁，单线制电喇叭按钮控制其电源线。
- 装两只或两只以上的电喇叭时为延长按钮的使用寿命，应安装喇叭继电器。
- 电喇叭安装时扬声筒应向车辆的前方，并稍向下倾斜，以防雨水或洗车水进入其内而影响发声效果。
- 发电机输出电压应调整适当，过高或过低都会对电喇叭有损害。
- 使用电喇叭的时间不应过长，一般连续发声不超过 10 s。

第6章　仪表系统和报警系统

学习目标

- 能描述农机常用仪表系统、报警系统的作用和工作原理；
- 能认知农机常用仪表系统、报警系统的结构；
- 会分析农机常用仪表系统、报警系统的控制电路；
- 会诊断和排除农机常用仪表系统、报警系统的常见故障。

6.1　仪表系统

6.1.1　仪表系统概述

农机仪表系统的作用是监测车辆的运行状况，是驾驶员了解车辆工作状况的“眼睛”，使驾驶员能随时观察并掌握汽车各系统工作状态的相关信息，以确保车辆行车安全，及时发现故障和避免发动机出现严重故障。因此，在农机驾驶室前方台板上装有仪表盘。

对农机仪表的一般要求是：结构简单，体积小，工作可靠，耐振动，抗冲击性好；显示的数据必须准确、清晰；在电源电压波动时，对其所引起的变化应尽可能小，且不随环境温度的变化而变化。

农机仪表系统主要由电流表、发动机转速表、车速里程表、燃油表、水温表、机油压力表等组成，并且各仪表封装在一个壳体内，具有结构紧凑、美观大方的特点，故为现代农机普遍采用。不同车型和不同品牌的仪表系统的仪表个数及结构类型有所不同，图6-1所示分别为拖拉机、收割机、插秧机的仪表盘。

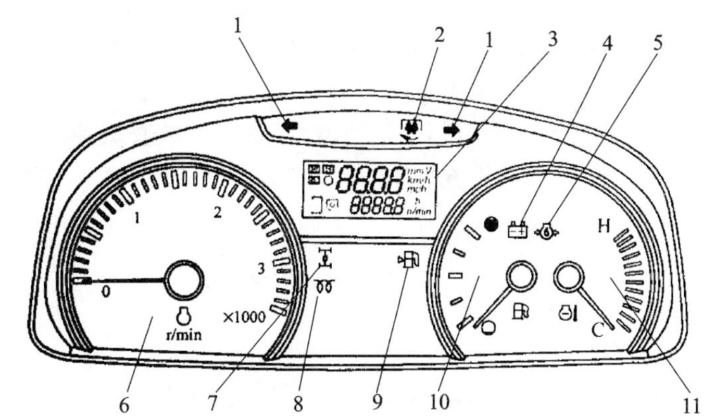

1—警示/转向指示灯；2—动力输出离合器指示器；3—液晶显示区；4—充电指示器；
5—机油压力指示灯；6—转速表；7—四驱驱动指示器；8—加热器指示器；
9—燃油油位指示器；10—燃油表；11—冷却液温度表

(a) 拖拉机的仪表盘

图6-1　拖拉机、插秧机、收割机的仪表盘

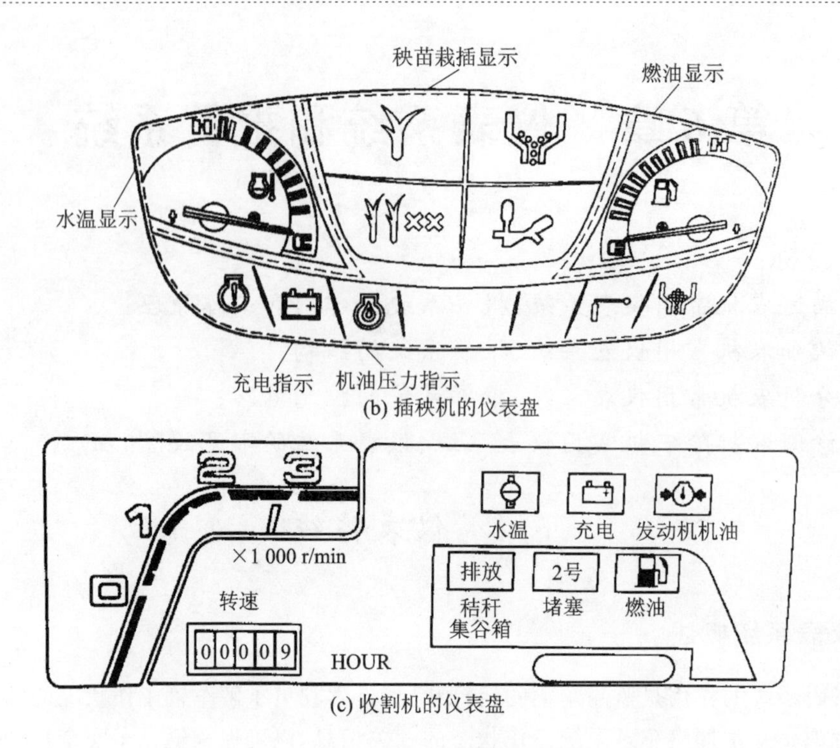

(b) 插秧机的仪表盘

(c) 收割机的仪表盘

图 6-1 拖拉机、插秧机、收割机的仪表盘(续)

6.1.2 仪表系统主要部件与工作原理

1. 电流表

电流表不但能指示蓄电池是处于充电还是放电状态，而且还能测量出充、放电电流的大小。

电流表串联于电路中，表盘的中间刻度为 0，两旁标有“＋”、“－”。电流表应与蓄电池串联且接线时极性不可接错。电流表的接法应以发电机为准，对于负极搭铁车型，发电机的“＋”端应接电流表的“＋”端，反之蓄电池的“＋”端应接电流表的“－”端。发电机向蓄电池充电时，指示值为“＋”；蓄电池向用电设备放电时，指示值为“－”。

电流表根据结构形式可以分为电磁式电流表和动磁式电流表两类。但多数现代农机上的电流表已被结构简单、价格低廉的充电指示灯所取代，也有少数农机上同时具备电流表和充电指示灯。充电指示灯虽不能直接读出充、放电电流的大小，但可以通过充电指示灯的亮暗变化直观反映充电系统的工作是否正常。电流表的结构与工作原理这里就不介绍了。

2. 冷却液温度表、机油压力表和燃油表

(1) 类　型

虽然农机的冷却液温度表、机油压力表和燃油表测量的参数不同，但均由指示表和传感器两部分组成。指示表在结构上有电热式(双金属片式)和电磁式两种，传感器有电热式(双金属片式)和可变电阻式两种。指示表和传感器的配合类型如下：

① 电热式指示表＋电热式传感器；

② 电热式指示表＋可变电阻式传感器；

③ 电磁式指示表＋可变电阻式传感器。

下面分别介绍三种仪表中的一种类型。

(2) 机油压力表(电热式指示表+电热式传感器)

机油压力表用来检测和显示发动机主油道的机油压力的大小，以防因缺机油而造成拉缸、烧瓦等重大故障的发生。它由装在仪表盘上的油压指示表和装在发动机主油道中或粗滤器上的机油压力传感器组成。

电热式指示表与电热式传感器的构造与工作原理如图6-2所示。

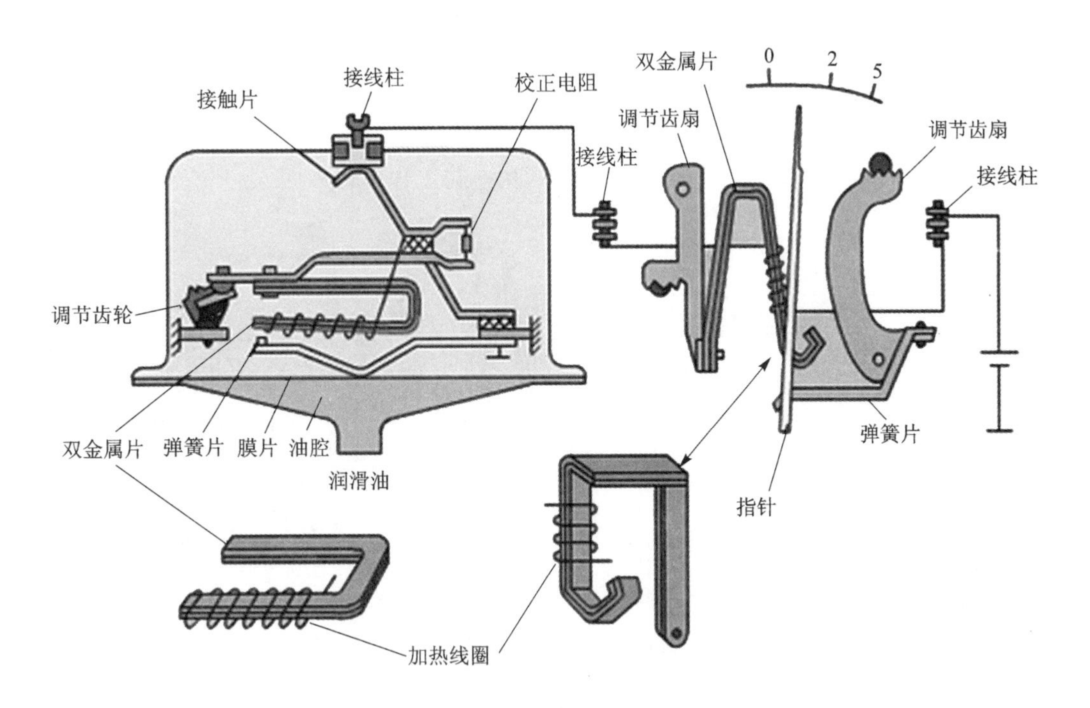

图6-2　电热式指示表与电热式传感器的构造与工作原理

1) 电热式机油压力表

机油压力表内装有中双金属片，其上绕有加热线圈，线圈两端分别与机油压力表接线柱相接，机油压力表接线柱与机油压力传感器相接，机油压力表接线柱经点火开关与电源相接。双金属片的一端弯成勾形，扣在指针上。

2) 电热式机油压力传感器

机油压力传感器内部装有膜片，其下腔与发动机润滑主油道相通，机油压力直接作用到膜片上，其上方压着弹簧片。弹簧片一端与外壳固定并搭铁，另一端焊有触点，双金属片上绕有加热线圈。加热线圈的一端焊在双金属片的触点上，另一端焊在接触片上。

3) 机油压力表的工作原理

当点火开关闭合时，电流表的电路为：蓄电池正极→点火开关→机油压力表接线柱→机油压力表内双金属片的加热线圈→机油压力表接线柱→机油压力传感器接线柱→接触片→机油压力传感器内双金属片上的加热线圈→触点→弹簧片→搭铁→电源负极。

若机油压力很低，则传感器膜片变形很小，作用在触点上的压力也很小。通电时温度略有上升，传感器双金属片稍有变形，就会使触点分开，切断电路；冷却后触点又接通电路，循环工作。因此，机油压力降低时，触点压力小，分开时间长，接触时间短，平均电流小，压力表内双金属片变形小，指针偏转量小，指示油压低。

当机油压力升高时，传感器膜片变形增大，作用在触点上的压力也增大，传感器内双金属片被压向上弯曲，需要通电时间长、双金属片变形量大才能使触点分开，切断电路；稍一冷却，触点又接通电路，循环工作。因此，机油压力升高时，触点分开时间短，接触时间长，平均电流大，压力表内双金属片变形大，指针偏转量大，指示油压高。

(3) 冷却液温度表(电热式指示表＋可变电阻式传感器)

冷却液温度表用来检测和显示发动机水套中冷却液的工作温度，以防因冷却液温度过高而使发动机过热。

冷却液温度表由装在仪表盘上的冷却液指示表和装在发动机水套上的温度传感器(一般为负温度系数的热敏电阻，其特点是温度升高时阻值变小，温度降低时阻值变大)组成，两者用导线连接。电热式指示表和可变电阻式传感器的构造与工作原理如图 6-3 所示。

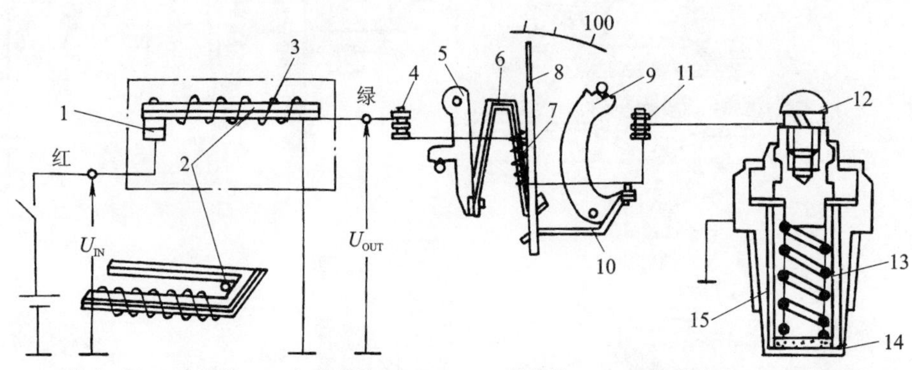

1—触点；2—双金属片；3—加热线圈；4、11、12—接线柱；5、9—调节齿扇；6—双金属片

图 6-3 电热式指示表与可变电阻式传感器的构造与工作原理

当点火开关闭合时，电流流向为：蓄电池正极→点火开关→电源稳压器→温度表双金属片 6 的加热线圈 7→传感器接线柱 12→热敏电阻 14→传感器外壳 15→搭铁→蓄电池负极。

当发动机冷却液温度较低时，传感器的热敏电阻阻值大，电路中电流的平均值小，温度表的双金属片弯曲变形小，指针指向低温。反之，当冷却液温度升高时，热敏电阻阻值小，电路中电流的平均值大，温度表的双金属片弯曲变形大，指针指向高温。

(4) 燃油表(电磁式指示表＋可变电阻式传感器)

燃油表用来指示燃油箱内燃油的储存量。它由装在仪表盘上的燃油指示表和装在油箱内的传感器组成，两者用导线连接。电磁式指示表与可变电阻式传感器的构造与工作原理如图 6-4 所示。

指示表中有左、右两个铁芯，铁芯上分别绕有左线圈 1(串联线圈)和右线圈 2(并联线圈)，中间置有转子 3，转子 3 上连有指针 4。传感器由可变电阻 5、滑片 6 和浮子 7 组成。浮子浮在油面上，随燃油液面的高低而改变位置，从而使可变电阻的阻值发生变化。可变电阻的一端接传感器接线柱，另一端搭铁。

当点火开关置于 ON 时，电流流向为：蓄电池正极→点火开关 11→燃油表接线柱 10→左线圈 1→接线柱 9→右线圈 2→搭铁→蓄电池负极。同时电流流经接线柱 9→传感器接线柱 8→可变电阻 5→滑片 6 →搭铁→蓄电池负极。左线圈 1 和右线圈 2 形成合成磁场，转子 3 就

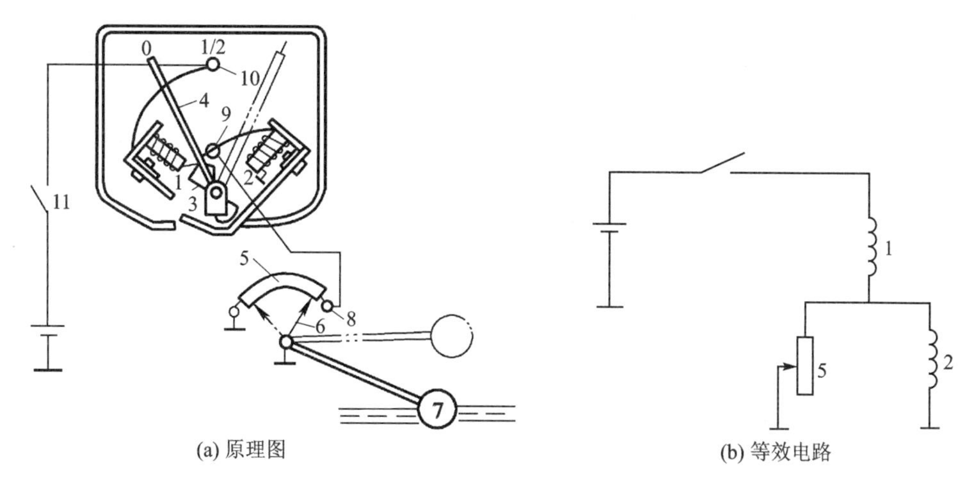

(a) 原理图　　(b) 等效电路

1—左线圈；2—右线圈；3—转子；4—指针；5—可变电阻；6—滑片；
7—浮子；8—传感器接线柱；9、10—燃油表接线柱；11—点火开关

图 6-4　电磁式指示表与可变电阻式传感器的构造与工作原理

在合成磁场的作用下转动，使指针指在某一刻度上。

当油箱无油时，浮子下沉，可变电阻 5 上的滑片 6 移至最右端，可变电阻 5 被短路，右线圈 2 也被短路，左线圈 1 的电流达最大值，产生的电磁吸力最强，吸引转子 3，使指针停在最左面"0"的位置上。

随着油箱中油量的增加，浮子上浮，带动滑片 6 沿可变电阻滑动。可变电阻 5 部分接入电路，左线圈 1 电流相应减小，而右线圈 2 中电流增大。转子 3 在合成磁场的作用下向右偏转，带动指针指示油箱中的燃油量。如果油箱半满，则指针指在"1/2"的位置上；当油箱全满时，指针指在"1"的位置上。

3. 车速里程表

车速里程表是用来指示车辆行驶速度和累计行驶里程数的仪表，由车速表和里程表两部分组成。一般分为磁感应式和电子式两种。

(1) 磁感应式车速里程表

磁感应式仪表没有电路连接，其基本结构如图 6-5 所示。磁感应式车速里程表由变速器（或分动器）内的涡轮、涡杆经软轴驱动。车速表是由与主动轴紧固在一起的永久磁铁、带有轴和指针的铝碗、磁屏以及紧固在车速里程表外壳上的刻度盘等组成。里程表由涡轮涡杆机构和 6 位数字的十进位数字轮组成。

不工作时，铝碗在盘形弹簧的作用下，使指针指在刻度盘"0"的位置上。当车辆行驶时，主动轴带着永久磁铁旋转，永久磁铁的磁力线穿过铝碗，在铝碗上感应出涡流，铝

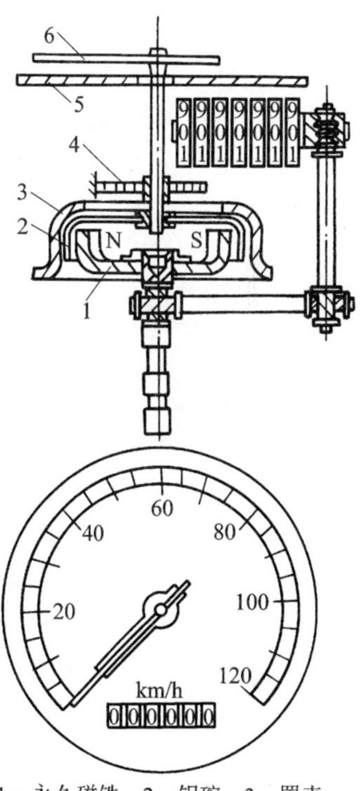

1—永久磁铁；2—铝碗；3—罩壳；
4—盘形弹簧；5—刻度盘；6—指针

图 6-5　磁感应式车速里程表结构

碗在电磁转矩作用下克服盘形弹簧的弹力，向永久磁铁转动的方向旋转，直至与盘形弹簧的弹力相平衡。由于涡流的强弱与车速成正比，指针转过角度与车速成正比，指针便在刻度盘上指示出相应的车速。

里程表经涡轮涡杆机构减速后用数字轮显示。车辆行驶时，软轴带动主动轴，主动轴经三对涡轮涡杆（或一套涡轮涡杆和一套减速齿轮系统）驱动里程表最右边的第一个数字轮。第一个数字轮上的数字为 1/10 km，每两个相邻的数字轮之间的传动比为 1∶10。即当第一个数字轮转动一周，数字由 9 翻转到 0 时，便使相邻的左面第二个数字轮转动 1/10 周，呈十进位递增。这样车辆行驶时就可累计出其行驶里程数，最大读数为 99 999.9 km。

(2) 电子式车速里程表

电子式车速里程表主要由车速传感器、电子电路、步进电动机、车速表和里程表四部分组成。图 6－6 所示为车速传感器。车速传感器的作用是产生正比于车速的电信号。它由一个舌簧开关和一个含有 4 对磁极的转子组成。变速器驱动转子旋转，转子每转一周，舌簧开关中的触点闭合、打开 8 次，产生 8 个脉冲信号，该脉冲信号频率与车速成正比。车速传感器将具有一定频率的电信号输入电子电路，经电子电路整形、触发后输出一个与车速成正比的电流信号给车速表。车速表是一个电磁式电流表，当汽车以不同车速行驶时，从电子电路接线端输出的与车速成正比的电流信号便驱动车速表指针偏转，即可指示相应的车速。

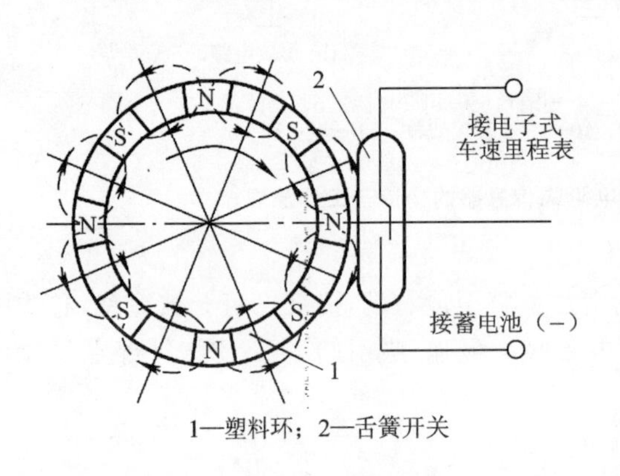

1—塑料环；2—舌簧开关

图 6－6　车速传感器

里程表由一个步进电动机和 6 位数字的十进位数字轮组成。车速传感器输出的信号，经 64 分频后，再经功率放大器放大到足够的功率，驱动步进电动机，带动数字轮转动，从而记录行驶的里程。

4. 转速表

转速表用于指示发动机的运转速度，是发动机工况信息的重要指示装置，便于驾驶员选择发动机的最佳速度范围，把握好车速和换挡时机，使得发动机以最佳动力及最佳经济性运转。常用的转速表有机械式和电子式两种。机械式转速表的基本结构和原理与机械式车速里程表中的车速表相同，这里不再赘述。

电子式转速表信号源主要有两种：一种信号取自点火系统初级电路的脉冲电压（只限用于汽油机）；另一种信号取自安装在飞轮壳上的电磁感应式转速传感器，其原理和电子车速传感器相同，其结构如图 6－7 所示。

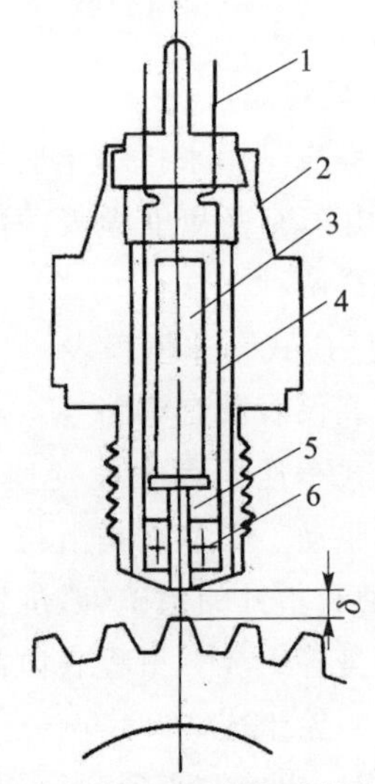

1—接线片；2—外壳；3—永久磁铁；4—连接线；5—芯轴；6—感应线圈；δ—空气间隙

图 6－7　电磁感应式转速传感器

电磁感应式转速传感器是根据电磁感应原理制成,其输出的是近似正弦波的频率信号。该信号经电路处理后,输出具有一定幅值和宽度的矩形波,用来驱动电磁式电流表。由于输入的信号频率与通过芯轴的飞轮齿数成正比,信号的频率和幅值也就与发动机转速成正比。当转速升高时频率升高时,幅值增大,使通过毫安表中的平均电流增大,指针摆动角度也相应增大,于是转速表指示的转速升高。

6.1.3　仪表系统控制电路

图 6-8 所示为清拖 750P 仪表系统的控制电路。从仪表系统控制电路图中可以看出仪表系统电路具有以下特点:

- 所有仪表都要受起动开关控制。当起动开关在 ON 的位置时,仪表电路接通,仪表开始有指示。
- 各仪表电路并联,互不影响。
- 各仪表的表头与传感器串联。双金属片式的仪表(如机油压力表、燃油表等)一般共用电源稳压器。

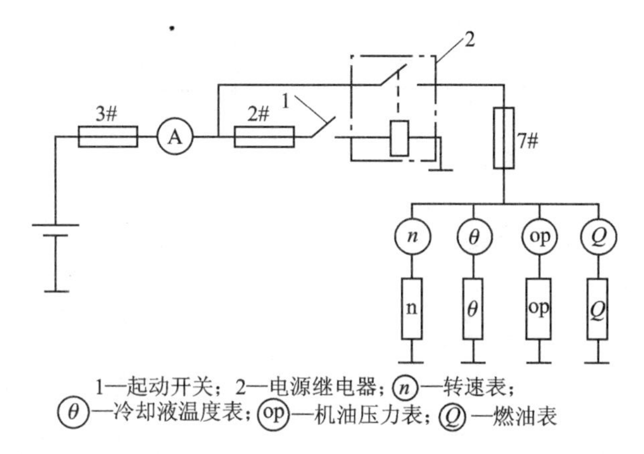

1—起动开关;2—电源继电器;(n)—转速表;
(θ)—冷却液温度表;(op)—机油压力表;(Q)—燃油表

图 6-8　清拖 750P 仪表系统电路

6.1.4　仪表系统常见故障检查与排除

仪表系统常见的故障有不工作和工作但显示不准确两类。

1. 仪表不工作的故障分析

在仪表系统电路中,大部分都配有电源稳压器,而且不论是电磁式仪表还是电热式仪表,又都配有传感器。这样,在仪表不工作的故障中,当两个或两个以上仪表同时不工作时,应先检查仪表熔丝和电源稳压器是否有故障;当单个仪表不工作时,应首先确定故障是发生在传感器还是在仪表。

(1) 单个仪表不工作(以燃油表为例)

① 故障现象:起动发动机,发现燃油表无数值指示。其电路如图 6-9 所示。

② 故障原因:

a. 线路故障:线路断路,接触不良,搭铁不良。

b. 设备故障:传感器损坏、燃油表损坏。

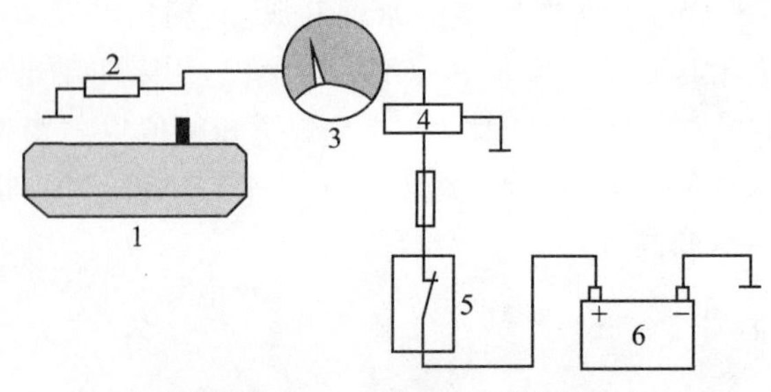

1—燃油箱；2—10 Ω 电阻；3—燃油表；
4—电源稳压器；5—点火开关；6—蓄电池

图 6－9　燃油表的故障检查方法

③ 故障诊断与排除：

燃油表不工作的故障诊断流程如图 6－10 所示。

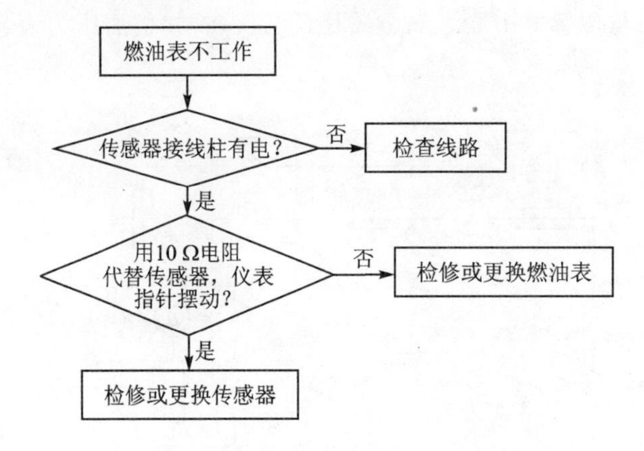

图 6－10　燃油表不工作的故障诊断流程

(2) 两个或两个以上仪表不工作

① 故障现象：起动发动机，发现多个仪表无数值指示。

② 故障原因：

a. 线路故障：线路断路，接触不良，搭铁不良。

b. 设备故障：稳压器损坏、保险丝烧断。

③ 故障诊断与排除：

如图 6－11 所示，仪表系统的电路是并联的，所以在两个或两个以上的仪表不工作的情况下，应检查仪表系统的公共电路部分即仪表电源电路。首先检查保险丝，若保险丝正常，再检查电源稳压器。测量电源稳压器的输出端 B 及输入端 A 的电压是否符合技术标准。输出端 B 与搭铁端之间的电压，电压表读数一般为 9.75～10.25 V，否则更换电源稳压器；测量输入端与 A 搭铁端之间的电压，电压表的读数应为电源电压，否则电路线路有短路或接触不良，应检修线路。

2. 仪表工作组显示不准确的故障分析

如果多数仪表指示不准确，往往是由于稳压器有故障或仪表搭铁不良等原因引起，可分别检查。如果个别仪表指示不准确，往往是由于仪表线圈故障、传感器接触或安装错误、仪表与传感器未配套使用、连接线路故障等引起的，可以参照相关车型技术规范，检查后校正或更换。

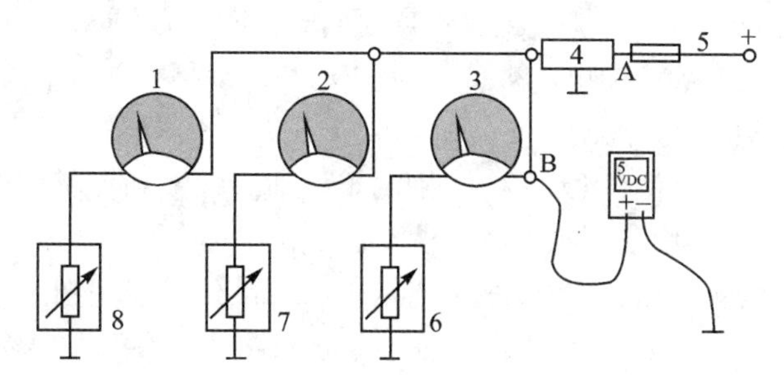

1、2、3—仪表；4—电源稳压器；5—蓄电池正极；6、7、8—传感器

图 6－11　多个仪表不工作的故障诊断

3. 仪表及传感器的检测

(1) 机油压力表及机油压力传感器的检测与调整

检测机油压力表与机油压力传感器的阻值：用万用表检测压力表内的线圈和机油压力传感器的阻值，其值应符合原制造厂的规范，否则应更换，并做好记录。

机油压力表与机油压力传感器的校验，如图 6－12 所示。将被测试机油压力传感器 3 装在小型手摇油压机 1 上，并与被测试油压表 4 连接，接通开关 5，摇转手柄改变油压。当被测试油压表 4 的压力分别为 0 MPa、2 MPa、5 MPa 时，其油压表 2 的压力也相应地指示为 0 MPa、2 MPa、5 MPa，证明被测试油压表与被测试传感器工作正常，否则应予以调整或更换。

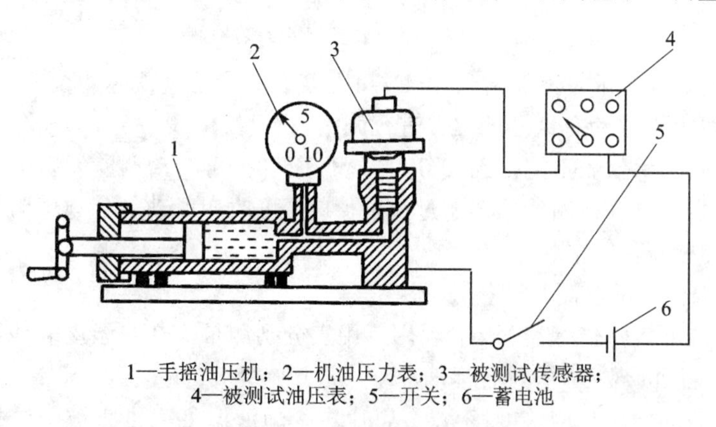

1—手摇油压机；2—机油压力表；3—被测试传感器；
4—被测试油压表；5—开关；6—蓄电池

图 6－12　机油压力表与传感器的校验

机油压力表与机油压力传感器的调整：电磁式机油压力表可通过改变左、右线圈的轴向位置或夹角来调整，双金属片式油压表可通过拨动表中的齿扇来调整。调整双金属片式油压传感器可在传感器之间接入电流表。机油压力表检测电路如图 6－13 所示，检查时先接通开关 S，调节可变电阻，使毫安表指在 60 mA，观察油压表指针应指在“0”位。若有偏差，可用工具通过压力表座背面的小孔拨转调整齿扇，直至消除偏差为止。然后调节可变电阻，使毫安表指在 240 mA，油压表应指在 0.49 MPa，若有偏差则

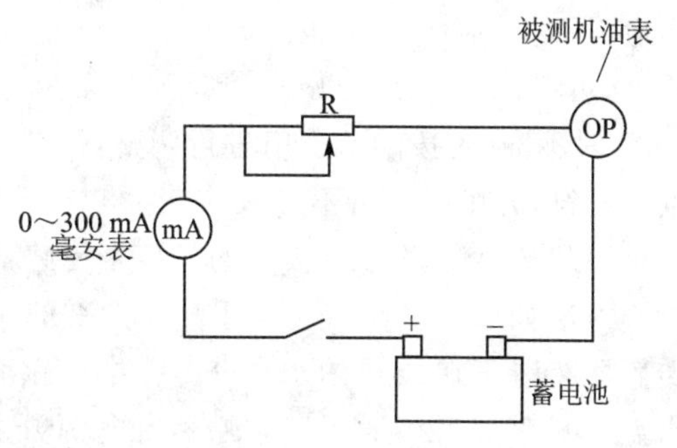

图 6－13　机油压力表检测电路

可用工具通过表座背面的另一小孔拨转调整齿扇，使指针指在 0.49 MPa。不同车型的双金属片式机油压力表检测的压力数值和电流数值的对应关系应参考相应车型的技术规范。

(2) 燃油表及传感器的检测与调整

检测燃油表与传感器的阻值：用万用表分别测量燃油表线圈和传感器电阻值，均应符合制造厂的规定，不符合标准应维修或更换。

燃油表与传感器的检测与调整：先将被测指示表与标准传感器按图 6－14 所示接线，然后闭合开关 S，将标准传感器的浮子杆与垂直轴线分别成 31°和 89°时，指示表必须对应指在"0(E)"和"1(F)"的位置上，其误差不得超过 10%，否则应予以调整。

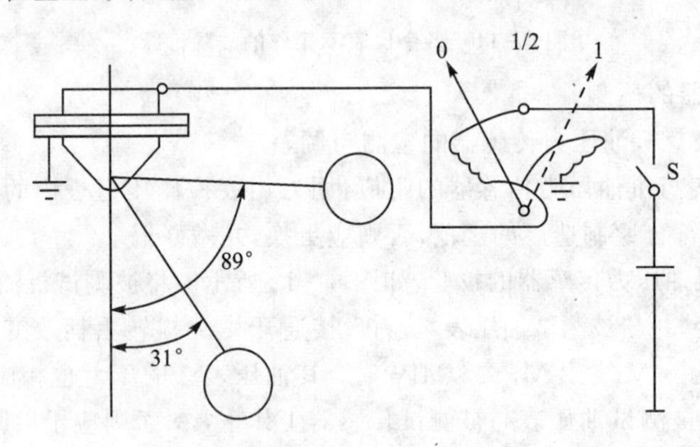

图 6－14　燃油表与传感器的检测

当电磁式、动磁式指示表不能指到"0(E)"时，可上下移动左铁芯的位置进行调整；当不能指到"1(F)"时，可上下移动右铁芯的位置进行调整，或更换新表。

当双金属片式指示仪表不能指到"0(E)"或"1(F)"时，可转动调整齿扇进行调整。

当使用标准指示仪表检测传感器超过误差值时，可改变滑动触片与电阻的相应位置进行调整，或更换新传感器。

(3) 冷却液温度表的检测与调整

检测冷却液温度表与传感器的阻值：用万用表分别测量冷却液温度表线圈和传感器电阻值，均应符合制造厂的规定，不符合标准应维修或更换。

冷却液温度表的检测与调整：对于双金属片式冷却液温度表可将被测试指示表串接在如图 6－15 所示的电路中。接通开关，调节可变电阻 R，当毫安表指示 80 mA、160 mA、240 mA 时，指示表应相应指在 100 ℃、80 ℃、40 ℃的位置上，且其误差不应超过 20%。若指示值与规定电流不符，应予以调整。若指针在 100 ℃时不准，可拨动左调整齿扇进行调整。右指针在 40 ℃时不准，可拨动右齿扇进行调整，使其与标准值相符，各中间点可不必校验。

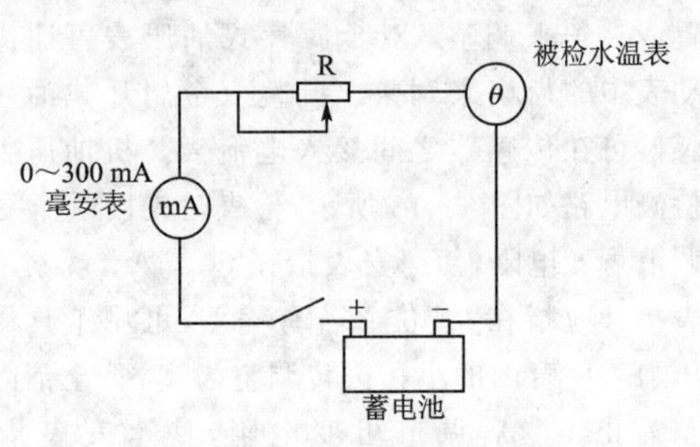

图 6－15　水温表检测电路

冷却液温度表与传感器的校验：传感器的检查方法如图 6－16 所示，可将被检查的水温传感器装进正在加热的水槽 1 中，并与标准的水温表 6 串联，然后接入电源。当电源开关 5 闭合后，将水槽中的水分别加热至 40 ℃和

100 ℃时(此时水温由插入水槽中的标准水银温度计测量),保温 3 min。若观察到与传感器串联的标准冷却液温度表也分别显示 40 ℃和 100 ℃,则表明该冷却液温度传感器的工作正常,否则应更换传感器。

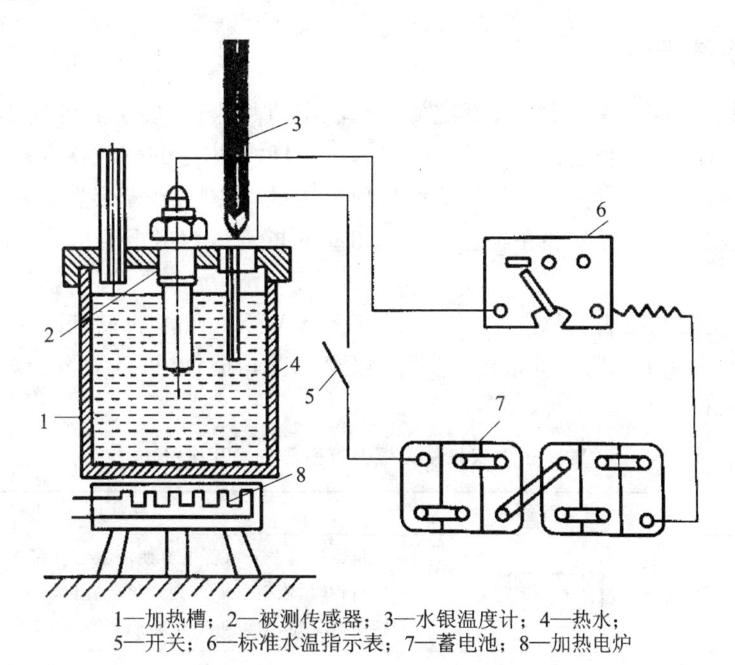

1—加热槽;2—被测传感器;3—水银温度计;4—热水;
5—开关;6—标准水温指示表;7—蓄电池;8—加热电炉

图 6-16　水温传感器的检测

6.1.5　仪表系统的使用与维护

1. 拆装时的注意事项

- 拆装组合仪表时,应先拆下蓄电池负极电缆,以免手触摸仪表板后面时造成线路短路。
- 拆卸转向柱护罩上的固定螺钉,取下护罩,卸掉装饰板固定螺钉。有的车型可能要先拆下车上的音响按钮,然后再取下装饰面板。
- 拆组合仪表装饰面板时,由于固定螺钉一般是隐蔽的,因此要仔细查找固定螺钉,若强行拆卸将会损坏装饰面板。绕到仪表板背面,卸下车速表软轴;从仪表板上稳妥地取下仪表。
- 拆装组合仪表时,应注意仪表板后面的线束插接器及车速里程表软轴接头,一般都带有锁止机构,切勿强拆。
- 从电路板上拆下仪表表芯、电源稳压器、照明及指示灯时,小心不要损坏印制电路。

2. 安装时的注意事项

- 电磁式仪表的接线柱有正、负极性之分,不得接错。
- 单独更换表芯或仪表传感器时,注意仪表与传感器必须配套使用。
- 拆装仪表及传感器时,注意动作要轻,不要敲打。
- 电热式机油压力传感器安装时有方向要求。
- 仪表与传感器的接线、传感器的搭铁必须可靠。

6.2 报警系统

6.2.1 报警系统概述

现代农机为了显示车辆各个主要系统的工作状况，保证行车安全和各操作系统的正常工作所设置的灯光或声音信号装置称为报警装置。当车辆机油压力过低、冷却水温度过高、发电机不充电、油箱燃油存储量过少、插秧机栽秧盘秧苗用尽、收割机排草装置堵塞等情况发生时，车辆的报警装置将及时点亮安装在组合仪表上相应的指示灯发出报警信号，提醒驾驶员注意或停车检修。

报警灯通常安装在仪表上，灯泡功率一般为1～4 W。在灯泡前设有滤光片，使报警灯发出红光或黄光，滤光片上通常有标准图形符号，以显示其功能，农机常见报警灯的图形符号及作用如表6-1所列。

表6-1　农机常见报警灯图形符号及作用

名　称	图形符号	作　用
充电指示灯	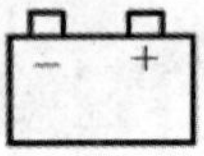	该指示灯用来显示蓄电池使用状态。接通点火开关，车辆开始自检时，该指示灯点亮。起动后自动熄灭。如果起动后该指示灯常亮，则说明充电系统故障
机油压力报警灯	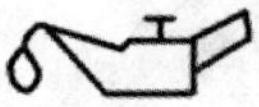	该指示灯用来显示发动机内机油的压力状况。接通点火开关，车辆开始自检时，指示灯点亮，起动后熄灭。该指示灯常亮，说明该车发动机机油压力低于规定标准，需要维修
预热指示灯	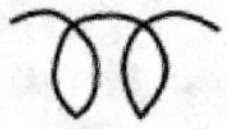	当钥匙起动开关接通预热起动装置时，改指示灯点亮，说明车辆在进行预热。预热结束后，该指示灯熄灭
制动系统报警灯		该指示灯用来显示车辆制动系统状态，当制动系统有故障时，如制动液面低，制动气压低，该指示灯自动点亮，提醒驾驶员及时检修
燃油不足报警灯		该指示灯用来显示车辆内储油量的多少，当接通点火开关，车辆进行自检时，该油量指示灯会短时间点亮，随后熄灭。如起动后该指示灯点亮，则说明车内油量已不足
远光指示灯		该指示灯是用来显示车辆远光灯的状态。当驾驶员点亮远光灯时，该指示灯会同时点亮，以指示车辆的远光灯处于开启状态
转向指示灯	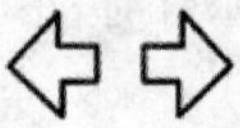	该指示灯是用来显示车辆转向灯的工作状态。当驾驶员点亮转向灯时，相应方向的转向指示灯会同时点亮，转向灯熄灭后，该指示灯自动熄灭
发动机自检指示灯	 CHECK	该指示灯用来显示发动机的工作状态。接通点火开关后点亮，3～4 s后熄灭，说明发动机正常。若该指示灯不亮或长亮，则说明发动机故障，需要及时进行检修

续表 6－1

名　称	图形符号	作　用
冷却液温度报警灯		该指示灯用来显示发动机内冷却液的温度，接通点火开关，车辆自检时，会点亮数秒，然后熄灭。若水温指示灯长亮，说明冷却液温度超过规定值，需立刻暂停行驶
示宽指示灯		该指示灯用来显示车辆示宽灯的工作状态，当示宽灯打开时，该指示灯随即点亮。当示宽灯关闭或者关闭示宽灯并打开大灯时，该指示灯自动熄灭
差速锁指示灯		当差速锁处于结合状态时，该指示灯亮
四轮驱动指示灯		当拖拉机前后都有动力时，该指示灯亮
秧苗用尽报警灯		当插秧机载秧盘上的秧苗用尽时，该指示灯亮

还有些报警灯是用文字来表示的，如收割机谷仓满时仪表板上的"谷满"报警灯亮，当秸秆排草堵塞时仪表板上的"排草"报警灯亮。

6.2.2　报警系统主要部件与工作原理

1. 机油压力报警灯

当车辆润滑系统机油压力低于标准值时，机油压力报警灯会点亮，以提醒驾驶员注意。目前，很多农机上已取消机油压力表，只用机油压力报警灯来监测润滑系统的工作情况。机油压力报警灯电路是由安装在发动机主油道上的报警灯开关和安装在仪表板上的红色报警灯组成。报警灯开关主要有弹簧管式和膜片式两种。

（1）弹簧管式机油压力报警灯开关

图 6－17 所示为弹簧管式机油压力报警灯开关控制电路。其报警开关内有一个管形弹簧，管形弹簧的一端与主油道相通，另一端有一对触点，固定触点经连接片与接线柱相接，活动

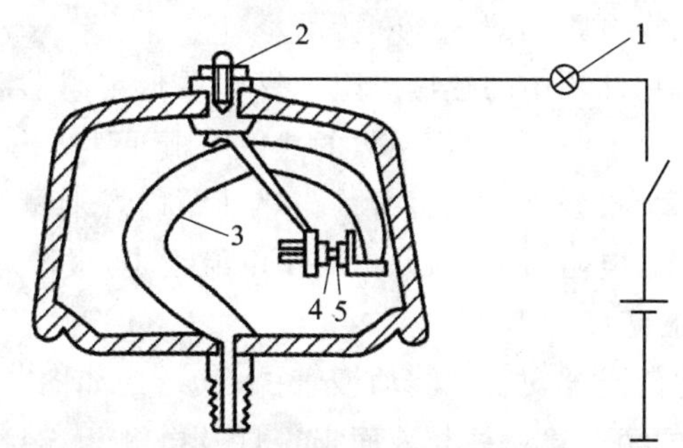

1—机油压力报警灯；2—报警开关接线柱；3—管形弹簧；
4—固定触点；5—活动触点

图 6－17　弹簧管式机油压力报警灯开关控制电路

触点经外壳搭铁。发动机正常工作，当机油压力低于标准值时，管形弹簧向内弯曲，触点闭合，机油压力报警灯亮，以示警告；当机油压力正常时，管形弹簧产生的弹性变形增大，使触点分开，机油压力报警灯熄灭，以示机油压力正常。

（2）膜片式机油压力报警灯开关

图 6－18 所示为膜片式机油压力报警灯开关控制电路。当机油压力正常时，机油压力推动膜片向上弯曲，推杆将触点打开，机油压力报警灯熄灭；当机油压力低于标准值时，膜片在弹簧压力作用下向下移动，从而使触点闭合，机油压力报警灯亮，提醒驾驶员机油压力不足。

2. 冷却液温度报警灯

冷却液温度报警灯的作用是当冷却液温度升高至一定值时，报警灯自动点亮，以提醒驾驶员冷却液温度过高，及时停车。冷却液温度报警灯电路主要由安装在发动机水套内的传感器和安装在仪表板上的报警灯组成，其电路如图 6－19 所示。在传感器的密封套管内装有条形双金属片，其自由端焊有动触点，而静触点直接搭铁。当温度升高至 95～98 ℃范围内时，由于双金属片膨胀系数的不同，向静触点方向弯曲，一旦两触点接触，便接通报警灯电路，红色报警灯点亮。

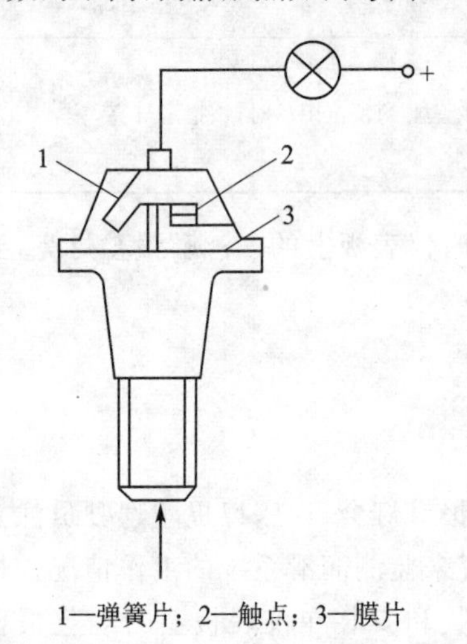

1—弹簧片；2—触点；3—膜片

图 6－18　膜片式机油压力报警灯开关控制电路

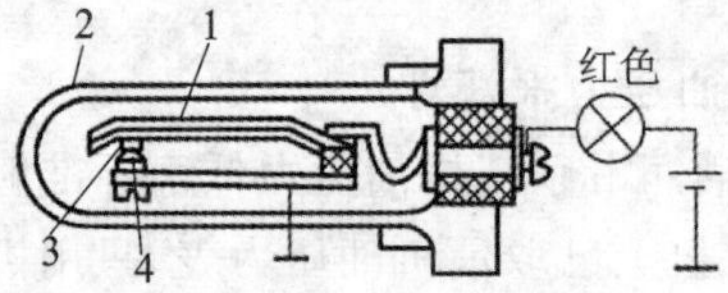

1—双金属片；2—壳体；3—动触点；4—静触点

图 6－19　冷却液温度报警灯控制电路

3. 燃油不足报警灯

当燃油箱内的燃油减少到某一规定值以下时，燃油油量报警装置会点亮燃油油量报警灯，以引起驾驶员注意。其工作电路如图 6－20 所示。

燃油不足报警电路由在油箱中的热敏电阻式燃油油量传感器和仪表板上的报警灯组成。当燃油减少到某一规定值以下时，负温度系数的热敏电阻元件露出油面，散热慢，温度升高，电阻值减小，电路中电流增大，报警灯点亮报警。当燃油箱内燃油量多时，热敏电阻元件浸没在燃油中散热快，其温度较低，电阻值大，所以电路中电流很小，报警灯处于熄灭状态。

4. 制动液液面过低报警灯

制动液液面报警灯的传感器安装于制动液管内，其结构如图 6－21 所示。在传感器的外壳内装有舌簧开关，开关的两个接线柱与液面报警灯及电源相连接，浮子上固装有永久磁铁。当浮子随制动液面下降至规定值以下时，永久磁铁的电磁吸力使得舌簧开关闭合，接通报警灯电路，发出警告；当制动液液面在限定值以上时，浮子上升，由于吸力减弱，舌簧开关在自身弹力作用下，断开报警灯电路。

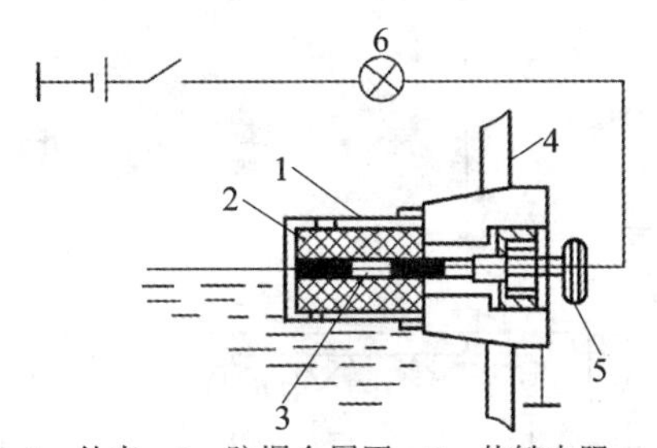

1—外壳；2—防爆金属网；3—热敏电阻；
4—油箱外壳；5—接线柱；6—燃油不足报警灯

图 6－20　热敏电阻式燃油不足报警灯开关控制电路

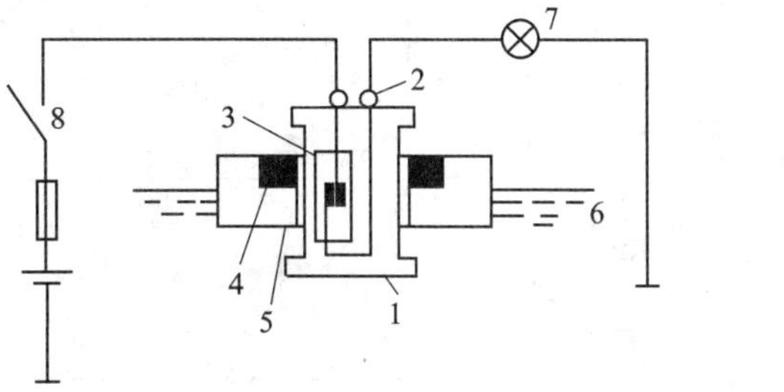

1—舌簧开关外壳；2—接线柱；3—舌簧开关；4—永久磁铁；
5—浮子；6—制动液面；7—制动液不足报警灯；8—点火开关

图 6－21　制动液不足报警灯控制电路

5. 秧苗用尽报警系统

秧苗用尽报警系统的作用是在插秧机工作时监测载秧盘上的秧苗是否用完。该报警系统由蓄电池、秧苗用尽指示灯、蜂鸣报警器、栽插离合器开关、秧苗用尽传感器开关、电子控制单元(ECU)等组成，其电路如图 6－22 所示。

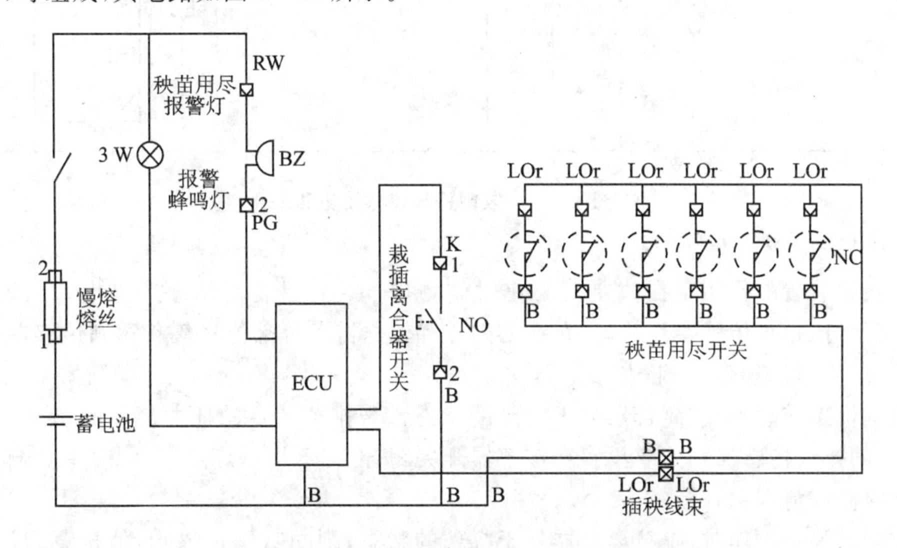

图 6－22　秧苗用尽报警系统电路

当插秧机处于工作状态时，栽插离合器开关处于闭合状态，如果载秧盘上有秧苗，则 6 个秧苗用尽开关都被秧苗压下，秧苗用尽开关处于打开状态，并将此信号传送给 ECU，秧苗用尽指示灯及蜂鸣报警器电路断开，指示灯不亮，蜂鸣器不响，表示状态正常。当 6 个载秧盘中只要其中一个或多个缺少秧苗时，其秧苗用尽开关由于没有秧苗将其压下故处于闭合状态，并将此信号传送给 ECU，ECU 使秧苗用尽指示灯和蜂鸣报警器电路接通，秧苗用尽指示灯点亮，同时蜂鸣报警器响，提醒驾驶员补充秧苗。

6. 收割机报警系统

收割机报警系统有排草报警装置、2 号螺旋轴报警装置和辅助报警装置等组成。其电路如图 6－23 所示。

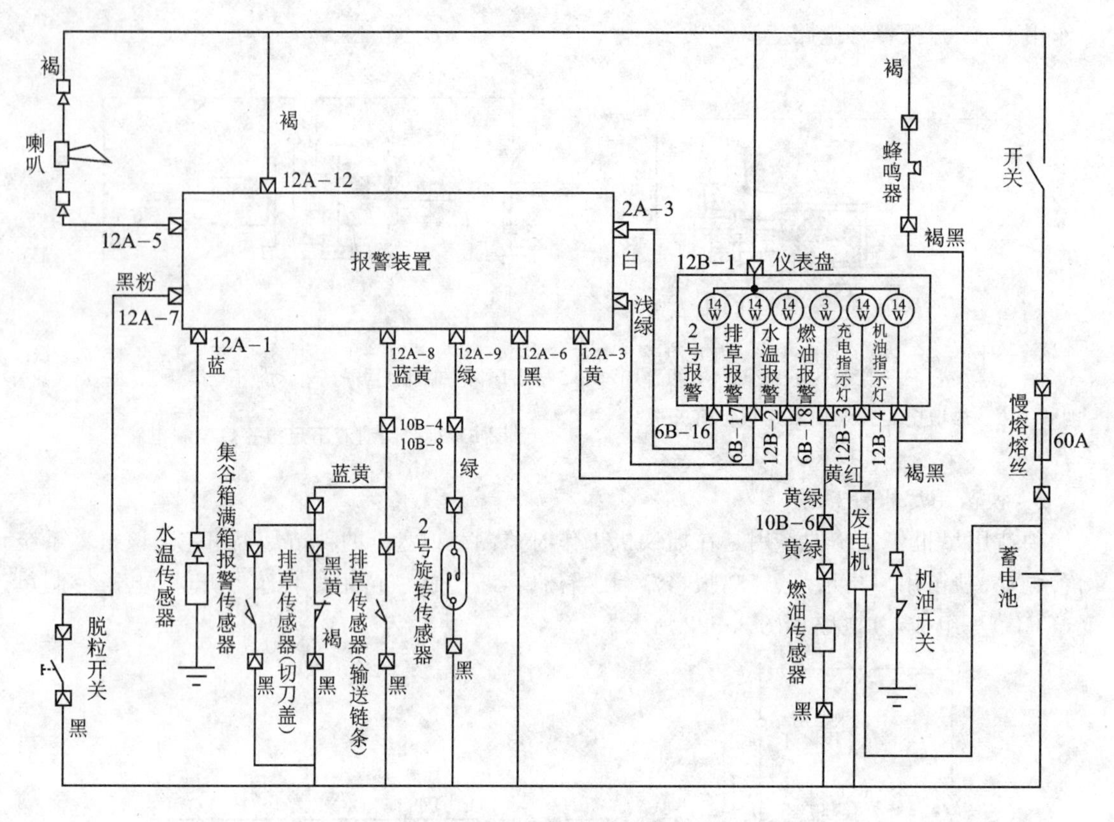

图 6-23 收割机报警系统电路

(1) 排草报警装置

排草报警装置的作用是在收割机工作时监测排草装置是否有堵塞。该报警系统由蓄电池、排草指示灯、排草传感器开关(分布在切刀盖和输送链条等部位)、集谷箱满传感器、脱粒离合器开关、喇叭、报警装置等组成。

当收割机工作时,脱粒离合器处于“合”的状态。若排草装置的任一部位有堵塞或集谷箱满了,相应的排草传感器开关或集谷箱传感器开关闭合,排草指示灯点亮,同时喇叭响,提醒驾驶员注意检修或清理集谷箱。

当收割机停止工作时,脱粒离合器处于“离”的状态,则喇叭停止鸣响,但排草指示灯仍保持点亮,直到故障排除,各传感器处于断开状态,指示灯熄灭。

(2) 2 号螺旋轴报警装置

2 号螺旋轴报警装置的作用是通过监测 2 号螺旋轴的转速来指示其工作状态是否正常的。2 号螺旋轴报警装置由 2 号报警灯、2 号螺旋轴转速传感器、脱粒开关、喇叭、报警装置等组成。

2 号螺旋轴转速传感器安装在 2 号搅龙的上端。当收割机正常工作时,2 号搅龙的转速在(350±50) r/min 以上,此时 2 号报警灯不亮,喇叭不响。

当收割机工作时,若 2 号搅龙的转速在(350±50) r/min 以下的时间超过 1 s,则 2 号报警灯点亮,同时喇叭鸣响,提醒驾驶员注意检修。

(3) 其他辅助报警装置

辅助报警装置主要由机油压力报警装置、充电指示装置、水温报警装置和燃油报警装置等组成。前面已有介绍,这里不再赘述。

6.2.3　报警系统控制电路

图 6－24 所示为迪尔佳联 C230 联合收割机报警系统电路。

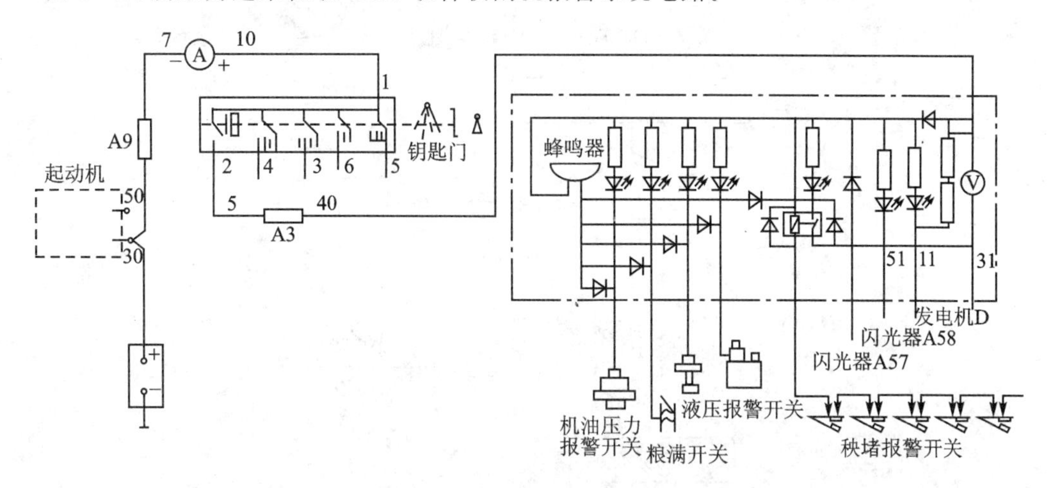

图 6－24　迪尔佳联 C230 联合收割机报警系统电路

从前面分析的报警电路及图 6－24 所示电路可将报警系统的电路特点归纳如下：

- 报警系统电路均由两个开关控制，即起动开关和各自的报警传感器开关，只有 2 个开关同时闭合时，报警灯亮。
- 各报警灯电路与各自的传感器开关串联。
- 所有的报警灯都集中安装在仪表板上。

6.2.4　报警系统常见故障检查与排除

报警系统的故障主要有两类：报警灯不亮和报警灯常亮。

1. 报警灯不亮

一般在接通起动开关，起动发动机时车辆的报警装置会有个自检的过程，这时报警灯应点亮 3～5 s 后熄灭，若无此过程，说明报警系统有故障。

如果起动时所有报警灯都不亮，往往是由于保险装置、稳压电源有故障或电源线路断路引起。可以按照先检查保险装置是否正常，再检查线头有无脱落、松动及电源是否正常，最后检修稳压电源的顺序进行检修。

如果个别报警灯不亮，往往是由于报警装置、报警传感器开关故障或对应线路断路等引起的。可以按照先检查线头、插接器有无脱落、松动，再检查报警开关，最后检修报警装置的顺序进行检修。

2. 报警灯常亮

报警灯常亮是指起动后报警灯不熄灭或车辆行驶过程中报警灯点亮。报警装置不能及时或适时地工作。下面以机油压力报警灯常亮为例分析这类故障。

① 故障现象：车辆在行驶过程中，发动机机油压力报警灯常亮。

② 故障原因：

a. 线路故障：线路搭铁。

b. 设备故障:机油压力传感器损坏。

c. 系统故障:机油压力过低。

③ 故障诊断与排除:

机油压力报警灯常亮的故障诊断流程如图 6－25 所示。

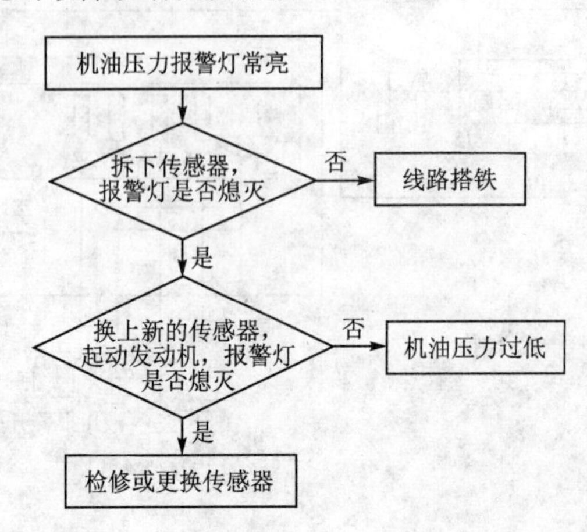

图 6－25　机油压力报警灯常亮的故障诊断流程

第 7 章 空调系统

学习目标

- 能认知空调系统的组成及类型；
- 能描述空调制冷与暖风系统的组成及工作原理；
- 能看懂空调控制电路；
- 能进行空调系统抽真空及制冷剂的加注；
- 会诊断和分析空调系统的故障；
- 能选择常用工具进行空调系统的检修。

7.1 概 述

7.1.1 空调系统的功用

随着社会的进步及现代化农业的飞速发展，人们对农用机械驾驶舒适性的要求也在不断提高。目前国外的大型拖拉机、联合收割机等农业机械的驾驶室大都装有空调设备，用于改善驾驶员的工作条件。在我国，空调设备在农用机械上的安装也有普及的趋势。

空调系统能在不同气候条件下，为驾驶员提供舒适的车内环境，并能预防或除去附在风窗玻璃上的雾、霜或冰雪，以确保驾驶员的视野清晰与安全行车。空调系统采用暖风和冷气来保持车内适宜的温度；采用除湿和加湿装置来保持车内空气湿度适宜；采用通风系统和空气净化装置保持车内空气清新洁净。空调系统调节的主要内容包括温度、湿度、空气洁净度、空气流动速度等。

7.1.2 空调系统的类型

1. 按驱动方式可分为非独立式空调和独立式空调

非独立式空调是指空调制冷系统的压缩机由发动机提供动力。其优点是结构简单，便于安装布置，噪声小，缺点是制冷量小，工作稳定性差。空调的制冷性能受发动机工作状态影响较大，发动机转速低则制冷量不足，发动机转速高则制冷量过剩，并且消耗发动机 10%～15% 的功率，因而对车辆的加速性能和爬坡性能影响较大，汽车停驶时空调系统也不能工作。农用机械对制冷量要求不高，故大多采用非独立式空调。

独立式空调是指单独用一台专用发动机(副发动机)来驱动空调系统的制冷系统工作。其优点是制冷量大、工作稳定、制冷系统工作状况不受车上(主)发动机的影响，制冷系统对汽车的行驶性能也无影响，而且发动机怠速或车辆停驶时，制冷系统可正常运行；但结构复杂，加装了一台发动机，不仅增加了车辆成本，而且增加了整车的质量、体积和布置难度。

2. 按功能可分为单一功能式空调和组合功能式空调

单一功能式空调是指将制冷、取暖、强制通风系统分别独立安装，独立操作，单独工作互不干涉，一般多用于大型客车和载货汽车上。

组合功能式空调是指制冷系统和采暖系统合用一个鼓风机、一套操纵机构。

3. 按结构形式可分为整体式空调、分体式空调和分散式空调

整体式空调是将副发动机、空调系统各组成部件通过皮带、管道连接成一个整体，安装在一个专门机架上构成一个独立总成，由副发动机带动，通过车内送风管将冷风送入驾驶室内。

分体式空调是将空调系统各组成部件以及独立式空调的副发动机部分或全部分开布置，用管道连接成一个制冷系统。

分散式空调是将空调系统各组成部件分散安装在汽车的各个部位，并用管道相连接。轿车、中小型客车、货车及农用机械都采用这种结构形式。

4. 按控制形式可分为手动空调和自动空调

手动空调系统的鼓风机转速、出风温度及送风方式等功能均由驾驶员来操控和调节。车内通风温度由仪表板上的空气控制杆、温度控制杆、进气杆和风扇开关等操控通风管道上的各种风门实现。手动空调结构简单，价格低廉，农用机械大多采用这种类型，故本章主要介绍手动空调系统。

自动空调利用传感器来检测日光照射强度、车内温度、蒸发器出口温度及车内烟雾浓度等信号，并将检测到的信号送给空调 ECU。空调 ECU 按预先编制的程序对信号进行处理，并通过执行元件及时对鼓风机转速、出风温度、送风方式及压缩机工作状况等进行调节，从而使车内空气保持在一定的舒适度范围内工作，达到自动调节车内的温度、湿度和通风工况的目的。国外一些大型农业机械也使用自动空调。全自动空调还具备自检诊断功能，可以随时对系统电路的状态进行检测，并把出现的情况记录、储存起来，以利于维修人员对系统故障情况进行判断和对电控元件及线路故障的检修。当系统中出现故障时，全自动空调使系统进入相应的故障安全状态，防止故障进一步扩大。

7.1.3 空调系统的组成

空调系统由制冷系统、采暖系统、送风系统、电气控制系统 4 部分组成。

1. 制冷系统

制冷系统对驾驶室内的空气或由外部进入驾驶室内的新鲜空气降温除湿，使其变得凉爽。制冷系统主要由压缩机、冷凝器、储液干燥器、膨胀阀、蒸发器、连接软管及鼓风机组成，如图 7-1 所示。

2. 采暖系统

采暖系统对驾驶室内的空气或由外部进入驾驶室内的新鲜空气加热，进行取暖、除湿。热源主要来自发动机冷却液，也称为水暖系统。采暖系统主要由加热器、鼓风机、操控系统及送风管路等总成组成，如图 7-2 所示。

3. 送风系统

送风系统包括冷气送风、暖气送风（包括除霜送风）、新风与换气（即通风系统）3 部分。冷

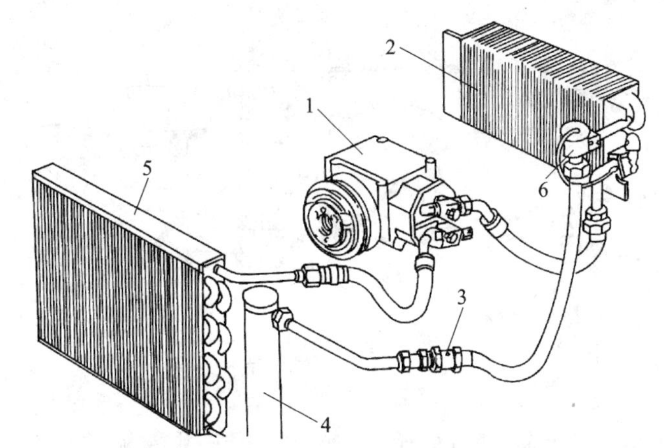

1—压缩机；2—蒸发器；3—视液窗；4—储液干燥器；5—冷凝器；6—热力膨胀阀

图 7－1　制冷系统的组成

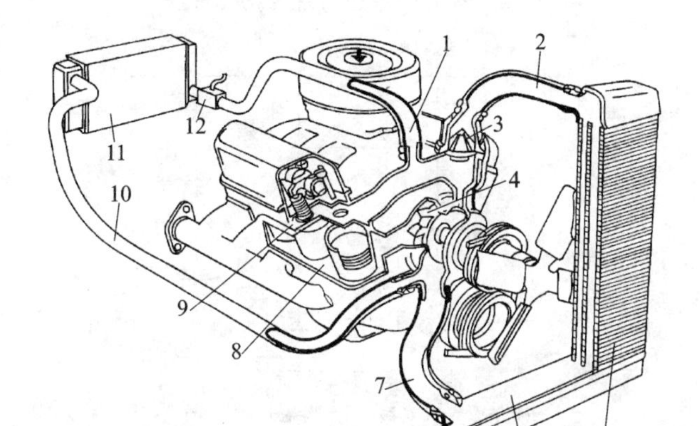

1—加热器进水管；2—上部软管；3—节温器；4—水泵；5—散热器；6—下水室；
7—下部软管；8—缸体水套；9—缸盖水套；10—加热器的回水管；11—加热器；12—热水阀

图 7－2　发动机冷却液采暖系统

气可直接从蒸发箱送出，也可有专门的送风管道及回风口；暖风可直接从暖风机送出，也可通过暖风管道送出。一般冷风送风口安排在车身上部，暖气送风口安排在地板上面，以满足头凉足暖的生理要求及热空气上升、冷空气下沉的气体对流原理。送风系统主要由鼓风机、气流导向外壳、进气模式风门、混合气模式风门、气流模式风门和导风管等组成。送风系统风门布置如图 7－3 所示。

4. 电气控制系统

电气控制系统主要是对空调系统中的各电路进行控制，主要包括压缩机控制电路、鼓风机控制电路、冷凝风扇控制电路等。它一方面用来对制冷和采暖系统的温度、压力进行控制，另一方面对车内空气的湿度、风量和流向等进行操作，从而完善空调装置的各项功能，保证系统按需要正常工作。电气控制系统主要由压缩机、放大器、温度控制器、感温电阻、制冷剂、高低压力开关、调速开关、鼓风机等组成，如图 7－4 所示。

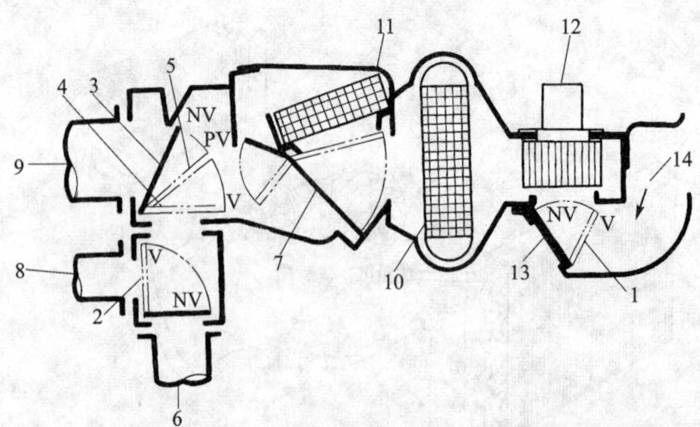

1—气源门；2—空调除霜风门；3—暖风除霜风门；4—暖风除霜风门全真空作用；
5—暖风除霜风门部分真空作用；6—仪表板风口；7—温度门；8—除霜风口；9—地板风口；
10—蒸发器；11—加热器；12—鼓风机；13—车内空气风口；14—车外空气风口

图 7-3　送风系统风门布置

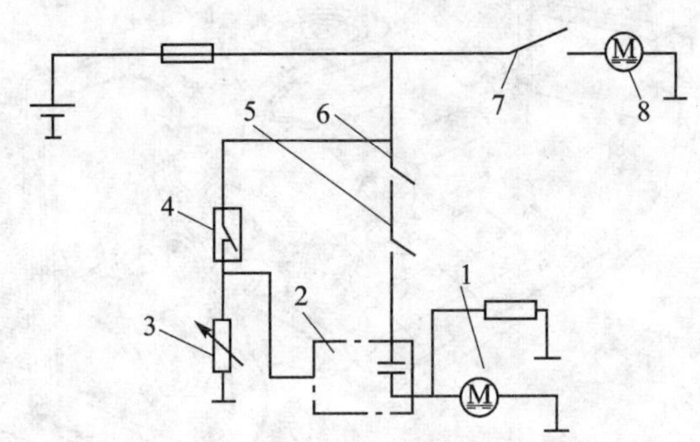

1—压缩机；2—放大器；3—感温电阻；4—温度控制器；
5—低压压力开关；6—高压压力开关；7—调速开关；8—鼓风机

图 7-4　电气控制系统电路图

7.2　空调制冷系统的工作原理与主要部件

7.2.1　空调制冷系统的工作原理

1. 制冷剂

空调制冷系统就是利用某种物质由于温度的变化而导致形态变化的原理来产生制冷效应的。该种物质称为制冷剂，也叫冷媒、雪种。

在汽车空调系统中，广泛应用的制冷剂是氯氟烃类化合物，主要有 R12、R134a 等。R 是“制冷剂”对应英文单词的首字母，国际上通用的所有表示制冷剂的代号都是 R。长期以来，汽车空调系统大多采用 R12 作为制冷剂。众所周知，R12 因泄漏进入大气会破坏地球的臭氧保护层，危害人类的健康和生存环境，引起地球的温室效应。为了减少制冷剂对环境的破坏，目前新出厂的汽车空调系统中使用的制冷剂都是 R134a。在标准大气压下，R134a 的蒸发温度为－26.18 ℃，通常大气压下易蒸发，蒸发潜热大。R134a 的基本性能如下：

- 汽化潜热比 R12 大，但质量较小，导致制冷能力比 R12 略小或与之相当；
- 饱和蒸气压基本与 R12 相近；
- 化学性质稳定，无色、无臭、不燃烧、不爆炸；
- 对人体无毒害，不破坏大气臭氧层，温室效应影响小；
- 吸水性和水溶解性比 R12 高。

2. 空调制冷系统的基本过程

制冷系统工作时，制冷剂以不同的状态在密闭系统内循环流动，每一次循环包括以下 4 个基本过程。

(1) 压缩过程

压缩机将从蒸发器低压侧温度约为 0 ℃、气压约为 0.15 MPa 的低温低压气态制冷剂增压成高温为 70～80 ℃、高压约为 1.5 MPa 的气态制冷剂。高压高温的过热制冷剂气体被送往冷凝器进行冷却降温。

(2) 冷凝放热过程

从压缩机出来的过热气态制冷剂进入冷凝器后，通过冷凝器散热冷凝为液态制冷剂。因为冷凝器外(车外)温度低于进入冷凝器的制冷剂温度，经过热量传递，并借助于冷凝风扇的作用，制冷剂将部分能量传给冷凝器及其周围的空气，使其内能降低开始发生状态变化，失去能量的制冷剂由高温、高压气体变成(被冷凝成)高温、高压的液体。液化的制冷剂流进回收箱(冷凝器下部液槽)，气体与液体分离，并继续散热，当从冷凝器流出时温度降为约 60 ℃、压力为 1.0～1.2 MPa 的液体，即中温高压的液体。

(3) 节流膨胀过程

冷凝后的液态制冷剂经过膨胀阀后体积变大，其压力和温度急剧下降，变成低温约为 −5 ℃、低压约为 0.15 MPa 的湿蒸气(雾状液体)，以便进入蒸发器中迅速吸热蒸发。在膨胀过程中同时进行节流控制，以便供给蒸发器所需的制冷剂，从而达到控制温度的目的。

(4) 蒸发吸热过程

低温低压的湿蒸气进入蒸发器中不断吸热汽化转变成气态制冷剂，转变成低压约为 0.15 MPa、低温约为 0 ℃的气态制冷剂，吸收车内空气的热量，使蒸发器周围空气的温度下降。由于制冷剂在蒸发器管内汽化时的温度低于蒸发器管外的车内循环风温度，所以通过热传递，它能自动吸收蒸发器管外空气中的热量，从而使流经蒸发器的空气温度降低，产生制冷降温的效果。

从蒸发器流出的气态制冷剂经干燥后又被吸入压缩机参与下一次制冷循环。这样，利用有限的制冷剂在封闭的制冷管路中反复将制冷剂压缩、冷凝、膨胀、蒸发，从而使制冷剂在压缩机的驱动下循环流动，且不断地在蒸发器处吸收热量，到冷凝器处又放出热量，使车内的空气温度下降，实现制冷功能。

综上所述，汽车空调制冷系统原理是一个循环往复的过程，如图 7－5 所示。

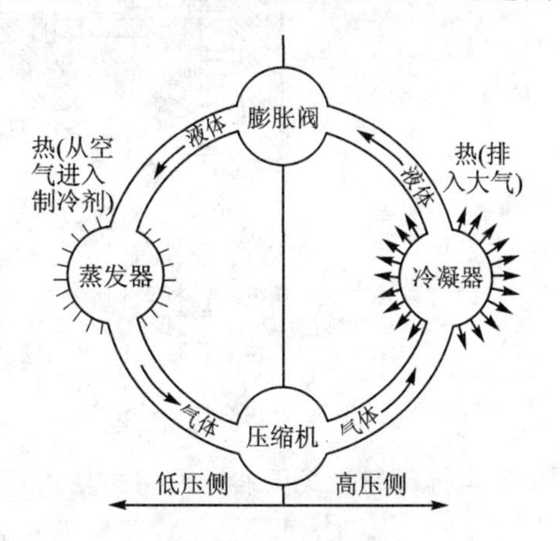

图 7－5　制冷系统的工作原理

7.2.2　空调制冷系统的主要部件

1. 压缩机

压缩机是空调制冷系统的心脏，是制冷系统中低压和高压、低温和高温的转换装置。压缩机的功能如下：一方面使压缩机进口处呈低压状态，使蒸发器携带潜热(包括吸收了汽车室内热量)的制冷剂流出蒸发器，这种低压状态可使制冷剂进入压缩机；另一方面使低压气态制冷剂压缩成高压气态制冷剂，有利于其在冷凝器中液化放热。压缩机种类较多，根据结构的不同分为曲轴活塞压缩机、斜盘式压缩机、翘板式压缩机等。

下面主要介绍斜盘式压缩机。斜盘式压缩机根据压缩机的排量是否可调分为定排量斜盘式压缩机和变排量斜盘式压缩机。

(1) 定排量斜盘式压缩机

定排量斜盘式压缩机的排量是固定的，装配此种类型压缩机的空调制冷系统在蒸发器温度下降到一定水平时需截断离合器电路使压缩机停转即停止制冷，当蒸发器温度上升到一定值时再接通离合器让压缩机运转，开始制冷，如此循环往复。也就是说，定排量空调系统是通过压缩机的断续工作来调节温度的。

定排量斜盘式压缩机的结构如图 7-6 所示，主要零件有缸体、前后缸盖、前后阀板、活塞。它的斜盘固定在主轴上，钢球用滑靴和活塞的联结架固定。钢球的作用是使斜盘的旋转运动经钢球转换为活塞的直线运动时，由滑动变为滚动。这样可减小摩擦阻力，减少磨损，并可延长滑板的使用寿命。如今斜盘和滑靴都以耐磨、质轻的高硅铝合金材料替代了当初使用的铸铁材料，活塞也用硅铝合金。这样既可提高压缩机运动机件的质量，又可提高压缩机的转速。

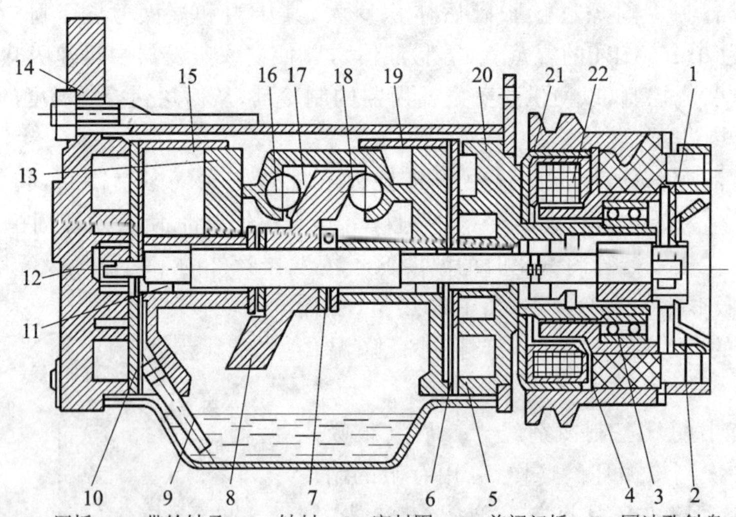

1—主轴；2—压板；3—带轮轴承；4—轴封；5—密封圈；6—前阀门板；7—回油孔斜盘；8—斜盘；9—吸油管；10—后阀门板；11—轴承；12—机油泵；13—双向活塞；14—后缸盖；15—后气缸盖；16—滚珠；17—滑靴；18—滚珠座；19—前气缸；20—前缸盖；21—带轮；22—电磁离合器

图 7-6　定排量斜盘式压缩机的结构

定排量斜盘式压缩机采用往复式双头活塞，依靠斜盘的旋转运动，使双头活塞获得轴向的往复运动。因此，回转斜盘式压缩机的缸数都是偶数，各气缸沿圆周按轴向前、后成对地均匀布置，各气缸均装有进、排气阀，各气缸的进气腔和排气腔分别通过管路连通。图 7-7 所示为其工作过程示意图。双头活塞中间开槽与斜盘装合，因此可由斜盘驱动其在前、后两个气缸内往复运动；压缩机主轴和斜盘旋转一周时，双头活塞分别在前、后两个气缸内往复运动一次；活塞向前移动时，前气缸中进行压缩行程，后气缸中则进行吸气行程；反向时，前、后两个气缸的作用互相对调。在斜盘同一圆周上一般均布3个(或5个)双头活塞。

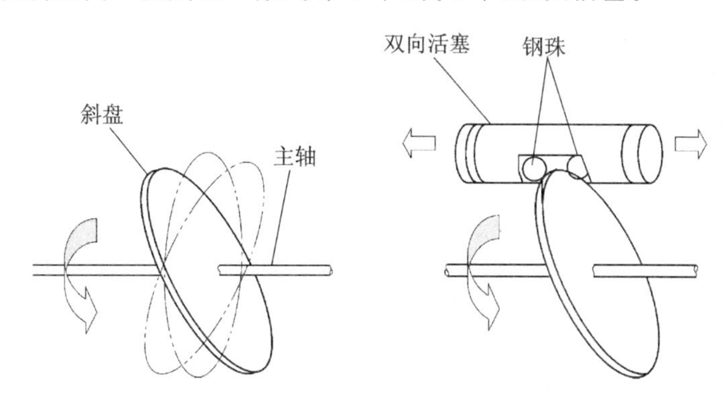

图7-7　定排量斜盘式压缩机工作示意图

(2) 变排量斜盘式压缩机

变排量斜盘式压缩机工作时的排量是可调的，装配此种类型压缩机的空调制冷系统依靠变排量压缩机自身排量的自动调节来控制温度。当系统的环境温度(蒸发器温度)高时，压缩机增加活塞冲程来增加制冷剂量，以达到增加吸热和降温的作用。反之，压缩机则缩短活塞冲程从而减少通过蒸发器的制冷剂量，使蒸发器的温度得到回升。

变排量斜盘式压缩机是在定排量斜盘式压缩机的基础上增加了一个电磁三通阀来调节气缸内剩余隙容积大小，使排气量发生变化，从而达到调节制冷量大小的目的，如图7-8所示。

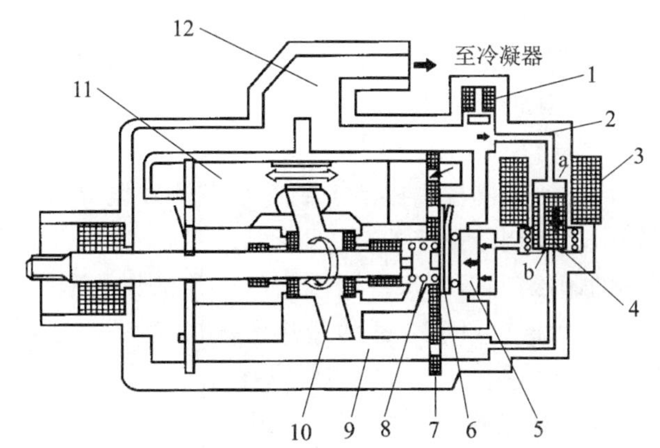

1—单向阀；2—旁通回路；3—电磁线圈；4—电磁阀；5—柱塞；6—排出阀；
7—阀盘；8—弹簧；9—低压制冷剂；10—斜盘；11—活塞；12—高压制冷剂

图7-8　变排量斜盘式压缩机结构

2. 冷凝器

冷凝器的作用是把高温高压气态制冷剂的热量传给大气，使制冷剂冷凝成液体。冷凝器大多布置在车头散热水箱前面，由冷却系统风扇或冷凝器风扇或两者共同进行冷却。汽车空调系统的冷凝器(包括蒸发器)是一种由管子与铝散热片组合起来的热交换设备，其材料可以是铜、钢、铝，现在以铝质居多。其中，管子做成各种盘管状，散热片是为了增大冷凝器的散热面积，而且可支撑盘管。冷凝器的结构如图 7－9 所示。

3. 蒸发器

蒸发器与膨胀阀、鼓风机等组成蒸发箱，是整个空调系统产生制冷作用的核心。

蒸发器与冷凝器一样，也是热交换装置，它的作用是当空调系统工作时，来自节流装置的低压雾状制冷剂通过蒸发器管道时吸收车内空气的大量热量，同时低压雾状制冷剂变为低压气态制冷剂，并回到压缩机。

蒸发器芯子的结构形式与冷凝器类似，但比冷凝器窄、小、厚，其目的是为了在鼓风机的风力通过它时能输送更多的冷气。

常用蒸发器的结构如图 7－10 所示。蒸发器通常装在仪表板后的风箱内，依靠鼓风机使车外空气或车内空气流经蒸发器，以实现冷却与除湿。

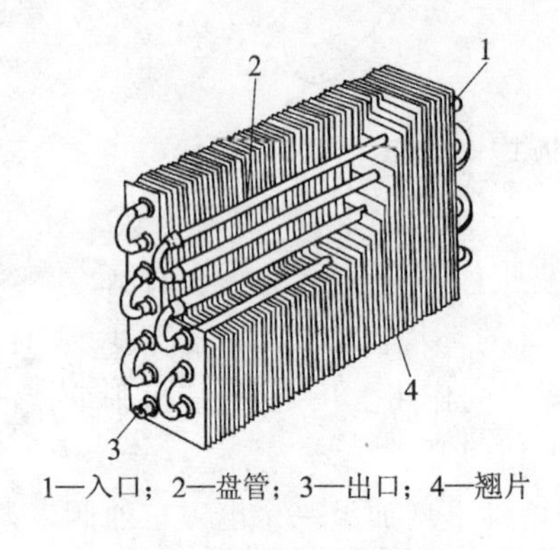

图 7－9 冷凝器的结构

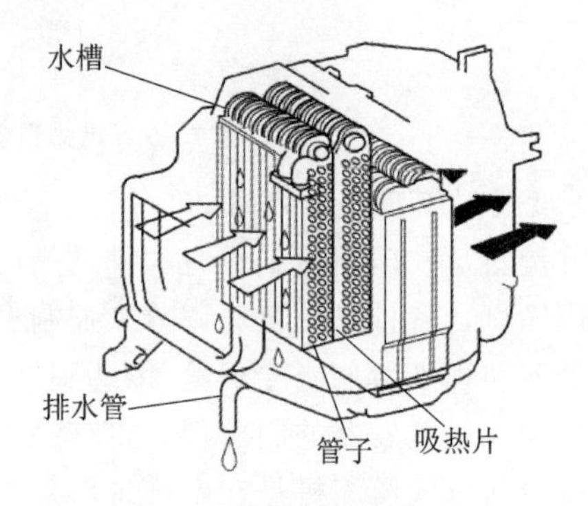

图 7－10 蒸发器的结构

4. 节流膨胀装置

膨胀阀和孔管都是节流装置，用来解除液态制冷剂的压力，使制冷剂能在蒸发器中膨胀变成雾状液体，它是制冷系统高低压的分界点。

(1) 膨胀阀

膨胀阀的作用：使从冷凝器来的高温高压液态制冷剂节流降压成为易蒸发的低温低压雾状制冷剂进入蒸发器，同时分隔了制冷系统的高、低压侧；根据制冷负荷以及压缩机转速的改变，及时调整制冷系统循环的制冷剂量，以保持制冷剂的正常工作及车内温度的稳定；以感温包作为感温反馈元件，保证蒸发器出口有合适的过热度，防止液态制冷剂进入压缩机产生液击，并使蒸发器的容积得到有效利用。

较常见的膨胀阀有内平衡式膨胀阀、外平衡式膨胀阀(如图 7－11 所示)以及 H 型膨胀阀。

(2) 孔　管

有些空调系统的节流膨胀装置中采用了结构非常简单的孔管。孔管不能调节制冷剂流量，只能靠恒温器控制压缩机的工作与停转来调节制冷量。节流膨胀管的结构如图 7－12 所示。

孔管是一根装在塑料套内的小铜管，两端均有滤网，出口端接蒸发器，进口端接冷凝器。液态制冷剂经滤网从进口进入孔管并从其小孔喷出，由于体积增大，压力降低，使其进入蒸发器中很快汽化。

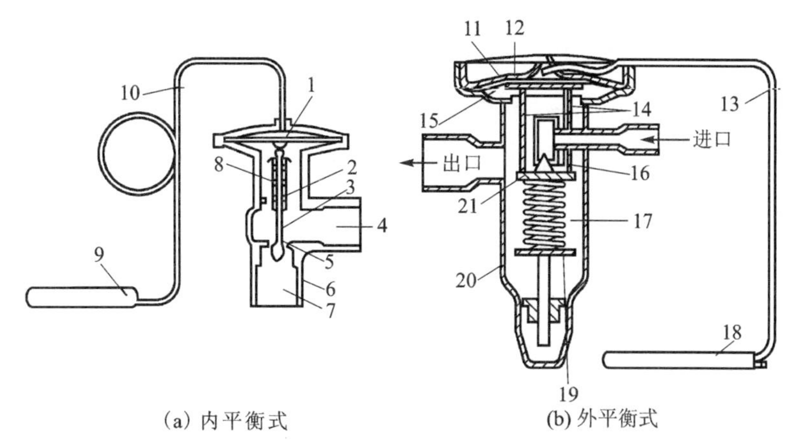

(a) 内平衡式　　(b) 外平衡式

1—膜片；2—内平衡口；3—针阀；4—蒸发器出口；5—阀座；
6—阀体；7—通储液罐的进口；8—弹簧；9—遥控温包；10—毛细管；
11—膜片；12—温包压力；13—毛细管；14—推杆；15—蒸发器出口压力；
16—阀座；17—过热弹簧；18—遥控温包；19—弹簧压力板；20—阀体；21—针阀

图 7-11　膨胀阀的结构

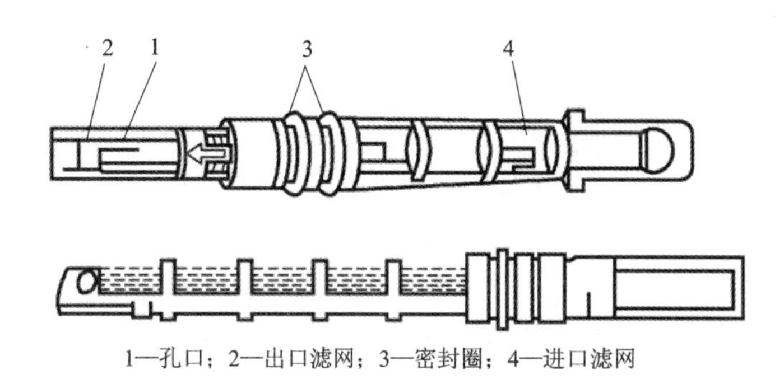

1—孔口；2—出口滤网；3—密封圈；4—进口滤网

图 7-12　孔管的结构

孔管与膨胀阀的不同之处在于膨胀阀可自动调节流量，而孔管不能自动调节。孔管系统在低压管路上安装了液气分离器，用于防止液态制冷剂进入压缩机，并能过滤脏物和水分。

5. 储液干燥器

储液干燥器主要安装在冷凝器出口的高压管路，其结构如图 7-13 所示。储液干燥器主要起到以下 5 方面的作用。

- 储存制冷系统的部分制冷剂，以满足制冷负荷变化时的流量变化要求，同时可以补充系统的微量渗漏。
- 利用干燥剂吸收制冷系统中的水分。
- 过滤制冷剂中的杂质。
- 可以通过储液干燥器上的观察玻璃观察制冷剂的流动情况，从而判断制冷系统的工作状况。
- 储液干燥器也可以起到气液分离的作用。

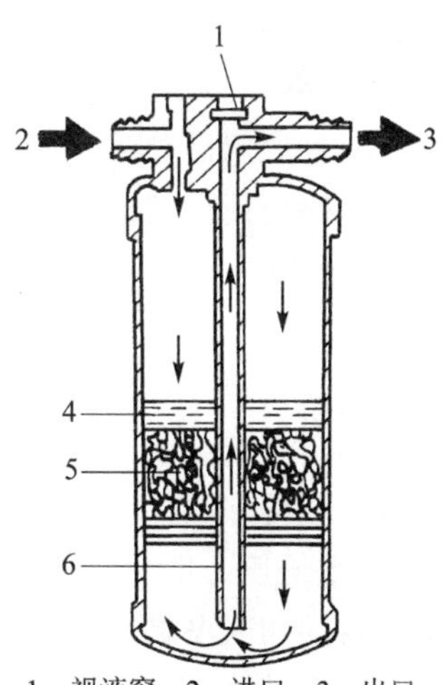

1—视液窗；2—进口；3—出口；
4—滤网；5—干燥剂；6—吸出管

图 7-13　储液干燥器的结构

7.3 空调电气控制系统

7.3.1 空调系统的基本控制部件

1. 电磁离合器

空调系统的电磁离合器的功能是控制发动机与压缩机之间的动力传递。当电源接通时,电磁离合器将发动机的动力传递给压缩机主轴,使压缩机处于工作状态;当电源断开,电磁离合器便切断发动机与压缩机之间的动力传递,使压缩机停止工作。所以电磁离合器就像电路中的开关,是汽车空调自动控制系统中的执行组件,受温度控制器、压力控制器、车速继电器、冷却液温度开关及电源开关等组件的控制。

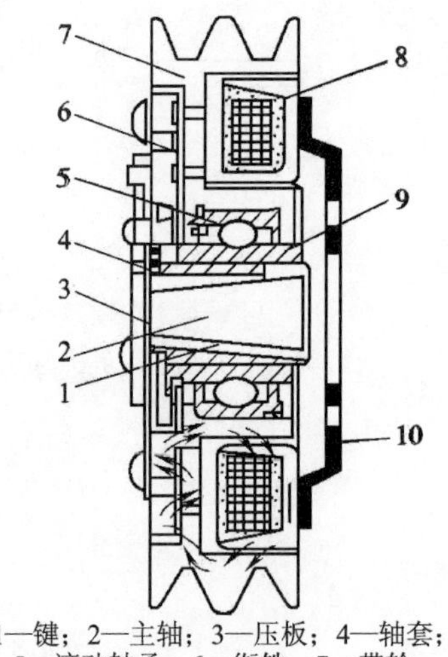

1—键;2—主轴;3—压板;4—轴套;
5—滚动轴承;6—衔铁;7—带轮;
8—电磁线圈;9—前缸盖凸缘;10—固定板

图 7-14 电磁离合器结构图

电磁离合器的结构如图 7-14 所示。电磁线圈 8 固定在前缸盖上,嵌在带轮 7 的凹槽内,带轮装在滚动轴承 5 上,前缸盖凸缘 9 压装在轴承内,衔铁 6 和前压板 3 用 3 片弹簧铆接,压板上的轴套 4 装在压缩机主轴 2 的键 1 上。当电磁线圈通电时,磁场吸引衔铁,并克服弹簧的力将前压板也吸引结合在一起,紧贴带轮,带轮带动衔铁、压板,再通过轴套及键来驱动主轴转动,压缩机开始工作。当电磁线圈断电时,磁场消失,没有了磁场吸引力,压板在弹簧片的弹力作用下,使衔铁脱离带轮,轴套也脱离键槽,压缩机停止工作,带轮空转。

2. 压力保护开关

为了使制冷系统正常运行,设有压力保护开关电路。压力保护开关又称压力继电器或压力控制器,分为高压开关和低压开关两种,安装在制冷系统高压管路或低压管路上。当制冷系统由于某种原因而导致管路中制冷剂压力出现异常时,压力保护开关便会自动切断电磁离合器线圈电路而使压缩机停止工作,以保护制冷系统免于损坏。

(1) 高压开关

高压开关一般安装在制冷系统高压管路上或储液干燥过滤器上,用来防止制冷系统在异常情况下工作,从而保护冷凝器和高压管路不会爆裂,压缩机的排气阀不会折断以及压缩机其他零件和离合器免于损坏。当冷凝器被污垢、杂物、碎纸和塑料薄膜阻挡冷却风道时,由于制冷系统无法冷却,制冷系统压力便会升高;当制冷系统制冷剂填充过多或冷凝器散热风扇不起作用时,系统压力也会升高;还有其他原因也可能会引起系统压力过高的异常状态。这时高压开关会自动切断电磁离合器电路,使压缩机停止运行,同时又接通冷凝器风扇高速挡电路,自动提高风扇转速,以便较快地降低冷凝器的温度和压力。

高压开关有触点常闭型和触点常开型两种。

触点常闭型高压开关的结构如图 7-15 所示,其触点串联在压缩机电磁离合器电路中,压力导入口直接或通过毛细管连接在高压管路上。当制冷系统高压管路内压力正常时,高压开关内活动触点7与固定触点1始终处于闭合状态，压缩机正常工作。当由于某种原因使高压管路内压力超过某一规定值时，在制冷剂高压作用下膜片3发生变形，推动活动触点断开，切断电磁离合器电路，使压缩机停止工作，从而避免高压管路压力继续升高。当高压管路压力恢复正常值时，活动触点7在弹簧6的作用下自动闭合，压缩机又重新工作。高压开关触点切断的压力和触点恢复闭合的压力因车型而异。一般触点断开的压力在2.1～3.0 MPa范围内，恢复闭合的压力在1.6～1.9 MPa之间。

触点常开型高压开关一般用来控制冷凝器冷却风扇的高速挡电路。当压力超过某一规定值时，能自动接通风扇高速挡电路，使冷却风扇高速运转，加强冷凝器的冷却能力，降低温度和压力；而当压力低于某一规定值时，又能自动切断风扇高速挡电路，使冷却风扇恢复正常运行。

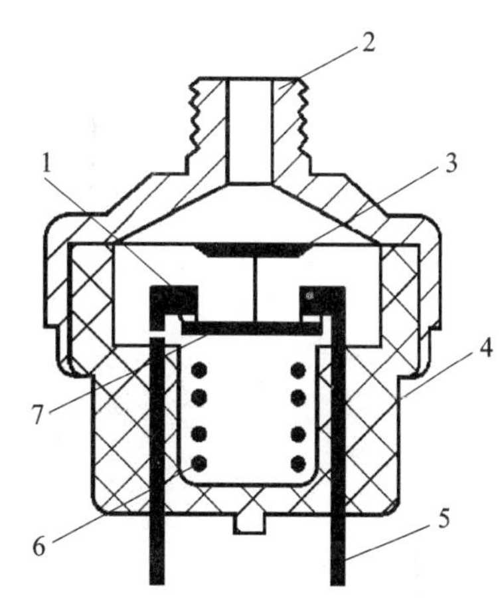

1—固定触点；2—接头；3—膜片；
4—外壳；5—接线柱；6—弹簧；7—活动触点

图7-15 触点常闭型高压开关结构

（2）低压开关

低压开关又称制冷剂检测开关。因制冷剂泄漏或其他原因造成制冷系统中制冷剂严重不足或没有时，冷冻油循环不良，压力降低。如果压缩机继续工作，则会引起压缩机急剧磨损，甚至使压缩机烧坏。低压开关则可在制冷系统缺少制冷剂时使压缩机停止运行，保护压缩机免于损坏。

低压开关结构如图7-16所示。它由膜片2、活动触点7、弹簧5、固定触点6、接线柱4和外壳3构成，安装在冷凝器与膨胀阀之间的高压管路上或储液干燥过滤器上。其触点同样串联在电磁离合器电路中。制冷系统不工作时，活动触点7与固定触点6开启。当制冷系统的压力高于0.2 MPa时，膜片的压力大于弹簧的弹力，膜片变形推动活动触点移动与固定触点保持闭合，电磁离合器电路接通，压缩机正常工作；而当系统高压侧压力低于0.2 MPa时，膜片在弹簧5的作用下复位，触点分离，切断了电磁离合器电路，压缩机停止工作。

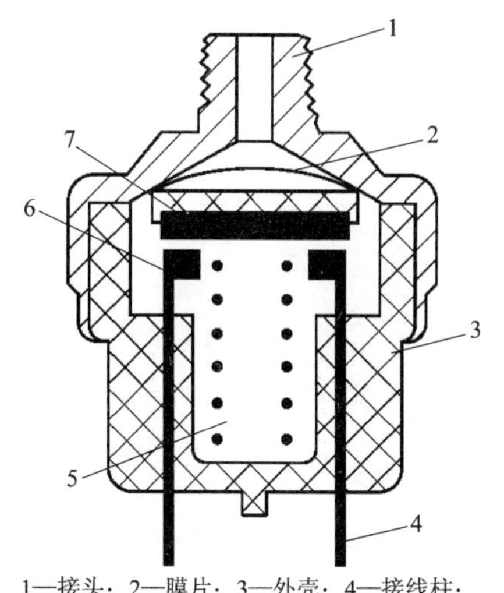

1—接头；2—膜片；3—外壳；4—接线柱；
5—弹簧；6—固定触点；7—活动触点

图7-16 低压开关结构

还有一种低压开关是装在蒸发器出口至压缩机吸入侧的低压管路上，其作用是防止低压侧吸入口压力过低而造成蒸发器结冰、挂霜以及膨胀阀或节流孔口由于某种原因堵塞而造成的压力过低。

（3）高、低压组合开关

由于高、低压保护开关均安装在储液干燥过滤器上，用来感测高压侧的压力是否正常，所以如果把高、低压保护开关组合成一体，这样既可减轻质量，减少接口，又可减少制冷剂的泄漏，同时起双重保护作用。

3. 过热开关

汽车空调系统正常工作时，发动机和压缩机长期工作产生大量热量。为了防止在发动机和压缩机过热的情况下使用空调，在空调控制系统中安装过热开关及热熔断器，以保护整个系统正常工作。

(1) 冷却液过热开关

冷却液过热开关也称冷却液温度开关，一般安装在发动机散热器或冷却液管路上，用来监测发动机冷却液的温度。当发动机冷却液温度超过某一规定值（一般为 110～120 ℃）时，触点直接切断电磁离合器电路使压缩机停止工作；而当发动机冷却液温度下降至某一规定值时，触点又自动闭合，接通电磁离合器电路使压缩机继续工作，从而保护发动机不因负荷过大产生过量热量而损坏。

(2) 压缩机过热开关

压缩机过热开关也称压缩机过热保护器，一般安装在压缩机的尾部，其作用是当压缩机排出的高压制冷剂气体温度过高或由于缺少制冷剂或润滑不良而造成压缩机机体温度过高时，开关自动断开，使压缩机电磁离合器电路断电而停止运行，防止压缩机因过热而损坏。其结构如图 7－17 所示。

压缩机过热开关一般和热力熔断器配合使用，如图 7－18 所示。在压缩机机体温度正常时，过热开关 5 断开。如果压缩机机体出现过热的情况，过热开关感测到高温时，过热开关 5 触点闭合，有电流流过绕线电阻 3，对熔断器 2 起到加热作用；而同时电磁离合器 6 的电流通过热力熔断器的温度感应熔断器 2，合成热量会加速熔断器 2 熔化，压缩机电磁离合器线圈 6 的电路断开，压缩机停止工作，起到保护作用。

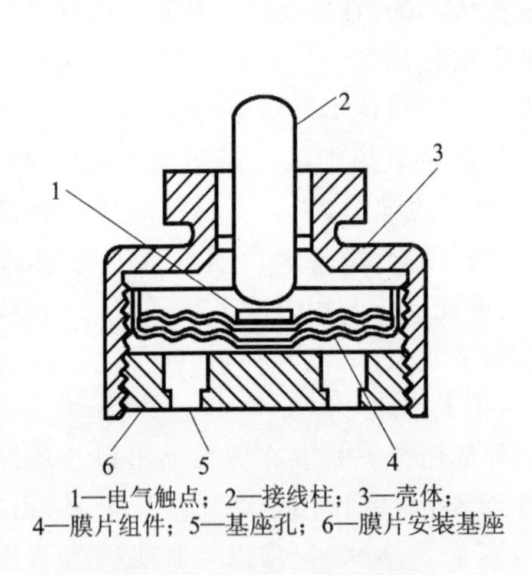

1—电气触点；2—接线柱；3—壳体；
4—膜片组件；5—基座孔；6—膜片安装基座

图 7－17　过热开关的结构

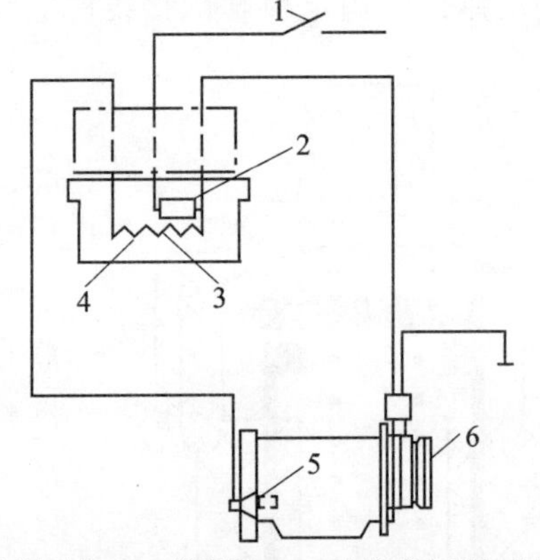

1—空调开关；2—熔断器；3—绕线式电阻加热器；
4—热力熔断器；5—过热开关；6—电磁离合器

图 7－18　过热开关与热力熔断器配合使用

4. 旁通电磁阀

旁通电磁阀实际上是一种开关式自动阀门，安装在压缩机高、低压管路之间，如图 7－19 所示。其工作原理是：当吹过蒸发器的出口温度低于设定温度时，控制电路使电磁旁通阀开启，将压缩机高压侧出来的制冷剂通过旁通阀通道到达压缩机吸入侧，与蒸发器出来的制冷剂蒸气相混合，这样便减小了通过蒸发器的制冷剂流量，使蒸发器蒸发压力相应提高，从而也提高了蒸发温度，使蒸发器免于结霜；当蒸发器出口温度升高到一定值时，控制电路又使该阀关闭，进入蒸发器的制冷剂随之增加，蒸发温度也降低。这一过程不断循环，将蒸发器温度控制在规定的范围之内。

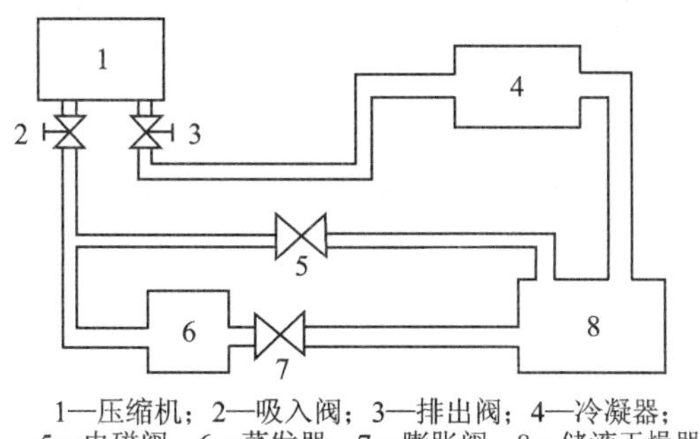

1—压缩机；2—吸入阀；3—排出阀；4—冷凝器；
5—电磁阀；6—蒸发器；7—膨胀阀；8—储液干燥器

图 7－19　电磁阀回路

5. 温度开关

空调系统的温度开关也称恒温器、温度控制器或温控开关，它的功能是感测蒸发器出口空气的温度变化，使电磁离合器线圈接通或断开，从而调节车内的温度，防止蒸发器因温度过低而结霜。常用的温度控制器有热敏电阻式和波纹管式两种。图 7－20 所示为波纹管式温度控制器工作原理图。

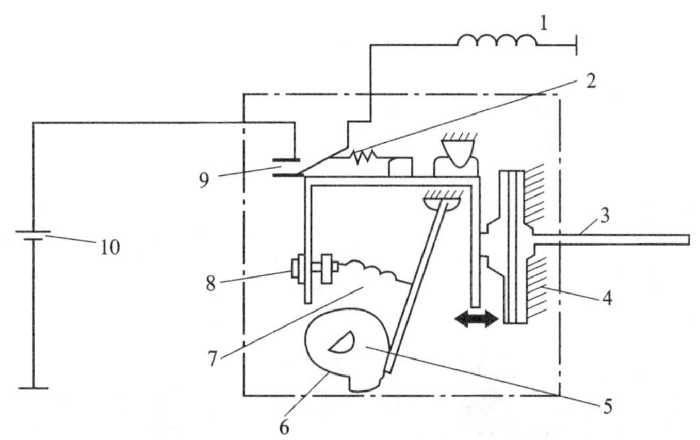

1—电磁离合器线圈；2—复位弹簧；3—毛细管；4—波纹管；5—轴；
6—调节凸轮；7—调节弹簧；8—调节螺钉；9—触点；10—蓄电池

图 7－20　波纹管式温度控制器工作原理图

波纹管式温度控制器又称压力式温度控制器，它由毛细管、波纹管、调节凸轮与杠杆、触点、电磁离合器线圈等组成。毛细管 3 一端插在蒸发器翅片内 20～25 cm 感受蒸发器表面的温度，另一端与波纹管相通。毛细管和波纹管内充有易挥发性的感温介质，当吹过蒸发器的空气温度变化时，感温毛细管内气体的温度亦随之变化，相应的压力也发生变化。

当吹过蒸发器的温度升高时，感温毛细管内的气体便会膨胀，压力随之增加，使波纹管膜片伸长，从而推动与之相连的机械杠杆机构使触点 9 闭合，电磁离合器线圈 1 通电吸合，压缩机运行，制冷系统开始工作，车厢内温度下降。当驾驶室内温度下降至某一设定温度以下时，感温毛细管内气体便会收缩，使波纹管膜片缩短做反向运动，复位弹簧 2 的弹力帮助其复位，带动杠杆绕支点逆时针旋转，使触点 9 断开，电磁离合器线圈 1 断电分离，压缩机停止运行，制冷系统停止工作，驾驶室内温度逐渐回升，从而保证驾驶室内温度在某一设定温度范围之内。图 7－20 所示的轴 5、调节凸轮 6、调节弹簧 7 和调节螺钉 8 均是温度开关的调节组件，旋动调节凸轮可以改变弹簧的预紧力，从而改变冷气的温度范围。

6. 空调系统中的送风电动机

空调系统中使用的送风电动机主要有冷凝风扇电动机、鼓风机电动机、气流模式风挡电动机、循环空气风挡电动机、温度混合风挡电动机及进出气伺服电动机等。目前一般采用永磁式直流电动机(有刷)，也有少数采用永磁式无刷直流电动机，由于永磁式无刷直流电动机送风噪声小，电磁干扰小，而且使用寿命长，有替代永磁式有刷直流电动机的趋势。送风电动机的结构与起动电机相同，这里就不再赘述了。

7.3.2 空调系统的控制电路

汽车空调系统控制电路是对压缩机、冷凝器冷却风扇、鼓风机、风门等主要部件的运行保护及工况的调节与控制。图 7－21 所示为一种普通的手动空调系统电路。它主要由冷却风扇电动机 M7、鼓风机电动机 M2、空调继电器 K32、压缩机电磁离合器 N25、怠速截止电磁阀 N16 及新鲜空气电磁阀 N63 等执行器件组成，其控制电路工作过程如下。

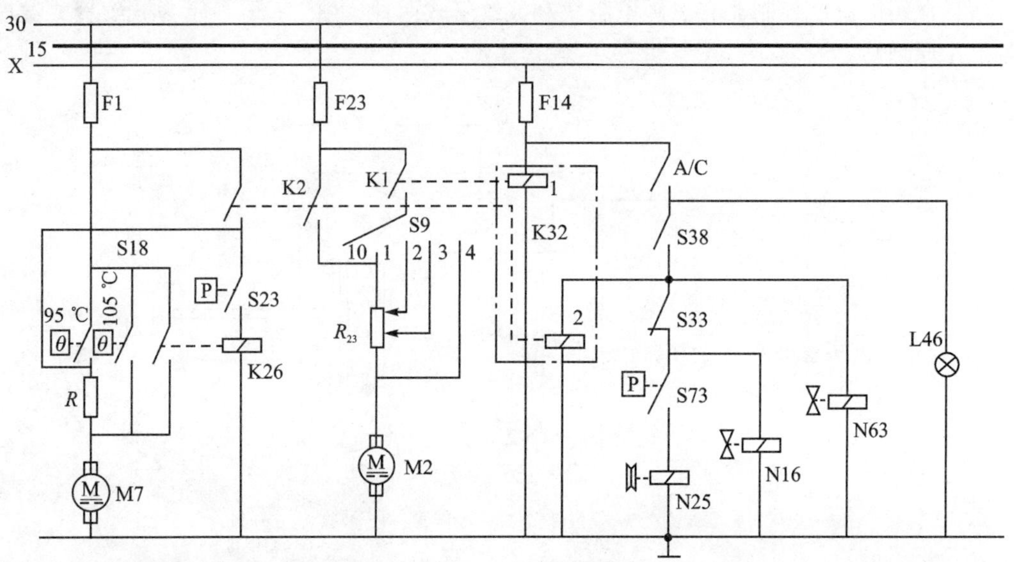

F1—熔断器；S18—冷却风扇热敏开关；M7—冷却风扇电动机；F23—熔断器；S23—高压开关；K26—冷却风扇继电器；S9—鼓风机挡位开关；R_{23}—串联电阻；M2—鼓风机电动机；F14—熔断器；K32—空调继电器；A/C—空调开关；S38—环境温度开关；S33—蒸发器温控开关；S73—低压开关；N25—压缩机电磁离合器；N16—怠速截止电磁阀；N63—新鲜空气电磁阀；L46—空调指示灯

图 7－21 手动空调系统电路

1. 压缩机控制电路

将点火开关拨到“ON”的位置时，X 号线由相关电路控制与蓄电池正极接通。

当外界温度高于 10 ℃时，位于新鲜空气进口处的环境温度开关 S38 会自动闭合。此时只要按下空调开关 A/C，就会形成如下工作过程：

① 空调指示灯 L46 点亮。其电流通路为：X 号线上的电源→F14 熔断器→空调开关 A/C→空调指示灯 L46→搭铁，从而使空调指示灯 L46 点亮，表示空调开关已接通。

② 新鲜空气进口关闭。其电流通路为:X号线上的电源→F14熔断器→空调开关A/C→环境温度开关S38→新鲜空气电磁阀N63→搭铁。新鲜空气电磁阀N63电路便接通,该阀动作接通新鲜空气控制电磁阀的真空通路,使新鲜空气进口关闭,制冷系统进入车内空气内循环状态。

③ 怠速截止电磁阀工作。其电流通路为:X号线上的电源→F14熔断器→空调开关A/C→环境温度开关S38→蒸发器温控开关S33→怠速截止电磁阀N16→搭铁。怠速截止电磁阀N16线圈通电后,接通化油器的怠速提升真空转换阀,加大了节气门开度,从而提高发动机的转速,以满足空调系统动力源的需要。

④ 压缩机运转。其电流通路为:X号线上的电源→F14熔断器→空调开关A/C→环境温度开关S38→蒸发器温控开关S33→低压开关S73→电磁离合器N25→搭铁。电磁离合器N25通电吸合,压缩机开始运转,从而使空调系统工作。

低压开关串联在蒸发器温控开关和电磁离合器之间,当制冷系统因缺少制冷剂使制冷系统压力过低时,开关自动断开,切断电磁离合器电路,压缩机停止工作。

由以上分析可知,当外界温度高于10 ℃时,按下空调开关A/C,即可使空调指示灯点亮,同时关闭新鲜空气的进口通道,怠速提升阀接通,使压缩机进入工作状态。当外界温度低于1.67 ℃时,环境温度开关S38会自动断开,或因制冷系统压力过低时,低压开关S73也会自动断开,空调制冷系统就会自动停止工作。

2. 鼓风机电路

鼓风机电动机M2的转速由鼓风机挡位开关S9控制。S9分为1挡、2挡、3挡、4挡,其内部串联电阻R23可使鼓风机获得4种不同转速。

其控制电路电流通路为:X号线上的电源→F14熔断器→空调继电器K32内线圈1→搭铁。此时空调继电器内线圈1通电,常开触点K1闭合,鼓风机开关电路接通。

当鼓风机开关S9依次打到“1”位时,其电流通路为:蓄电池正极→30号线→F23熔断器→空调继电器K32内闭合的触点K1→鼓风机开关S9位置“1”→串联电阻R23→鼓风机电动机M2→搭铁。此时,串联电阻R23阻值最大,其电流最小,鼓风机电动机M2以最低的转速运行。

当鼓风机开关S9依次置于“2”、“3”、“4”位置时,串联电阻R23阻值逐渐减小,电路电流逐渐增大,鼓风机电动机M2的转速逐渐提高。S9置于“4”位置时,鼓风机电动机转速最高。

当鼓风机开关S9置于“0”位置时,鼓风机停止工作。

3. 冷却风扇控制电路

当接通空调开关A/C时,空调制冷系统即进入工作状态。此时,空调继电器内线圈2通电,常开触点K2闭合,同时接通鼓风机和冷却风扇电路。

当鼓风机开关S9处于“0”位时,也会形成如下电流通路:蓄电池正极→30号线→F23熔断器→空调继电器K32内闭合的触点K2→鼓风机开关S9位置“0”与“1”→串联电阻R23→鼓风机电动机M2→搭铁,从而使鼓风机M2以最低的转速缓慢转动。

冷却风扇的电流通路为:蓄电池正极→30号线→F1熔断器→空调继电器K32内闭合的另一触点K2→串联电阻R→冷却风扇电动机M7→搭铁。此时制冷系统高压值正常,高压开关S23触点张开,使冷却风扇以最低的转速运行,从而确保热交换的顺利进行。

当制冷系统高压值超过规定值时,高压开关S23触点闭合,接通冷却风扇继电器K26线圈电路,冷却风扇继电器触点闭合,将串联电阻短接,形成如下电流通路:蓄电池正极→30号线→F1 熔断器→冷却风扇继电器 K26 闭合的触点→冷却风扇电动机 M7→搭铁，使冷却风扇以较高的转速运行，增强冷凝器的冷却能力。

另外，冷却风扇的转速还可通过冷却风扇热敏开关 S18 实现自动控制，当空调开关 A/C 处于关闭状态时，若发动机冷却液温度低于 95 ℃，则冷却风扇电动机 M7 不转动。

- 当冷却液温度高于 95 ℃时，冷却风扇电动机 M7 低速转动。其电流通路为：蓄电池正极→30 号线→F1 熔断器→冷却风扇热敏开关 S18→串联电阻 R→冷却风扇电动机 M7→搭铁。
- 当冷却液温度达到 105 ℃时，冷却风扇电动机 M7 则高速转动。其电流通路为：蓄电池正极→30 号线→F1 熔断器→冷却风扇热敏开关 S18→冷却风扇电动机 M7→搭铁。

以上分析的空调系统除制冷过程采用内循环通风外，采暖和自然通风均采用外循环通风，以保持车内空气新鲜。空调的通风由各风口处的风门控制，新鲜空气进风门用电磁阀自动控制，其他各风门均采用真空阀进行控制。

7.4 常见故障检查与排除

7.4.1 常用检修工具

1. 歧管压力计

歧管压力计由高压表、低压表、低压手动阀、阀体以及高压接头、低压接头、制冷剂抽真空接头等组成，如图 7-22 所示。歧管压力表组配有不同颜色的 3 根连接软管，一般规定蓝色软管用在低压侧(接低压工作阀)，红色软管用在高压侧(接高压工作阀)，黄色(也有绿色)软管用在中间，接真空泵或制冷剂罐。

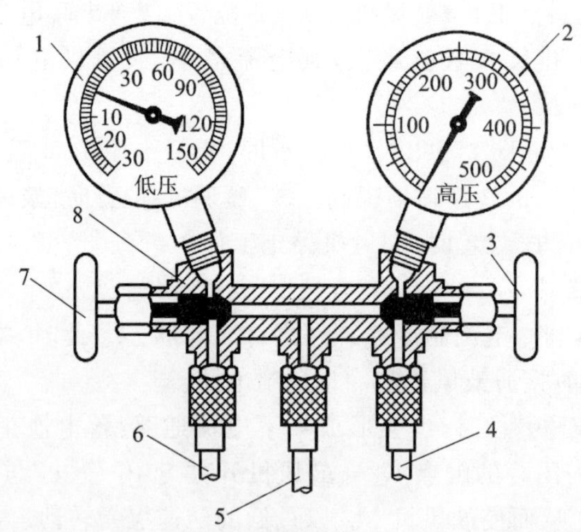

1—低压表(蓝色)；2—高压表(红色)；3—高压手动阀；4—高压侧软管(红色)；
5—维修用软管(绿色)；6—低压侧软管(蓝色)；7—低压手动阀；8—歧管座

图 7-22 歧管压力计结构

- 当高压手动阀和低压手动阀同时关闭时，可对高压侧和低压侧进行压力检查。
- 当高压手动阀和低压手动阀同时全开时，全部管路接通，在中间接头接上真空泵即可对系统进行抽真空，并检查高低压侧压力。

- 当高压手动阀关闭，低压手动阀打开，中间接头接到制冷剂钢瓶上或冷冻机油瓶上时，即可向系统低压侧加注冷态制冷剂或冷冻机油。
- 当低压手动阀关闭，高压手动阀打开时，即可向系统高压侧加注制冷剂或使系统向外放空，排出制冷剂。

2. 检漏设备

空调系统的检漏设备主要有卤素检漏灯、电子卤素检漏仪、荧光式检漏仪等设备。

卤素检漏灯是一种丙烷(或酒精)燃烧喷灯，当制冷剂气体被吸入喷灯的吸管内时，遇到高温火焰便会分解出氟、氯等卤族元素，与铜化合生成卤素铜化合物，使火焰颜色发生改变。利用这种特性可以判断系统的泄漏部位和泄漏程度。

电子卤素检漏仪常用电子卤素检漏仪表有车握式和箱式两种。在使用中要注意的是，由于制冷剂不同，有些电子检漏仪只能检测单一型号的制冷剂泄漏，而不能检测其他品种的制冷剂。电子卤素检漏仪有R12检漏仪、R134a检漏仪和可检测R12和R134a的两用电子检漏仪。所以，在使用前要先阅读相关使用说明书。电子卤素检漏仪的使用十分简单，使用时只需将电源开关打开，经短时间的预热后将探头伸入需要检测的部位即可，通过声音或仪表指针即可方便地判断出泄漏量的多少，如图7-23所示。电子卤素检漏仪与卤素检漏灯相比，检测灵敏度大大提高，它可检测出年泄漏量大于5 g的泄漏部位，并且使用方便、安全，但价格相对较高。

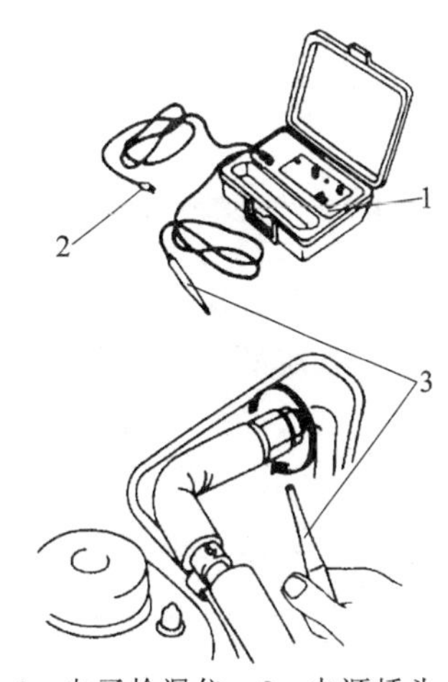

1—电子检漏仪；2—电源插头；3—测头

图7-23 用电子检漏仪检查

荧光式检漏仪将一定量的紫外线敏感染料通过歧管压力计注入空调系统，让空调系统运行几分钟使染料在系统内流通，然后用一台紫外线灯照射空调系统的各个部件和接头处。如果存在泄漏，染料就会发光。

3. 真空泵

在检修或安装汽车空调时会有一定量的空气和水蒸气进入制冷系统，这将导致膨胀阀发生冰堵、冷凝器温度升高以及制冷系统零部件发生腐蚀等现象，这就需要对制冷系统进行抽真空。

真空泵的功用就是对制冷系统抽真空，排出系统内的空气、水分。抽真空并不能把水抽出系统，而是使系统产生真空从而降低水的沸点，使水在较低压力下沸腾，以蒸汽的形式从系统中抽出。叶片式真空泵结构如图7-24所示。

4. 制冷剂罐注入阀

图7-25所示为制冷剂罐注入阀，制冷剂罐内装有制冷剂，接头用软管与歧管压力计的中间接头相连。

为便于维修汽车空调系统和随车携带方便，制冷剂生产厂制造了一种小罐制冷剂(一般为400 g左右)，但要将它注入汽车空调制冷系统中则需要与注入阀配套使用才能开罐。当向制冷系统加注制冷剂时，可将注入阀装在制冷剂罐上，接头用软管与歧管压力计的中间接头相连，旋转制冷剂罐注入阀手柄，阀针刺穿制冷剂罐，即可加注制冷剂。

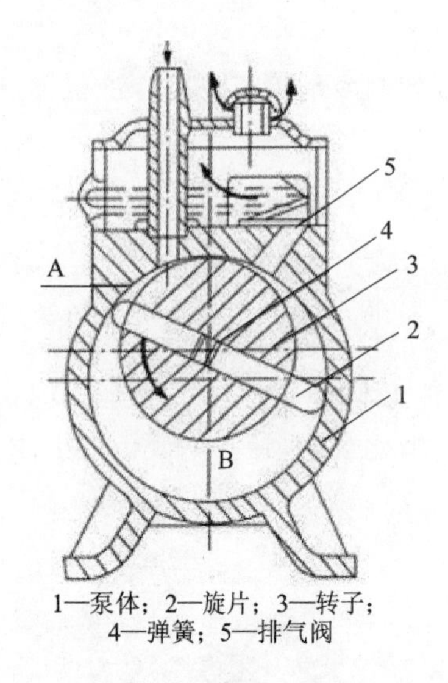

1—泵体；2—旋片；3—转子；
4—弹簧；5—排气阀

图 7-24 叶片式真空泵结构示意图

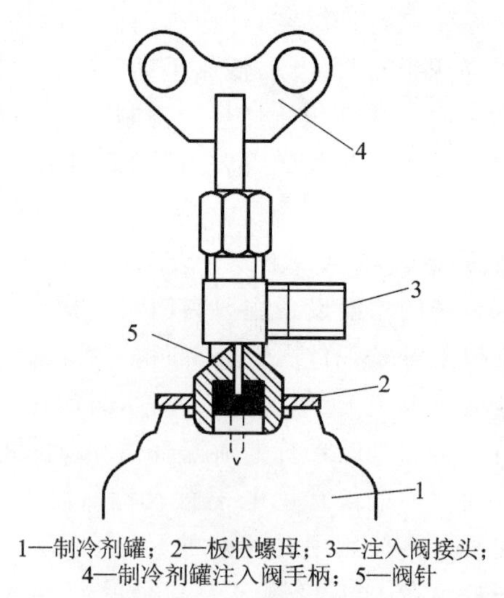

1—制冷剂罐；2—板状螺母；3—注入阀接头；
4—制冷剂罐注入阀手柄；5—阀针

图 7-25 制冷剂罐注入阀

5. 制冷剂加注、回收一体机

在汽车空调系统的维修中，最频繁的操作就是空调系统抽真空或加注、回收制冷剂。为了提高维修质量，规范、简化操作程序，特别是防止制冷剂对环境造成污染，在规范的维修站中都配有制冷剂加注、回收一体机。这种机器集合了多种功能：制冷剂回收、抽真空、润滑油加注、制冷剂加注。同时其操作也非常简单，只要按照显示屏提示的步骤完成即可。

7.4.2 故障诊断基本方法

在空调系统故障诊断中可按照一看、二听、三摸、四测的基本方法进行。

(1) 一　看

一看是指通过眼睛观察检查故障。如查看制冷系统部件外观，仔细观察管路有无破损、冷凝器与蒸发器的表面有无裂纹或油渍，如果冷凝器、蒸发器或其管路某处有油渍，则可能是此处有制冷剂渗漏；查看电气线路，仔细检查有关的线路连接有无断裂脱落之处；观察视液镜，通过观察储液干燥过滤器(罐)的视液镜可检查储液干燥过滤器的湿度和制冷剂数量的情况，如图 7-26 所示。

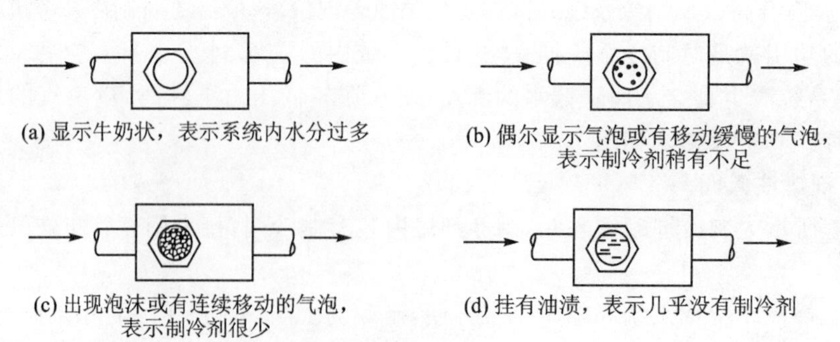

(a) 显示牛奶状，表示系统内水分过多

(b) 偶尔显示气泡或有移动缓慢的气泡，表示制冷剂稍有不足

(c) 出现泡沫或有连续移动的气泡，表示制冷剂很少

(d) 挂有油渍，表示几乎没有制冷剂

图 7-26 观察视液镜判断制冷剂状态

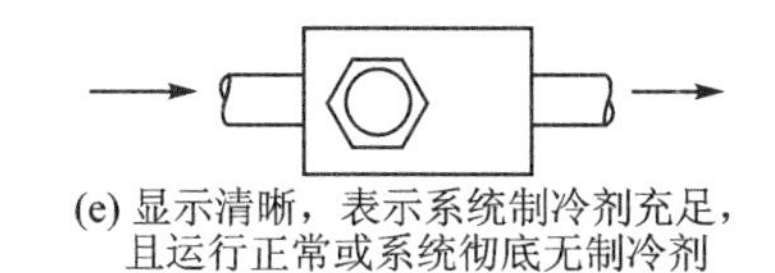

(e) 显示清晰，表示系统制冷剂充足，
且运行正常或系统彻底无制冷剂

图7-26　观察视液镜判断制冷剂状态(续)

若视液镜出现气泡，则表明系统内可能缺少制冷剂。用检漏工具检漏，如有漏点则应先修理，然后再抽真空，并加注制冷剂。

若无气泡、视液镜清晰，则表明系统内制冷剂充足或系统内根本没有制冷剂。这时可触摸压缩机附近高、低压软管，不要碰到传动带和发动机风扇。高、低压软管间如有温差，但温差不大，表明系统内没有制冷剂或几乎没有制冷剂。这时关闭发动机，对系统检漏，如有漏点则应维修后再抽真空并加注制冷剂。

若压缩机附近高、低压软管温差显著，则表明系统内制冷剂含量适当，但可能是制冷剂加多。如制冷剂加注过多，也会有显著温差，导致冷气不足，低速时尤其明显。在空调系统运行时，瞬时断开压缩机离合器，注意视液窗。

- 视液镜显示制冷剂继续清晰时间超过45 s，然后起泡沫，最后泡沫消失，说明系统内制冷剂过多，应放掉多余的制冷剂。
- 若视液镜上先是有制冷剂泡沫，而在45 s内消失，说明系统内制冷剂并未过量。

(2) 二　听

二听是指用耳朵听或借助听诊器检查故障。如仔细听压缩机有无异响，压缩机是否工作，压缩机传动带是否打滑，以判断空调系统不制冷或制冷不良是否出自压缩机或是压缩机控制电路的问题。

(3) 三　摸

三摸是指通过手感检查故障。如接通空调开关，使制冷压缩机工作10～20 min后，用手触摸空调系统高压端管路及部件，按压缩机出口→冷凝器→储液干燥过滤器→膨胀阀进口处的顺序，手感温度应是从热到暖。如果中间的某处特别热，则说明其散热不良；如果这些部件发凉，则说明空调制冷系统可能有阻塞、无制冷剂、压缩机不工作或工作不良等故障。

用手触摸空调系统低压端管路及部件，按储液干燥过滤器出口→蒸发器→压缩机进口处的顺序，手感温度应是从凉到冷。如果不凉或是某处出现了霜冻，则说明制冷系统有异常。用手触摸压缩机进出口两端，压缩机的高、低压端应有明显的温度差。如果温差不明显或无温差，则可能是已完全无制冷剂或制冷剂严重不足。

(4) 四　测

四测是指借助诊断维修工具(如温度计、歧管压力计、空调专用检漏设备、真空泵、电脑诊断仪)检查空调系统故障。

利用歧管压力计测量制冷系统高、低压侧的压力，可根据所测的压力值来判断故障的性质及其所在部位。将歧管压力计的高、低压软管接头分别接至压缩机的高、低压阀上，在压缩机静止和运转两种状态下，根据压力表的读数分析制冷系统的故障。

当压缩机处于静止状态时，长时间停机(即停机时间超过10 h)，压缩机的低压应为同一数值，此数值称为平衡压力。平衡压力的大小与环境温度有关，如图7-27所示。

- 平衡压力过高，由于制冷剂量过多而造成，只需要释放出一部分制冷剂，使平衡压力达到标准即可。
- 平衡压力过低，由于制冷剂量不足而造成，只需加注一部分制冷剂，使平衡压力升到标准即可。
- 没有平衡压力，即高低压表显示的压力不相等，说明系统内有堵塞，应分别检查膨胀阀、储液干燥器及管路部分。

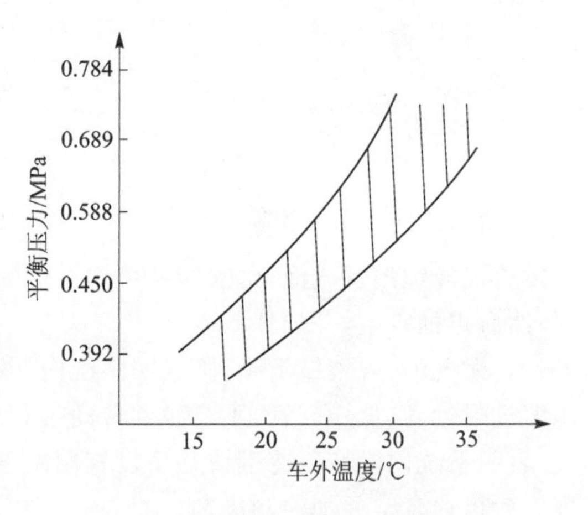

图 7－27　压缩机静止时平衡压力

当压缩机处于运转状态时，将发动机转速控制在 1 500～2 000 r/min，起动空调使压缩机工作。一般情况下，低压侧压力为 150～250 kPa，高压侧压力为 1 400～1 600 kPa。如果压力表指示值与正常值不符，则可按照表 7－1 所列方法进行故障诊断及排除。

表 7－1　使用歧管压力计进行空调系统故障诊断及排除

状　态	故障现象	可能的原因	故障诊断	排除方法
继续制冷，然后不制冷	运行时低压端压力时而真空时而正常	进入制冷系统的水分在膨胀阀处冻结，使循环过程暂时停止，并在冻结融化后一段时间循环过程又恢复正常	① 干燥瓶中的干燥剂处于饱和状态； ② 制冷剂系统中的湿气在膨胀阀处冻结	① 更换干燥瓶； ② 反复抽真空，排出空气，以除去循环中的湿气； ③ 充入适量的新制冷剂
制冷不足	①高、低压两端压力均偏低； ②在视液镜可连续看到气泡； ③制冷不足	制冷系统漏气	①系统中制冷剂不足； ②制冷剂泄漏	①用检漏仪检漏并修理； ②抽真空重新加注制冷剂
制冷不足	①高、低压两端压力均偏低； ②储液罐至制冷装置之间的管路结霜	储液罐中的杂物阻碍制冷剂的流动	储液罐堵塞	①更换储液罐； ②抽真空重新加注制冷剂
不制冷或有时断续制冷	①低压端出现真空示值，高压端出现很低的压力示值； ②储液罐/干燥器或膨胀阀的前后管结霜或见到露珠	①低压端出现真空示值，高压端出现很低的压力示值； ②储液罐/干燥器或膨胀阀的前后管结霜或见到露珠	制冷剂不循环	①检查热敏管膨胀阀和蒸发器压力调节器； ②清洗或更换膨胀阀，更换干燥瓶； ③抽真空加注制冷剂

续表 7-1

状　态	故障现象	可能的原因	故障诊断	排除方法
制冷不足	① 高、低压端压力均过高； ②即使降低发动机转速，在视液镜也见不到气泡	①系统中制冷剂过量； ②冷凝器散热不良（冷凝器散器片堵塞或风扇电动机故障）	①检查冷凝器散热； ②检查风扇电动机； ③检查制冷剂量是否过多	①清洁冷凝器； ②修理风扇或线路，或更换； ③放出多余制冷剂
制冷不足	① 低、高压端压力均过高； ②高压表针来回摆动； ③视液镜中有气泡空气进入系统	空气进入系统	空气进入系统	①抽真空 ②重新加入制冷剂
制冷不足	① 高、低压端压力均过高； ②低压端管路上出现大量露珠	膨胀阀存有故障或热敏管安装不当	①低压管路制冷剂过多； ②膨胀阀打开过大	①检查安装热敏管； ②检查膨胀阀，如有故障则更换
不制冷	①低压端压力太高； ②高压端压力太低	压缩机漏气	①压缩机故障； ②压缩机气门漏气或断裂	修理更换压缩机

7.4.3　维修基本操作

1. 制冷系统检漏

空调系统的工作条件比较恶劣，其制冷系统一直随汽车工作在振动的工况之下，极易造成部件、管道损坏和接头松动，使得制冷剂发生泄漏。其泄漏的常发部位如表7-2所列。

表 7-2　空调系统泄漏的常发部位

部　件	泄漏常发部位
冷凝器	①冷凝器进气管和出液管连接处；②冷凝器盘管蒸发器
蒸发器	①蒸发器进气管和出口管连接处；②蒸发器盘管；③膨胀阀
储液干燥器	①易熔塞；②管道接头喇叭口处
制冷剂管道	①高、低压软管；②高、低压软管各接头处
压缩机	①压缩机油封；②压缩机吸、排气阀处；③前、后盖密封圈；④与制冷剂管道接头处

制冷系统的检漏主要有以下几种方法：

- 选择合适的检漏仪，按照说明书指导进行操作。
- 利用肥皂水（或其他起泡剂）对可能产生泄漏的部位进行直接检查。方法是把肥皂水涂在需要检查的部位，如发现有排气声或吹出肥皂泡，则说明该处有泄漏。
- 在抽真空作业完成之后，不要急于加注制冷剂，而是保持系统真空状态一定的时间（一般数十分钟至数小时)后,观察歧管压力计上的低压表真空度是否发生变化。如真空指示没有变化,则说明系统无泄漏;如真空指示回升,则说明系统有泄漏。

➢ 采用油迹法。当发现系统管路某处有油迹时,此处可能为渗漏点。

2. 抽真空

抽真空的目的是进一步检查制冷系统在真空下的密封性,最大限度地清除系统内部水分,并且为系统充注制冷剂打好基础。抽真空并不能直接把水抽出系统,而是在制冷系统里产生了真空之后,降低了水的沸点,使水在较低的温度下沸腾,然后以蒸汽的形式从系统中被抽出。系统内部水分过多会导致在节流膨胀阀出口形成冰堵而制冷不良或间歇制冷。过多的水分还会导致更多的化学腐蚀而产生系统泄漏。

图 7-28 所示为抽真空管路连接方法,其具体操作步骤如下。

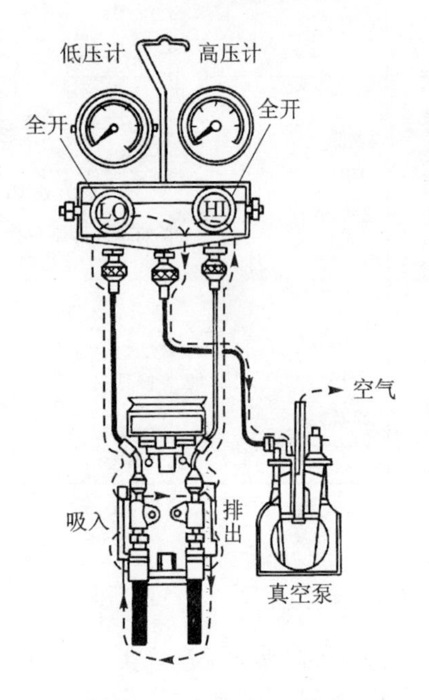

图 7-28 抽真空管路连接

① 将歧管压力计上的两根高、低压软管分别与压缩机上的高、低接口相连;将歧管压力计上的中间软管与真空泵相连。

② 打开歧管压力计上的高、低压手动阀,起动真空泵,并注视两个压力表,将系统抽真空至 98.70～99.99 kPa。

③ 关闭歧管压力计上的高、低压手动阀,观察压力表指示压力是否回升。若回升,则表示系统泄漏,此时应进行检漏和修补。若压力表针保持不动,则打开高、低压手动阀,起动真空泵继续抽真空 15～30 min,使其真空压力表指针稳定。

④ 关闭歧管压力计上的高、低压手动阀。

⑤ 关闭真空泵。先关闭高、低压手动阀,然后关闭真空泵,防止空气进入制冷系统。

抽真空时,由于压力越来越低,为使空气尽可能被彻底抽出,还可采用重复抽真空法,即在第一次抽完后,再重复抽一次或两次。

3. 加注制冷剂

在制冷系统抽真空达到要求,且经检漏确定制冷系统不存在泄漏部位后,即可向制冷系统中加注制冷剂。加注前,先确定注入制冷剂的数量。加注量过多或过少,都会影响空调制冷效果。压缩机的铭牌上一般都标有所用制冷剂的种类及其加注量。

加注制冷剂的方法有两种:高压侧加注和低压侧加注。

(1) 高压侧加注的操作步骤

① 当系统抽真空后,关闭歧管压力计上的高、低压手动阀。

② 将中间软管的一端与制冷剂罐注入阀的接头连接(如图 7-29 所示),打开制冷剂罐开启阀,再拧开歧管压力计软管一端的螺母,让气体溢出几分钟,然后拧紧螺母。

③ 拧开高压侧手动阀至全开位置,并将制冷剂罐倒立。

④ 从高压侧注入规定量的液态制冷剂。关闭制冷剂罐注入阀及歧管压力计上的高压手动阀,然后将仪表卸下。从高压侧向系统加注制冷剂时,发动机处于未起动状态(压缩机停

转)，不要拧开歧管压力计上的低压手动阀，以防产生液压冲击。

(2) 低压侧加注操作步骤

① 如图 7－30 所示，将歧管压力计与压缩机和制冷剂罐连接好。

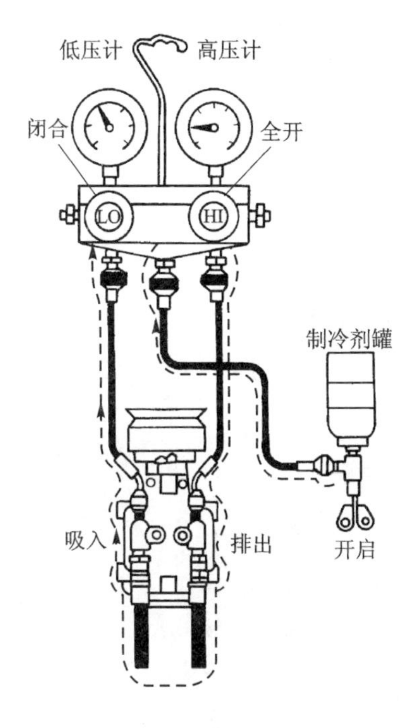

图 7－29　高压侧加注液态制冷剂

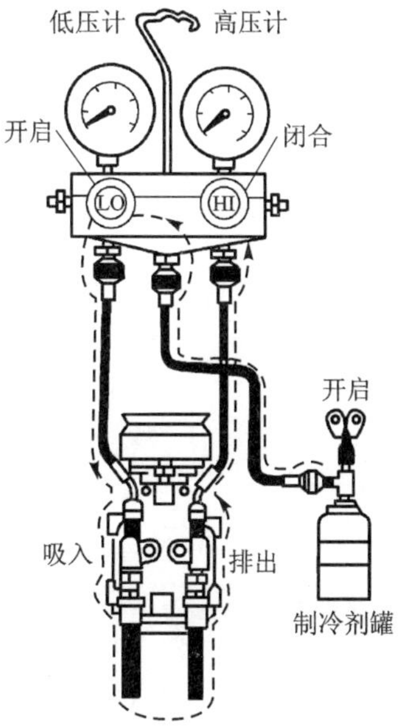

图 7－30　低压侧加注液态制冷剂

② 打开制冷剂罐，拧松中间注入软管在歧管压力计上的螺母，直到听见有制冷剂蒸气流动的声音，然后拧紧螺母，从而排出注入软管中的空气。

③ 打开低压手动阀，让制冷剂进入制冷系统。当系统的压力值达到 0.4 MPa 时，关闭低压手动阀。

④ 起动发动机，接通空调开关，并将鼓风机开关和温控开关都调至最大。

⑤ 再打开歧管压力计上的手动阀，让制冷剂继续进入制冷系统，直至加注量达到规定值。

⑥ 在向系统中加注规定量的制冷剂之后，从视液镜处观察，确认系统内无气泡、无过量制冷剂。

4. 加注润滑油

通常空调制冷系统的冷冻润滑油消耗很少，可每两年更换一次，每次应按规定数量加注(一般压缩机的铭牌上标有润滑油的型号和数量)。加注时一定要使用同一品牌和型号的冷冻润滑油，不同品牌和型号的冷冻润滑油混用会生成沉淀物。

润滑油的加注有以下两种方法：

第一种，利用压缩机本身抽吸作用，将冷冻润滑油从低压阀处吸入，此时发动机一定要保持低速运转。

第二种，利用抽真空加注冷冻润滑油，如图 7－31 所示。

加注润滑油的操作步骤如下：

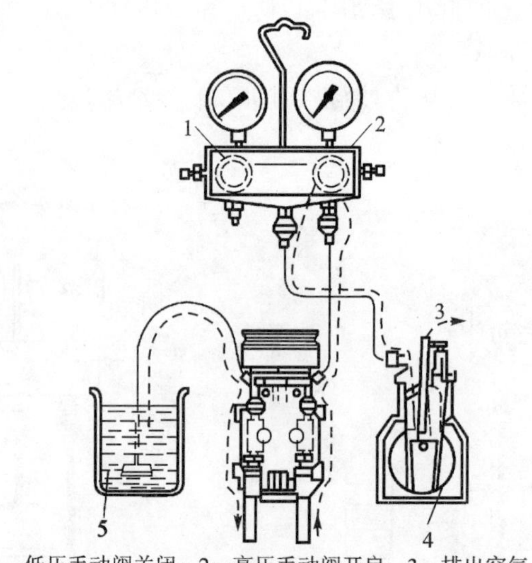

1—低压手动阀关闭；2—高压手动阀开启；3—排出空气；
4—真空泵；5—冷冻润滑油

图 7-31 抽真空法加注冷冻润滑油

① 对制冷系统抽真空。

② 选一个有刻度的量筒，盛入比规定要加注的量还要多的冷冻润滑油。

③ 将连接在压缩机上的低压软管从歧管压力计上拧下来，并将其插入盛有冷冻润滑油的量筒内。

④ 起动真空泵。

⑤ 按抽真空法加注冷冻润滑油后，还应继续对制冷系统抽真空、加注制冷剂。

7.4.4 常见故障诊断

空调系统的常见故障大致可分为3类：不制冷或制冷剂不足、断续工作、噪声过大。故障原因有设备故障和线路故障。设备故障主要是压缩机、冷凝器、膨胀阀、蒸发器、连接管道、控制开关等机械元件出现异常；线路故障即空调控制电路的断路、接触不良、搭铁不良等故障。空调系统发生故障时，应按照一定的程序去查找分析故障的原因，这样才能有条不紊地进行工作，从而既快又准确地排除故障。

1. 空调系统不制冷的故障诊断与排除

① 故障现象：打开空调 A/C 开关时，空调口无冷气吹出。

② 故障原因：

a. 线路故障：导线断路、接触不良、搭铁不良或连接错误。

b. 设备故障：

- 膨胀阀损坏或滤网堵塞。
- 空调开关损坏。
- 压缩机故障：压缩机卡死；压缩机电磁离合器线圈断路；压缩机传动带松动或断裂；压缩机吸气或排气阀板损坏。
- 系统连接管路堵塞或泄漏。

➢ 制冷剂不足或无制冷剂。

③ 故障诊断与排除：空调系统不制冷的故障诊断流程如图 7-32 所示。

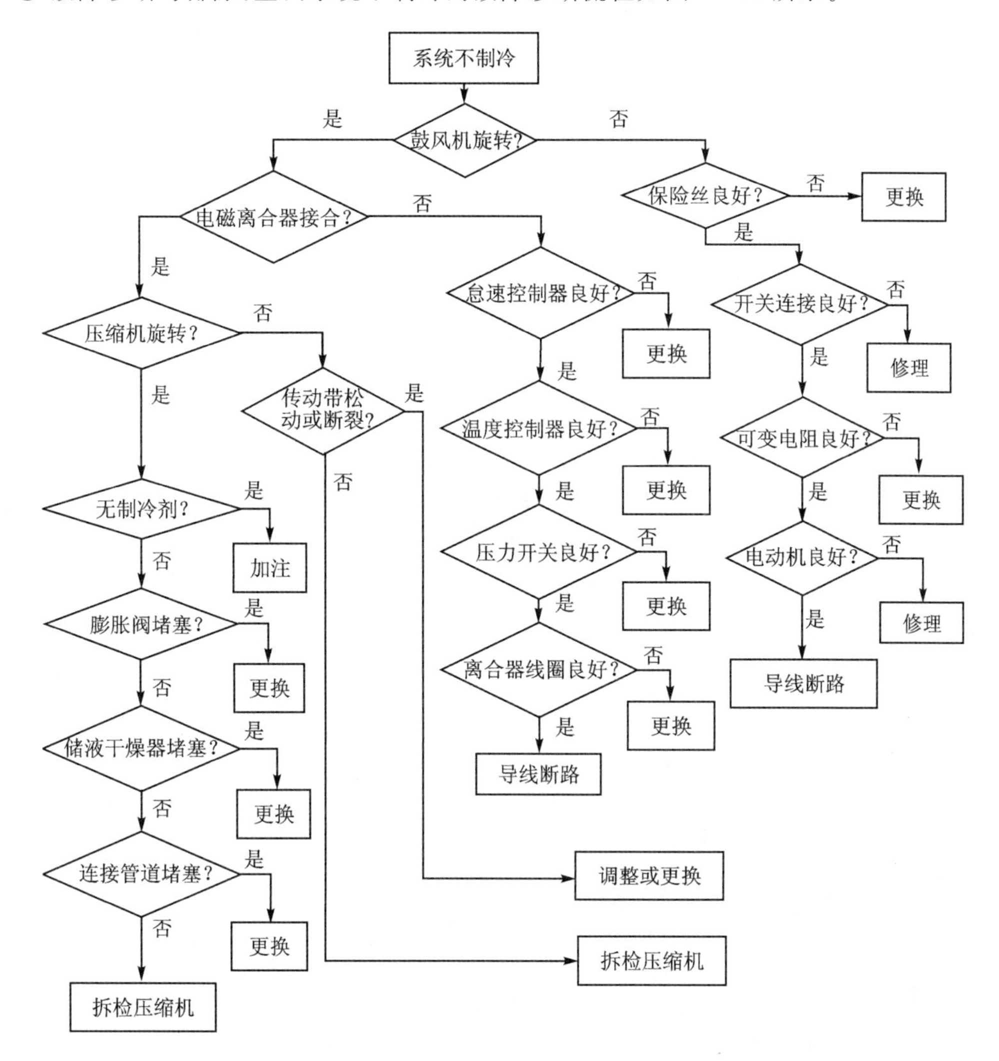

图 7-32　空调系统不制冷故障诊断流程图

2. 空调系统制冷不足故障诊断与排除

① 故障现象：空调制冷系统工作一段时间后，车内温度高于设定温度。

② 故障原因：

a. 线路故障：鼓风电动机接触不良、冷凝器风扇断路等。

b. 设备故障：

➢ 膨胀阀堵塞，开度减小。

➢ 系统内有水蒸气。

➢ 压缩机故障：压缩机电磁离合器线圈有局部短路；压缩机电磁离合器打滑。

➢ 系统连接管路堵塞或泄漏。

➢ 制冷剂不足或制冷剂过多。

③ 故障诊断与排除：空调系统不制冷的故障诊断流程见图 7-33 所示。

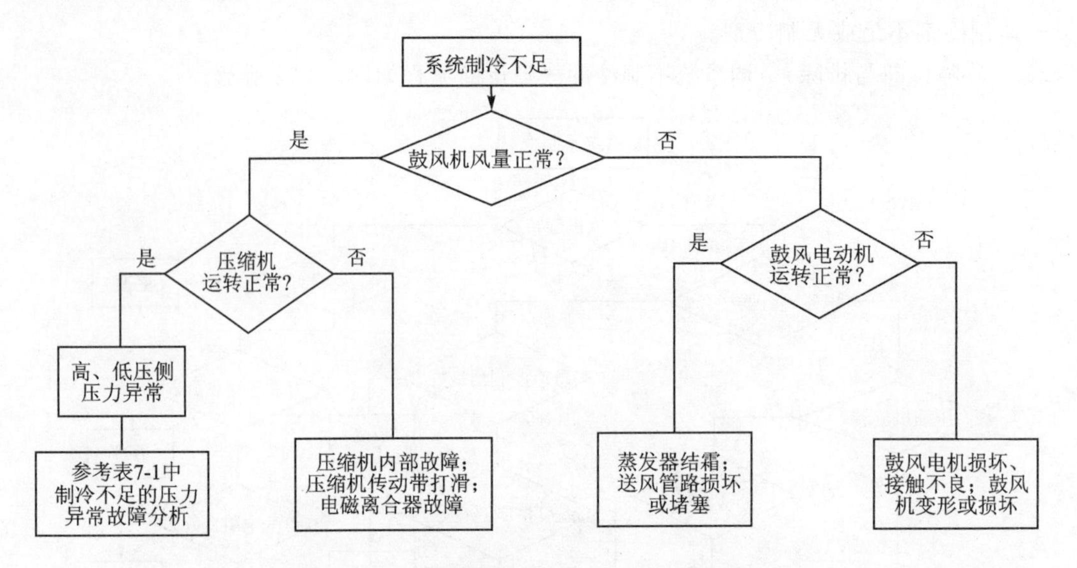

图 7－33　空调系统制冷不足故障诊断流程图

3. 空调制冷系统断续工作故障诊断与排除

① 故障现象：空调制冷系统工作时，空调风口断断续续有冷气。

② 故障原因：

a. 线路故障：线路接触不良、搭铁不良。

b. 设备故障：

➢ 压缩机电磁离合器打滑。

➢ 膨胀阀冰堵。

➢ 热敏电阻或感温元件失灵。

➢ 开关、继电器时断时合。

③ 故障诊断与排除：

a. 清除系统，更换储液干燥器；

b. 离合器打滑，拆下离合器总成，修理或更换；

c. 更换热敏电阻或感温元件；

d. 更换开关或继电器。

7.5　空调系统的使用与维护

为了降低汽车空调系统的故障发生率，充分发挥空调系统的使用功能，提高其工作效率，驾驶员应正确合理地使用空调，要经常对汽车空调系统进行检查，并由专业人员定期对其进行维护与保养，延长空调的使用寿命。

7.5.1　使用注意事项

在使用空调时，应注意以下几点：

① 起动发动机时，空调开关应关闭。

② 开启空调后，应先检查：

➢ 冷凝风扇是否工作正常。

➢ 压缩机在运行中是否有不正常声响。

➢ 通过储液干燥器视液镜判断制冷剂是否足量，若不足量则应检查其原因，并及时补充。

➢ 在车厢内冷气出口处能否感到空气温度下降。

➢ 手摸压缩机进口管道凉、出口管道烫表明其工作正常。

③ 发动机停止工作后，切勿使用空调，否则蓄电池电能将急剧消耗，从而使发动机重新起动困难。

④ 炎热天气停车时，应尽量避免在阳光直射下曝晒导致车内温度过高，使用空调时加重了空调系统的负荷。如果车内温度很高，上车前应首先打开车门或车窗，在自然状态下散掉一部分热空气，起动发动机后打开空调开关，然后关闭车门或车窗，这样可降低空调负荷，提高制冷效果。

⑤ 长距离上坡或急加速时，应暂时关闭空调，以减轻发动机的工作负荷。

⑥ 将空调制冷强度键开到最大时，不能将调风键开得过小或关闭，否则冷气排出不畅，易导致蒸发器结霜，甚至会使压缩机产生"液击"的危险。

⑦ 空调运行时，若发现空调装置出现异常状况，应立即关闭空调并及时进行维修。

⑧ 在下述情况下应暂时停止使用空调：

➢ 发动机较长时间高负荷工作。

➢ 在高温下空调已连续运行了一段时间。

➢ 发动机冷却液温度过高。

7.5.2　检查与维护

为了保证汽车空调系统工作时始终处于良好的技术状态，一定要按空调的使用要求经常对其检查与维护，使其可靠工作，发挥最大效率。

① 保持冷凝器的清洁。冷凝器的清洁程度与其热交换能力有直接关系，应经常检查并清除冷凝器表面的污物，以避免因冷凝器散热不良引起冷凝器中制冷剂压力、温度过高，造成制冷能力下降等不良状况。在清洗冷凝器时应使用压缩空气或冷水冲洗，不能使用热蒸汽冲洗，否则易损坏冷凝器。在清洗的过程中，应注意不要碰击散热片，不能损伤制冷管路。

② 应经常检查压缩机传动带的使用状况与松紧程度。如传动带松弛应及时调整，若传动带损伤或老化应及时更换，新装的传动带一般使用 30～40 h 会出现松弛现象，此时应重新调整张紧力。由于不同车型空调压缩机曲轴带轮的直径不同，与发动机上带轮的中心距也不一样，所要求的张紧力也有区别，可根据不同车型维修手册上压缩机传动带张紧力的要求对其进行调整。

③ 空调在较长时间不使用时，也应定期开启压缩机，每两周一次，每次 5～8 min，使制冷剂在循环中把冷冻油带至系统各部分，可防止制冷系统中的密封圈、压缩机油封等密封元件因缺油干燥引起密封不良造成制冷剂泄漏，避免压缩机、膨胀阀及制冷系统其他运行部件锈蚀或因结胶产生黏滞。但环境温度低于 4 ℃时不能起动压缩机，否则会因温度过低，冷冻油黏度增大，流动性变差而不能及时地将冷冻油输送到压缩机，从而造成压缩机磨损加剧甚至损坏。

④ 经常检查制冷系统中各连接部位的管接头、螺栓、螺钉有无松动，系统管路与周围机件或车体是否有摩擦或碰撞，胶管是否老化，有无漏油迹象。

⑤ 经常检查各连接导线包皮是否老化或导线是否连接不良等。

⑥ 注意观察空调系统在运行中有无异常气味或不正常的噪声和异响,若有则应立即停止使用,及时检查修理。

⑦ 保持送风通道进口空气滤清器的清洁,使风量充足,空气新鲜洁净。要防止蒸发器芯空气通道阻塞,影响送风效果,每周应检查一次。

⑧ 检查膨胀阀感温包与蒸发器出口管道,应牢固连接且绝热层包扎良好。

第8章　农机整车电路

学习目标

- 能描述农机整车电路的类型和组成；
- 能描述农机电路读图方法；
- 能认识电路图中的组成元件；
- 能利用读图基本方法分析简单的农机整车电路。

8.1　农机电路图认知

8.1.1　农机电路图的种类

农机整车电路是用导线将全车所有的电器设备连接而构成的一个供电、用电系统，它是农机电气设备的总成。农机整车电气图一般分为线路图、原理图和线束图。

1. 线路图

线路图是按农机电器在车上的实际位置，用线从电源至搭铁一一连接起来所构成的电路图。附录C的清拖750P整车电路接线图即为线路图。

线路图的优点是：全车的电气设备数量准确、电线的走向清晰、线路标号明确、连接指示明确。线路图按线束编制将电线分配到各条线束中，各电线与各插件的连接严格对应，在各开关附近还用表格法表示了开关的接线与挡位控制关系，图中还表示出了熔断器与电线的连接关系，同时标明了电线的颜色。

缺点是：图上电线纵横交错，印制版面小则不易分辨，版面过大则印制和装订备受限制；读图和画图费时费力，不易抓住电路重点和难点；不易表达电路的内部结构与工作原理。

2. 原理图

原理图又分为系统（局部）电路原理图和整车电路原理图。

（1）系统（局部）电路原理图

从整车电路图中抽出某个需要研究的局部电路，必要时根据实地测绘、检查和试验记录，将重点部位进行放大、绘制并加以说明。这种电路图中电器元件少、幅面小，看起来简单明了，易读易绘；其缺点是只能了解电路的局部。前面章节中大部分都是采用系统（局部）电路原理图，比如图3-2。

（2）整车电路原理图

整车电路原理图是用简明的图形符号按电路原理将每个系统由上到下合理地连接起来，再将每个系统排列起来而成的。这种类型的电路图具有以下几个特点。

- 可对全车电路建立完整的概念，它既是一幅完整的全车电路图，又是一幅互相联系的局部电路图。重点与难点突出，繁简得当。

- 在此图上建立起电位高、低的概念：其负极接地（搭铁），电位最低，可用图中的最下面一条线表示；正极电位最高，用最上面的那条线表示。电流的方向基本都是由上而下，电流路径是：电源正极→开关→用电器→搭铁→电源负极。
- 尽可能减少导线的曲折与交叉，合理布局，图面简洁清晰，图形符号除须遵照国家相关标准规定外，还应考虑元器件的外形与内部结构，便于分析，易读易画。
- 各系统电路（局部电路）相互并联且关系清楚，发电机与蓄电池之间以及各个系统之间的连接点尽量保持原位，熔断器、开关及仪表等的接法基本与原图吻合。

3. 线束图

线束图是将有关电器的导线汇合在一起组成线束，主要用于总装线和修理厂的连接、检修与配线。

线束图主要表明用电设备的连接部位、接线柱的标记与线头、插接器（连接器）的形状与位置等。这种图一般不详细描绘线束内部的导线走向，只将露在线束外面的线头与插接器详细编号或用字母标记。它是一种突出装配记号的电路表现形式，非常便于安装、配线、检测与维修。如果再将此图各线端都用序号、颜色准确无误地标注出来，并与电路原理图和线路图结合使用，对故障维修将会起到更大的作用且能收到更好的效果。

8.1.2 农机电路读图方法

（1）化大为小

按整车电路系统的各功能及工作原理把整车电路系统划分成若干个独立的电路系统，分别进行分析。这样化整体为部分，化大为小，就可以有重点地进行分析。为了识读方便，现在多数农机整车电路的原理图都是按各个电路系统进行绘制的。

（2）了解功能

在分析某个电路系统前，要先了解该电路中所包含的各部件的功能和作用，掌握基本的技术参数，例如在电路中的各种自动控制装置在什么条件下接通或断开等。

（3）回路原则

在识读电路图时应掌握一个回路原则，即：电路中的工作电流都是由电源正极流出，经用电设备后流回电源负极；在电路中只有当电流流过用电设备并构成回路时，用电设备才能正常工作。

（4）抓住开关

在电路中，开关的作用是至关重要的。按操控开关的功能和开关的不同工作状态来分析电路的工作原理，常常使电路原理变得更加清晰。在标准画法的电路图中，机械开关总是处于断开状态。

（5）主控分开

在识读电路图时，可把含有线圈和触点的继电器分成由线圈工作的控制电路和由触点工作的主电路两部分。主电路中的触点只有在线圈电路中有工作电流流过后才能动作。在电路图中画出继电器，其继电器线圈一般都处于断电状态。

（6）认准标志

在识读接线图时，要准确认识接点标记、导线颜色和色码标志。由于导线标记因厂家不同而有所区别，故要对照说明书进行识别。

此外，大部分农机电路只配有接线图，其原理图往往是有关人员为研究、使用与检修而收集和绘制的，在画法上可能出现差异，所以在读电气原理图时应注意这一点。

8.2　农机整车电路实例

8.2.1　清拖 750P 整车电路分析

清拖 750P 整车电路系统可分为四大部分：电源系统、起动系统、照明和信号系统、仪表和报警系统。

1. 电源电路

清拖 750P 的电源电路主要由蓄电池、发电机、充电指示灯、电流表、预热起动开关、保险丝等组成。

(1) 充电电路分析

发动机起动后带动发电机运转，发电机开始发电，电流表指针指向"＋"，同时向蓄电池充电，其充电电路为：蓄电池(＋)→3＃保险丝→电流表(－)→电流表(＋)→1＃保险丝→发电机(＋)。

(2) 充电指示灯电路

将预热启动开关闭合，充电指示灯亮，表示蓄电池处于放电状态，其充电指示灯电路为：蓄电池(＋)→3＃保险丝→电流表(－)→电流表(＋)→2＃保险丝→预热起动开关(U，表示导线颜色，下同)→充电指示灯→发电机 F→搭铁。

清拖 750P 的发电机为 11 管整体式交流发电机，在发动机起动后，发电机的电压高于蓄电池电压时，充电指示灯电路被短路，充电指示灯熄灭。

(3) 电源继电器控制电路

蓄电池(＋)→3＃保险丝→电流表(－)→电流表(＋)→2＃保险丝→预热起动开关(U)→电源继电器(U)→搭铁。

此电路接通了电源继电器的线圈，电源继电器的触点闭合。

蓄电池(＋)→3＃保险丝→电流表(－)→电流表(＋)→电源继电器(R)→4＃～8＃保险丝。

电源继电器(R)为灯光、信号、仪表及报警系统的电源线，下面相应的电路分析简化为从继电器(R)开始。

2. 起动电路

清拖 750P 的起动电路主要由蓄电池、起动机、起动继电器、预热起动开关、保险丝等组成。

(1) 起动前的功能检查系统电路

首先将预热起动开关转到Ⅰ挡，充电指示灯点亮，表示该指示系统电路工作正常，蓄电池正处于放电状态。其控制电路请参考"充电指示灯电路"。

(2) 起动机系统电路

将预热起动开关开关由Ⅰ挡转到Ⅱ挡，起动机开始旋转、拖动发动机，完成了起动过程。其控制电路如下：

① 蓄电池(+)→3#保险丝→电流表(−)→电流表(+)→2#保险丝→预热起动开关(GY)→起动继电器“开关”接线柱(GY)→搭铁。

此电路接通起动继电器的线圈,起动继电器的触点闭合,接通起动电路。

② 蓄电池(+)→起动机主接线柱(Y)→起动继电器“电源”接线柱(Y)→起动继电器“起动”接线柱(U)→起动机“起动”接线柱。

此电路接通起动机的电磁开关的吸引线圈和保持线圈,电磁开关铁芯在电磁力的作用下接通主电路,同时拨动拨叉使驱动齿轮与飞轮啮合。

③ 蓄电池(+)→起动机主接线柱(Y)→起动电机→搭铁。

此电路为起动主电路,起动电机高速旋转,起动发动机。

3. 照明与信号电路

(1) 照明电路

清拖 750P 的照明电路主要由前后大灯电路、仪表小灯电路组成。

1) 前大灯电路

近光电路为:电源继电器(R)→4#保险丝→车灯开关(UR)→车灯开关(W)→前大灯近光(W)→搭铁。

远光电路为:电源继电器(R)→4#保险丝→车灯开关(UR)→车灯开关(N)→前大灯远光(N)→搭铁。

2) 后大灯电路

电源继电器(R)→4#保险丝→车灯开关(UR)→车灯开关(P)→后大灯(P)→搭铁。

3) 仪表小灯电路

电源继电器(R)→6#保险丝→仪表小光灯开关(W)→仪表小光灯开关(O)→

电流表(O)→搭铁(B)。
水温表(O)→搭铁(B)。
转速表(O)→搭铁(B)。
油压表(O)→搭铁(B)。
油量表(O)→搭铁(B)。
危险报警开关(O)→搭铁(B)。
喇叭开关(O)→搭铁(B)。
转向灯开关(O)→搭铁(B)。
仪表小光灯开关(O)→搭铁(B)。
驾驶室备用开关(O)→搭铁(B)。
小光灯 4 只(O)→搭铁(B)。

当光线不足时,接通仪表小光灯开关,以上仪表和开关的小灯电路接通,使驾驶员能够看清仪表数值显示及开关位置,同时点亮前后左右 4 盏小光灯,以显示拖拉机轮廓。

(2) 信号电路

1) 喇叭电路

清拖 750P 的喇叭电路主要由蓄电池、喇叭、预热起动开关、喇叭开关、电源继电器、保险丝等组成。

电源继电器(R)→8#保险丝→喇叭开关(UN)→喇叭(UN)→搭铁(B)。

2）转向灯电路

清拖 750P 的转向灯电路主要由蓄电池、转向灯、预热起动开关、转向灯开关、电源继电器、保险丝等组成。

当接通左侧转向灯时，左侧转向灯以一定频率闪烁。其电路为：电源继电器（R）→5＃保险丝→危险报警灯开关（UY）→危险报警灯开关（RW）→闪光器（RW）→闪光器（NW）→ 转向灯开关（NW）→转向灯开关（U）→左转向灯（U）→搭铁。

当接通右侧转向灯时，右侧转向灯以一定频率闪烁。其电路为：电源继电器（R）→5＃保险丝→危险报警灯开关（UY）→危险报警灯开关（RW）→闪光器（RW）→闪光器（NW）→ 转向灯开关（NW）→转向灯开关（G）→右转向灯（G）→搭铁。

3）制动灯电路

清拖 750P 的制动灯电路主要由蓄电池、制动灯、预热起动开关、制动开关、电源继电器、保险丝等组成，即：电源继电器（R）→6＃保险丝→制动开关（W）→制动开关（N）→左右制动灯（N）→搭铁。

4. 仪表及报警系统电路

（1）仪表电路

清拖 750P 的仪表电路主要由电流表、油压表、油量表、水温表等组成。

油量表电路为：电源继电器（R）→7＃保险丝→油量表（S）→油量表传感器（U）→搭铁。

油压表电路为：电源继电器（R）→7＃保险丝→油压表（S）→油压表传感器（WB）→搭铁。

水温表电路为：电源继电器（R）→7＃保险丝→水温表（S）→水温表传感器（YS）→搭铁。

转速表是预留的表，清拖 750P 真车上无转速表，在此不分析。

（2）报警电路

气压报警灯电路为：电源继电器（R）→7＃保险丝→气压报警灯（S）→气压报警传感器（Y）→搭铁。

危险报警灯电路为：蓄电池（＋）→3＃保险丝→危险报警灯开关（Y）→危险报警灯开关（RW）→闪光器（RW）→闪光器（NW）→危险报警灯开关（NW）→

{危险报警灯开关（U）→左转向灯（U）→搭铁。
{危险报警灯开关（G）→右转向灯（G）→搭铁。

从危险报警灯电路中可以看出，危险报警灯电路不经过预热起动开关，直接和蓄电池正极连接。由于串入了闪光器，故在接通危险报警灯开关后转向灯将同时闪烁。

8.2.2　久保田 NSPU－68CM 插秧机整车电路分析

久保田 NSPU－68CM 插秧机整车电路系统（出厂电路配线图见附录 D）可分为 6 个部分：电源系统、起动系统、点火系统、照明和信号系统、仪表和报警系统及其他控制电路。

1. 电源系统

久保田 NSPU－68CM 插秧机的电源电路主要由蓄电池、发电机、充电指示灯、主开关、保险丝等组成。

（1）充电电路分析

发动机起动后带动发电机运转，发电机开始发电，同时向蓄电池充电，其充电电路为：调节器 6－4 接线柱（发电机电源端子，R 表示导线颜色，下同）→慢熔熔丝→蓄电池（＋）。

(2) 充电指示灯电路

将主开关闭合,充电指示灯亮,表示蓄电池处于放电状态,其充电指示灯电路为:蓄电池(+)→慢熔熔丝→主开关 4 号接线柱(R)→主开关 3 号接线柱(RW)→仪表板 14 号接线柱→充电指示灯→仪表板 3 号接线柱(P)→调节器 6-6 接线柱→调节器→搭铁。

当发动机起动后,发电机的电压高于蓄电池电压时,充电指示灯电路被短路,充电指示灯熄灭。

2. 起动电路

久保田 NSPU-68CM 插秧机的起动电路主要由蓄电池、起动机、安全开关、主开关、保险丝等组成。

(1) 起动前的功能检查系统电路

首先将主开关转到 ON 挡,充电指示灯点亮,表示该指示系统电路工作正常,蓄电池正处于放电状态。其控制电路参考充电指示灯电路。

(2) 起动机系统电路

将预热起动开关开关由 ON 挡转到 ST 挡,起动机开始旋转拖动发动机,完成了起动过程。其控制电路为:

① 蓄电池(+)→慢熔熔丝→主开关 4 号接线柱(R)→主开关 5 号接线柱(G)→安全开关 1 号接线柱→安全开关 2 号接线柱(R)→起动机 S 接线柱→搭铁。此电路接通起动机的电磁开关的吸引线圈和保持线圈,电磁开关铁芯在电磁力的作用下,接通主电路,同时拨动拨叉使驱动齿轮与飞轮啮合。

② 蓄电池(+)→起动机 R 接线柱(B)→起动电机→搭铁。

此电路为起动主电路,起动电机高速旋转,起动发动机。

3. 点火电路

久保田 NSPU-68CM 插秧机的点火电路主要由电源(蓄电池、发电机)、主开关、点火线圈、点火器、火花塞、保险丝等组成。

当驾驶员将主开关拨至 ST 挡后,点火电路就开始工作了。点火电路的初级回路为:电源(起动时为蓄电池,起动后为发电机)→主开关 4 号接线柱(R)→主开关 3 号接线柱(RW)→熔丝 10 A(RB)→点火器 R 接线柱→点火线圈初级绕组→点火器 B 接线柱→搭铁。

当发动机运转时,脉冲发生器将不断产生点火脉冲信号输送给点火器,点火器控制点火线圈的初级回路的通和断。当点火线圈的初级电路断开时,在它的次极绕组中将产生高压电,击穿火花塞间隙,产生电火花,点燃混合气,使发动机持续工作。

4. 照明与信号电路

久保田 NSPU-68CM 插秧机共用照明灯与转向灯,其功能由组合开关来转换。电路主要由电源、主开关、组合开关、前照灯、保险丝等组成。

当主开关拨至 ON 挡,组合开关拨至 1 位时为前照灯功能,其电路为:电源(起动时为蓄电池,起动后为发电机)→主开关 4 号接线柱(R)→主开关 3 号接线柱(RW)→熔丝 10 A→组合开关 1 号接线柱(RY)→组合开关 2 号接线柱(L)→左或右前照灯→搭铁。

当主开关拨至 ON 挡,组合开关拨至 OFF 位时为转向灯功能,当把组合开关拨至左侧或右侧时,相应的前照灯亮作为转向信号。其电路为:电源(起动时为蓄电池,起动后为发电机)→主开关 4 号接线柱(R)→主开关 3 号接线柱(RW)→熔丝 10 A→组合开关 1 号接线柱(RY)→左或右前照灯→搭铁。

5. 仪表及报警系统电路

(1) 仪表电路

久保田 NSPU－68CM 插秧机的仪表电路主要由油压表、燃料计、水温表等组成。

主开关拨至 ON 挡，仪表开始工作。

燃料计电路：电源(起动时为蓄电池，起动后为发电机)→主开关 4 号接线柱(R)→主开关 3 号接线柱(RW)→熔丝 10 A→仪表盘 14 号接线柱(RW)→燃料计→仪表盘 1 号接线柱(OrB)→燃料传感器→搭铁。

油压表电路：电源(起动时为蓄电池，起动后为发电机)→主开关 4 号接线柱(R)→主开关 3 号接线柱(RW)→熔丝 10 A→仪表盘 14 号接线柱(RW)→油压表→仪表盘 6 号接线柱(L)→机油压力传感器→搭铁。

水温表电路：电源(起动时为蓄电池，起动后为发电机)→主开关 4 号接线柱(R)→主开关 3 号接线柱(RW)→熔丝 10 A→仪表盘 14 号接线柱(RW)→水温计→仪表盘 4 号接线柱(G)→水温传感器→搭铁。

(2) 报警电路

久保田 NSPU－68CM 插秧机的报警电路为秧苗用尽报警电路，主要由电源、警报蜂鸣器、秧苗用尽传感器、栽插离合器开关灯组成。当 6 个载秧盘中只要有一个载秧盘的秧苗用尽时，秧苗用尽开关闭合，接通秧苗用尽报警电路，报警灯亮同时蜂鸣器响，警报蜂鸣器鸣响 8 次，提醒驾驶员及时补充秧苗。其工作电路为：电源(起动时为蓄电池，起动后为发电机)→主开关 4 号接线柱(R)→主开关 3 号接线柱(RW)→熔丝 10 A→警报蜂鸣器 1 号接线柱(RW)→警报蜂鸣器 2 号接线柱(PG)→微电脑单元→秧苗用尽开关→搭铁。

6. 其他控制电路

(1) 燃油阻断电路

燃油阻断电路的工作原理为主开关关闭后，定时继电器输出电压信号到阻断电磁阀，燃油阻断电磁阀阀针伸出，阻断化油器主喷孔，切断化油器主喷孔供油，关闭主开关后约 10 s 电磁阀针自动缩回。

其电路主要由电源、主开关、保险丝、定时继电器、燃油阻断电磁阀等构成。当主开关由 ON 拨至 OFF，定时继电器 3 号端子电压信号被切断，使得燃油电磁阀电路接通：蓄电池(＋)→慢熔熔丝(R)→熔丝(RY)→定时继电器 4 号端子→定时继电器 1 号端子(WL)→燃料阻断电磁阀→搭铁。燃料及时被阻断，实现迅速停机。

(2) 载秧台水平控制电路

载秧台水平控制电路通过微电脑单元进行调整控制，使插秧部始终保持水平状态。

其电路主要由主开关、电动机、保险丝、倾斜传感器、限位开关、栽插离合开关、微电脑单元等组成。

载秧台水平控制的工作原理为：插秧离合器在合的位置，开关在闭合状态，当插秧部呈左右水平时，倾斜角传感器将输出大约 2.5 V 的电压；当插秧部左侧下降时，输出电压降低；相反，当插秧部右侧上升时，输出电压升高，微电脑单元接收到电压信号后，根据电压值来控制继电器，进而控制电动机工作方向来进行调整，使之保持水平。

以插秧部左侧下降为例来说明其调节过程。当插秧部左侧下降时，倾斜传感器输出电压低于 2.5 V,并将此信号输送给微电脑单元,微电脑单元接收到信号后,控制水平控制器的左侧线圈通电,其控制电路为:发电机(R)→主开关 4 号接线柱(R)→主开关 3 号接线柱(RW)→熔丝20 A(L)→水平控制继电器 1 号端子→水平继电器左侧线圈→水平控制继电器 2 号端子(GL)→左侧水平控制限位开关(WB)→微电脑单元→搭铁。

水平继电器左侧线圈通电将产生电磁力吸引水平控制电动机的左侧电刷,电刷将自动拨至左侧,使得水平控制电动机得到向右的电流,电动机正转使得插秧部调整到水平状态。其控制电路为:发电机(R)→主开关 4 号接线柱(R)→主开关 3 号接线柱(RW)→熔丝 20 A(L)→水平控制继电器 1 号端子(L)→水平控制继电器 6 号端子(R)→水平控制电动机→水平控制继电器 3 号端子(G)→水平控制继电器 5 号端子(B)→搭铁。

8.2.3 久保田 PRO5881 - G 收割机整车电路分析

久保田 PRO5881 - G 收割机整车电路系统(其出厂电路配线图见附录 B)可分为电源系统、起动系统、照明和信号系统、仪表和报警系统和其他控制电路。

1. 电源系统

久保田 PRO5881 - G 收割机的电源电路主要由蓄电池、交流发电机、充电指示灯、主开关、保险丝等组成。

(1) 充电电路分析

发动机起动后带动发电机运转,发电机开始发电,同时向蓄电池充电,其充电电路为:发电机电源端子 B(导线颜色:红)→2A - 2(插接口)→慢熔熔丝(60 A,红)→蓄电池(+)。

(2) 充电指示灯电路

久保田 PRO5881 - G 收割机的充电指示灯电路具备以下几个特点:

- 如果在发动机停止状态下将钥匙开关置于"开",则充电指示灯点亮。
- 起动发动机时,如果充电系统正常,则充电指示灯熄灭。
- 在发动机运转过程中,调节器将判定交流发电机的端子(B、S)脱落或电池过度放电等,在充电系统出现异常时,充电指示灯点亮。

其充电指示灯电路为:蓄电池(+)→慢熔熔丝(60 A,红)→主开关 4 号接线柱(红)→主开关 2 号接线柱(红白)→交流发电机 IG 接线柱(红绿)→交流发电机调节器→发电机 L 接线柱(黄黑)→仪表板 1~10 号接线柱(黄黑)→充电指示灯→搭铁。

2. 起动系统

起动系统包括起动预热电路、起动机控制电路和燃油泵电路。

(1) 起动预热电路

起动预热电路主要由蓄电池、主开关、预热继电器、预热塞、保险丝等组成。预热电路的作用为在气温低时接通预热塞电路,预热进入气缸的空气,使发动机能够顺利起动。其电路为:

当主开关打到 GLOW(预热)时,预热继电器线圈导通:蓄电池(+)(红)→慢熔保险丝(60 A)→主开关 4 号接线柱(红)→主开关 3 号接线柱(白)→预热继电器 2 号接线柱(白)→预热继电器线圈→预热继电器 1 号接线柱(黑红)→搭铁。

预热继电器线圈导通后,预热继电器的触点闭合,预热塞电路接通:蓄电池(红)→慢熔保险丝(40 A)(黄)→预热继电器 4 号接线柱(黄)→预热继电器触点→预热继电器 3 号接线柱(白)→2A - 1(插接口)→预热塞→搭铁。

(2) 起动机控制电路

起动机控制电路主要由蓄电池、主开关、起动继电器、起动机、中立开关、脱粒安全开关、保险丝等组成。当中立开关、脱粒安全开关闭合，主开关拨至 START 挡时，起动机开始旋转拖动发动机，完成了起动过程。其控制电路为：

蓄电池(+)(红)→慢熔保险丝(60 A)→主开关 4 号接线柱(红)→主开关 1 号接线柱(红黑)→起动继电器 1 号接线柱(红黑)→起动继电器线圈→起动继电器 3 号接线柱(蓝白)→中立开关(蓝红)→脱粒安全开关(黑红)→搭铁。此电路接通起动继电器的线圈，起动继电器的触点 5 和触点 4 接通，接通起动电路。

蓄电池(+)(红)→起动继电器 5 号接线柱(红)→起动继电器 4 接线柱(黄)→起动机 S 接线柱。此电路接通起动机的电磁开关的吸引线圈和保持线圈，电磁开关铁芯在电磁力的作用下，接通主电路，同时拨动拨叉使驱动齿轮与飞轮啮合。

蓄电池(+)(起动电缆线)→起动机接线柱 B→起动电机→搭铁。此电路为起动主电路，接通后起动电机高速旋转，起动发动机。

(3) 燃油泵电路

当主开关接通时，燃油泵开始工作，其控制电路为：

蓄电池(+)或发电机接线柱 B(红)→主开关 4 号接线柱(红)→主开关 2 号接线柱(红白)→保险丝(10 A，红绿)→燃油泵(黑)→搭铁。

3. 照明与信号系统电路

(1) 照明电路

久保田 PRO5881－G 收割机的照明电路包括前照灯和作业灯电路，前照灯电路可单独开闭，但作业灯电路接通时，前照灯电路也同时接通。

1) 前照灯电路

前照灯电路主要由前照灯、主开关、电源、前照灯继电器灯、组合开关、保险丝等组成。当把灯光开关拨至前照灯挡时，前照灯电路接通，其控制电路为：

① 蓄电池(+)或发电机接线柱 B(红)→主开关 4 号接线柱(红)→主开关 2 号接线柱(红白)→保险丝(10 A，蓝)→组合开关 4 号接线柱(蓝)→组合开关 11 号接线柱(蓝红)→前照灯继电器 1 号接线柱(蓝红)→前照灯继电器线圈→前照灯继电器 3 号接线柱(黑红)→搭铁。

此电路接通前照灯继电器的线圈，前照灯继电器的触点 5 和触点 4 接通，接通前照灯电路。

② 蓄电池(+)或发电机接线柱 B(红)→保险丝(15 A，白)→前照灯继电器 5 号接线柱(白)→前照灯继电器 4 接线柱(蓝黄)→10A－4(插接口)→左右前照灯(黑红)→10A－5(插接口)→搭铁。

2) 作业灯电路

作业灯电路主要由作业灯(集谷器、后方、供给)、主开关、电源、作业灯继电器灯、组合开关、保险丝等组成。当把灯光开关拨至作业灯挡时，作业灯和前照灯电路同时接通，作业灯的控制电路为：

① 蓄电池(+)或发电机接线柱 B(红)→主开关 4 号接线柱(红)→主开关 2 号接线柱(红白)→保险丝(10 A，蓝)→组合开关 4 号接线柱(蓝)→组合开关 5 号接线柱(蓝黑)→作业灯继电器 1 号接线柱(蓝黑)→作业灯继电器线圈→作业灯继电器 3 号接线柱(黑红)→搭铁。

此电路接通作业灯继电器的线圈,作业灯继电器的触点 5 和触点 4 接通,接通作业灯电路。

② 蓄电池(+)或发电机接线柱 B(红)→保险丝(15 A,绿)→作业灯继电器 5 号接线柱(绿)→作业灯继电器 4 号接线柱(褐)→集谷器、后方、供给作业照灯(黑红)→搭铁。

(2) 信号电路

久保田 PRO5881-G 收割机的信号电路包括喇叭电路、转向灯电路和倒车蜂鸣电路

1) 喇叭电路

喇叭电路主要由喇叭、电源、主开关、喇叭开关、保险丝等组成。其控制电路为:蓄电池(+)或发电机接线柱 B(红)→主开关 4 号接线柱(红)→主开关 2 号接线柱(红白)→保险丝(10 A,蓝)→喇叭(白)→组合开关 12 号接线柱(白)→喇叭开关(黑红)→组合开关 1 号接线柱(蓝黑)→搭铁。

2) 转向电路

转向电路主要由转向灯、转向指示灯、主开关、组合开关、转向灯开关、闪光器、保险丝等组成。当把转向灯开关拨至左侧时,其控制电路为:

蓄电池(+)或发电机接线柱 B(红)→主开关 4 号接线柱(红)→主开关 2 号接线柱(红白)→保险丝(10 A,蓝)→闪光器接线柱 B(蓝)→闪光器 L 接线柱(蓝白)→组合开关 3 号接线柱(蓝白)→转向灯开关左侧电刷→组合开关 8 号接线柱(黄蓝)→

{左前、左后转向灯(黑红)→搭铁。
{仪表板 2～3 号接线柱(黄蓝)→转向灯左侧指示灯→搭铁。

3) 倒车蜂鸣电路

倒车蜂鸣电路主要由倒车蜂鸣器、倒车开关、电源、主开关、保险丝等组成。当把变速杆放至倒挡位置时,倒车蜂鸣器电路接通,蜂鸣器工作,提醒其他人员注意安全。其控制电路为:蓄电池(+)或发电机接线柱 B(红)→主开关 4 号接线柱(红)→主开关 2 号接线柱(红白)→保险丝(10 A,蓝)→倒车蜂鸣器(褐红)→仪表板 2—16 接线柱(褐红)→仪表倒车蜂鸣指示灯→仪表板1—7 接线柱(褐绿)→倒车开关(黑)→搭铁。

4. 报警电路

久保田 PRO5881-G 收割机的报警系统主要由机油压力报警电路、水温报警电路、燃油报警电路、谷满报警电路、排草堵塞报警电路、切刀堵塞报警电路等组成。

(1) 机油压力报警电路

机油压力报警电路主要由发动机机油指示灯、机油开关(机油压力传感器)、蜂鸣器、电源、主开关、保险丝等组成。其工作原理如下:

① 如果在发动机停止状态下将主开关置于 ON 位,则机油指示灯点亮,蜂鸣器鸣响。

② 如果起动发动机时机油压力正常,则机油指示灯熄灭,蜂鸣器也停止鸣响。

③ 如果在发动机运转过程中因机油泵故障等而导致机油压力下降,则机油开关闭合,机油指示灯点亮,蜂鸣器鸣响。其控制电路为:

- 蓄电池(+)或发电机接线柱 B(红)→主开关 4 号接线柱(红)→主开关 2 号接线柱(红白)→保险丝(10 A,蓝)→ 警报蜂鸣器(白黑)→仪表板 2-15 接线柱(白黑)→仪表板 1-9 接线柱(蓝)→机油开关(机油压力传感器)→搭铁。
- 蓄电池(+)或发电机接线柱 B(红)→主开关 4 号接线柱(红)→主开关 2 号接线柱(红

白)→保险丝(5 A,红蓝)→仪表 2 - 2 接线柱(红黑)→机油压力指示灯→仪表板 1 - 9 接线柱(蓝)→机油开关(机油压力传感器)→搭铁。

(2) 水温报警电路

水温报警电路主要由水温指示灯、水温传感器、主开关、脱粒开关、电源、保险丝等组成。水温传感器用来检测发动机的冷却水温度,当脱粒开关为“关”,发动机冷却水温度达到 115 ℃以上,水温指示灯点亮。其控制电路为:蓄电池(+)或发电机接线柱 B(红)→主开关 4 号接线柱(红)→主开关 2 号接线柱(红白)→保险丝(5 A,红蓝)→仪表 2 - 2 接线柱(红黑)→水温指示灯→仪表 2 - 6 接线柱(白蓝)→水温传感器(黑黄)→仪表 1 - 6 接线柱(褐)→脱粒开关(黑)→搭铁。

(3) 燃料报警电路

燃料报警电路主要由燃料指示灯、燃料传感器、电源、主开关、保险丝等组成。当油箱中的燃料剩余量减少时,燃油传感器电阻值变小,燃料指示灯点亮。其控制电路为:蓄电池(+)或发电机接线柱 B(红)→主开关 4 号接线柱(红)→主开关 2 号接线柱(红白)→保险丝(5 A,红蓝)→仪表 2 - 2 接线柱(红黑)→燃料报警灯→仪表 2 - 9 接线柱(浅绿)→燃料传感器(黑)→搭铁。

(4) 谷满报警电路

谷满报警电路主要由谷满指示灯、谷满传感器、电源、主开关、保险丝等组成。当集谷箱中的谷量满时,谷满指示灯点亮。其控制电路为:蓄电池(+)或发电机接线柱 B(红)→主开关 4 号接线柱(红)→主开关 2 号接线柱(红白)→保险丝(5 A,红蓝)→仪表 2 - 2 接线柱(红黑)→谷满报警灯→仪表 1 - 5 接线柱(绿黑)→燃料传感器(黑)→搭铁。

(5) 排草报警电路

排草报警电路主要由排草指示灯、脱粒开关、切刀侧排草堵塞传感器、脱粒链条侧排草堵塞传感器、电源、主开关、保险丝等组成。当排草有堵塞时,排草传感器中的某一个将接通,则仪表盘的排草指示灯点亮,当堵塞故障排除后,排草传感器断开,则排除指示灯熄灭。其控制电路为:蓄电池(+)或发电机接线柱 B(红)→主开关 4 号接线柱(红)→主开关 2 号接线柱(红白)→保险丝(5 A,红蓝)→仪表 2 - 2 接线柱(红黑)→排草报警灯→

{ 仪表 1 - 1 接线柱(蓝黄)→排草堵塞传感器(黑)→搭铁。
{ 仪表 1 - 3 接线柱(蓝黄)→切刀堵塞传感器(黑)→搭铁。

(6) 2 号搅龙堵塞报警电路

2 号搅龙堵塞报警电路主要由 2 号螺旋轴指示灯、2 号螺旋轴旋转传感器、脱粒开关、电源、主开关、保险丝等组成。当脱粒开关闭合时,2 号螺旋轴的转速在(350 ± 50) r/min 以下达 1 s 以上,则仪表盘的 2 号螺旋轴警报指示灯点亮。其控制电路为:

蓄电池(+)或发电机接线柱 B(红)→主开关 4 号接线柱(红)→主开关 2 号接线柱(红白)→保险丝(5 A,红蓝)→2 号旋转传感器(绿)→仪表 2 - 12 接线柱(绿)→2 号螺旋轴指示灯→仪表 1 - 6 接线柱(褐)→脱粒开关(黑)→搭铁。

5. 其他控制电路

(1) 脱粒深浅控制电路

久保田 PRO5881 - G 收割机的脱粒深浅既可以自动调整也可以手动调节。

1）脱粒深浅的手动调节

脱粒深浅的手动调节电路主要由电源、主开关、脱粒深浅继电器、脱粒深浅电动机、脱粒深浅手动开关、保险丝等组成。当把脱粒深浅手动开关拨至“浅脱粒”时，其工作电路如下：

- 蓄电池(＋)或发电机接线柱B(红)→主开关4号接线柱(红)→主开关2号接线柱(红白)→保险丝(20 A，白红)→脱粒深浅继电器4号接线柱(红白)→浅脱粒线圈→脱粒深浅继电器5号接线柱(蓝黄)→ECU7号接线柱(蓝黄)→ECU17号接线柱(黄蓝)→深浅手动开关“浅脱粒”(黑)→搭铁。
- 蓄电池(＋)或发电机接线柱B(红)→主开关4号接线柱(红)→主开关2号接线柱(红白)→保险丝(20 A，白红)→脱粒深浅继电器7号接线柱(白红)→脱粒深浅继电器右触点→脱粒深浅继电器8号接线柱(绿红)→脱粒深浅电动机→脱粒深浅继电器1号接线柱(绿黄)→脱粒深浅继电器3号接线柱(黑红)→搭铁。

当把脱粒深浅手动开关拨至“深脱粒”时，脱粒电动机将向反方向旋转，实现深脱粒调节。

2）脱粒深浅的自动调整

脱粒深浅的自动调整电路是利用脱粒深浅位置检测电位器即脱粒深浅传感器来采集收割机的脱粒深浅信号，并将此信号传递给ECU，ECU根据信号的变化来自动改变脱粒深浅电动机的运转方向，进而完成脱粒深浅的自动调整。

(2) 割台升降及机体转向控制电路

割台升降控制电路主要由电源、主开关、割台升降继电器(上升、下降)、割台升降电磁线圈、割台手柄开关、保险丝等组成。当把割台手柄开关拨至“上升”时，其工作电路为：蓄电池(＋)或发电机接线柱B(红)→主开关4号接线柱(红)→主开关2号接线柱(红白)→保险丝(10 A，红黄)→割台上升继电器1号接线柱(红黄)→割台上升继电器线圈→割台上升继电器3号接线柱(黄)→割台手柄开关“上升”(黑红)→搭铁。

割台上升继电器线圈通电，割台上升继电器的触点5和4导通，接通割台上升电磁线圈，割台将做上升运动，其控制电路为：蓄电池(＋)或发电机接线柱B(红)→主开关4号接线柱(红)→主开关2号接线柱(红白)→保险丝(10 A，红黄)→割台上升继电器5号接线柱(红黄)→割台上升继电器4号接线柱(蓝白)→割台上升电磁线圈(黑红)→搭铁。

同理，当把割台手柄开关拨至“下降”时，将接通割台下降电磁线圈，割台将做下降运动。

机体转向控制电路和割台升降控制电路类似，这里不再赘述。

附录E 久保田NSPU－68CM插秧机电路图（出厂原图）

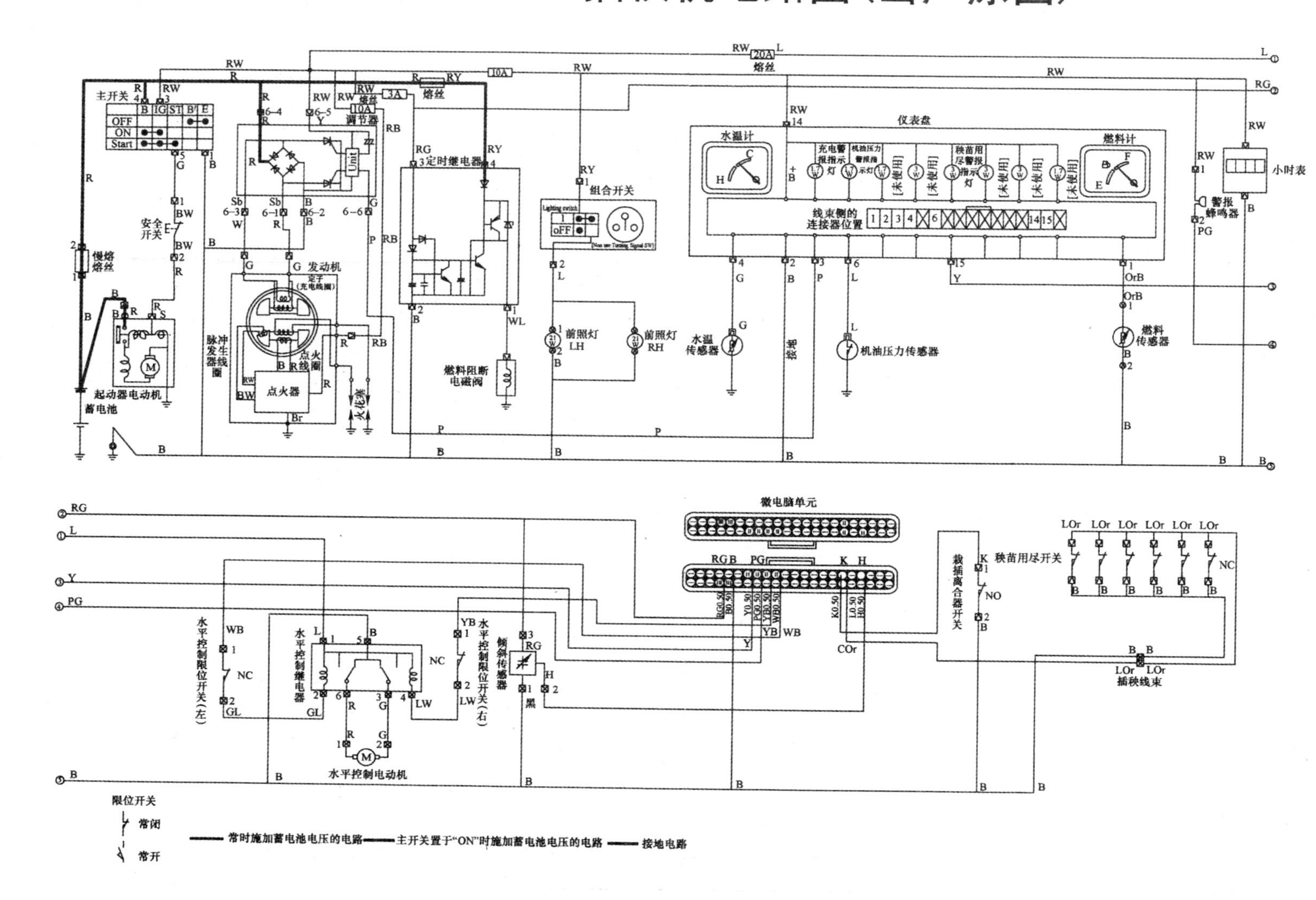

参 考 文 献

[1] 吴海东,周洪如.农机电气技术与维修[M].北京:机械工业出版社,2014.
[2] 肖兴宇.农机电气设备使用与维护[M].北京:中国农业出版社,2012.
[3] 王成安,朱占平.汽车电子电器设备[M].大连:大连理工大学出版社,2007.
[4] 毛峰.汽车电器设备与维修[M].北京:机械工业出版社,2013.
[5] 任春晖.汽车电器设备构造与维修[M].北京:机械工业出版社,2012.
[6] 赵风杰.汽车电气设备构造与维修[M].北京:人民交通出版社,2005.
[7] 林维成.汽车电器养护与维修[M].北京:化学工业出版社,2005.
[8] 郦益.汽车电气设备构造与维修[M].北京:北京邮电大学出版社,2006.